普通高等教育"十二五"规划教材

化工分离工程

刘 红 张 彰 主编

U0264308

中国石化出版社

内 容 提 要

本书是应各类高等学校"短学期"制课程改革的需要而编写的教材。本书除绪论外共分 6 章，详细介绍了单级气液平衡、多组分精馏与特殊精馏、多组分吸收、液液萃取、吸附分离以及新型分离方法等内容。各章均附有适量的例题和习题，以利于对本书内容的理解和运用。本书内容由浅入深、循序渐进、层次分明、便于自学。

本书可作为高等院校化学工程与工艺及相关专业的"少学时"化工分离工程课程的教材，也可供化工、石化、冶金、轻工、环境保护等部门从事科研、设计、生产的工程技术人员参考。

图书在版编目(CIP)数据

化工分离工程/刘红,张彰主编 . —北京:中国
石化出版社,2013. 10 (2023.1 重印)
普通高等教育"十二五"规划教材

ISBN 978 - 7 - 5114 - 2330 - 6

Ⅰ.①化… Ⅱ.①刘… ②张… Ⅲ.①化工过程 - 分
高 - 高等学校 - 教材 Ⅳ.①TQ028

中国版本图书馆 CIP 数据核字(2013)第 197049 号

中国石化出版社出版发行

地址:北京市东城区安定门外大街 58 号
邮编:100011 电话:(010)57512500
发行部电话:(010)57512575
http://www.sinopec-press.com
E-mail:press@ sinopec.com
北京艾普海德印刷有限公司印刷
全国各地新华书店经销

*

787 × 1092 毫米 16 开本 13 印张 323 千字
2014 年 1 月第 1 版 2023 年 1 月第 4 次印刷
定价:30.00 元

前　言

　　分离工程是研究过程工业中物质分离与纯化的工程技术学科。许多天然物质以混合物的形式存在，要从其中获得具有使用价值的一种或几种产品，必须对其进行分离。化工、炼油、医药、食品、生化、冶金、材料、原子能等工业过程中大量采用分离技术，以获得符合使用要求的产品。分离过程还是环境工程中用于污染物清除的一个重要手段。因此，分离工程对现代化学工业和相关工业领域的技术进步和持续发展起着至关重要的作用。

　　化工分离工程是高等学校化学工程及工艺专业的一门专业基础课，是学生在具备了物理化学、化工原理、化工热力学等技术基础知识后的专业主干课。化工分离工程课程具有应用性和实践性强、内容涉及面广、跨度大、知识点多、计算过程复杂等特点。现行的化工分离工程的教材有多种，不同教材的使用对象、讲授的内容以及章节的编排均存在一定的差异。随着教学体系的改革以及对化工分离工程课时的压缩，尤其是近年来"短学期"制的兴起，优化现行教材内容，编写适合于"短学期"制(或少学时)的化工分离工程教材显得尤为必要。

　　本教材以分离过程的计算为主线，按分离方法顺序编排，保留了成熟与经典的内容，增加了各种分离过程的研究动向，同时对近年来出现的新分离技术也作了一定的介绍。本教材内容由浅入深、循序渐进，力求概念清晰、层次分明、便于自学。本书可作为高等院校化学工程与工艺及相关专业的教材，也可供化工、石化、冶金、轻工、环境保护等部门从事科研、设计、生产的工程技术人员参考。

　　本书内容共分七章，分别介绍了单级气液相平衡过程、多组分精馏和特殊精馏、多组分吸收、液液萃取、吸附分离和新型分离技术等内容。其中，本书第1、2、3、4及第6章由刘红编写，第5章由刘红、张彰编写，第7章由张彰编写。全书由刘红统稿。

　　由于编者水平所限，书中疏漏、错误之处在所难免，敬请广大读者和有关专家批评指正。

编者

目　　录

1 绪 论

1.1 分离过程在工业生产中的地位和作用

分离过程是将混合物分成组成互不相同的两种或几种产品的操作。化工分离工程是化学工程学科的重要组成部分，是研究化工及其它相关过程中物质的分离和纯化方法的一门技术科学。

化工生产原料来源广泛，产品种类繁多，生产方法各异。虽然化工生产的主要特征是化学变化，但是分离过程是其中必不可少的环节。化工生产流程中，除了有反应器之外，通常都有若干分离设备。这些分离设备用于原料的预处理和反应产物的分离、提纯。在化学反应中，原料如果达不到一定的纯度要求，将会引起各种副反应，有时甚至会导致主反应无法进行。例如，在催化反应中，原料中的杂质会使催化剂中毒而失去活性，导致催化反应无法进行。因此，需要将反应原料进行预处理，使之达到一定的浓度或纯度要求。此外，绝大多数有机化学反应转化率都有一定的限度，而且存在着副反应，所以，出反应器的产物往往是由目的产物、副产物和未反应的原料所组成的混合物。为了回收未反应的原料，分离副产物，使目的产物达到规定的纯度要求，需要将粗产物进行分离、提纯。在实际化工生产中，尽管反应器是至关重要的设备，但在整个化工生产流程中，分离设备不仅在数量上远远超过反应设备，在投资上也不亚于反应设备，消耗于分离工程的能量和操作费用一般为总成本的60%～90%。

对二甲苯是一种重要的石油化工产品，主要用于生产对苯二甲酸，图1－1为对二甲苯生产流程简图。将沸程在120～230℃的石脑油送入重整反应器使烷烃转化为苯、甲苯、二甲苯和高级芳烃的混合物。该混合烃首先经脱丁烷塔以除去丁烷和轻组分。塔底出料进入液－液萃取塔。在此，烃类与不互溶的溶剂（如乙二醇）相接触。芳烃选择性地溶解于溶剂中，而烷烃和环烷烃则不溶。含芳烃的溶剂被送入再生塔中，在此将芳烃从溶剂中分离，溶剂则循环回萃取塔。在流程中，继萃取之后还有两个精馏塔。第一塔用以从二甲苯和重芳烃中脱除苯和甲苯，第二塔是将混合二甲苯中的重芳烃除去。从二甲苯回收塔塔顶馏出的混合二甲苯，经冷却后在结晶器中生成对二甲苯的晶体。通过离心分离或过滤分出晶体，所得的对二甲苯晶体经融化后便是产品。滤液则被送至异构化反应器，在此得到三种二甲苯异构体的平衡混合物，可再循环送去结晶。用这种方法几乎可将二甲苯馏分全部转化为对二甲苯。在对二甲苯生产流程中，有四种不同类型的分离过程：（1）气－液分离（回收氢气）；（2）精馏（脱丁烷塔、再生塔、甲苯－二甲苯分离塔、二甲苯回收）；（3）萃取（芳香族选择性地溶解于乙二醇中）；（4）结晶（对二甲苯回收）。

图1－2为乙烯水合生产乙醇的工艺流程图，其核心设备是固定床反应器，反应器中进行的主反应为 $C_2H_4 + H_2O \longrightarrow C_2H_5OH$。此外，乙烯还会发生若干副反应，生成乙醚、异丙醇、乙醛等副产物。由于热力学平衡的限制，乙烯的单程转化率一般仅为5%，因此原料乙

烯必须循环使用。通常，水合反应后的产物先经分凝器及水吸收塔将未反应的乙烯分离出来，乙烯返回反应系统，反应产物则需进一步处理以获得合格产品。反应产物由吸收塔出来后先送入闪蒸塔，由该塔出来的闪蒸气体再用水吸收，以防止乙醇损失；由闪蒸塔底出来的产物进入粗馏塔。从粗馏塔塔顶蒸出含有乙醚及乙醛的浓缩乙醇，再经气相催化加氢将其中的乙醛转化成乙醇。乙醚在脱轻组分塔被蒸出，并送入水吸收塔回收其中夹带的乙醇。最终产品是在产品塔得到的，在距产品塔塔顶数块板处引出浓度为93%的含水乙醇产品，产品塔塔顶引出的轻组分送至催化加氢反应器，废水由塔釜排出。此外尚有一些其它设备，用来浓缩原料乙烯，以除去对催化剂有害的杂质以及回收废水中有价值的组分等。由上述流程可以看出，这一生产中所涉及的分离操作很多，有分凝、吸收、闪蒸和精馏等。

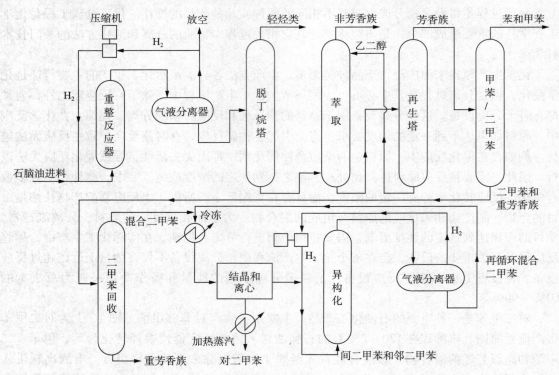

图 1-1　对二甲苯生产流程

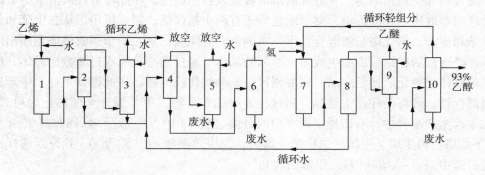

图 1-2　乙烯水合生产乙醇的工艺流程

1—固定床催化反应器；2—分凝器；3、5、9—吸收塔；4—闪蒸塔；
6—粗馏塔；7—催化加氢反应器；8—脱轻组分塔；10—产品塔

上述两个例子说明了分离过程在化学工业中的重要地位和作用。

炼油和石油化工是现代人类文明中最重要的基础加工工业之一，为现代人类文明提供了重要的能源和工业原料。各种分离操作是炼油和石油化工生产过程必不可少的组成部分，在其设备投资和操作费用中占据了相当大的份额。精馏是炼油和石化工业的最主要的基本操作过程之一，至今，原油仍借常压精馏及减压精馏按沸程不同进行分离。天然气的深冷分离技术可用于分离回收湿性天然气中 C_2 以上烃类；也可用于生产液化天然气，以便于天然气的贮存和运输；还可用于富氮天然气的脱氮，以提高热值。在现代炼油和石化工业中，还广泛应用着其它分离单元操作，例如，萃取用于溶剂脱蜡、润滑油精制、溶剂脱沥青和芳烃抽提过程；吸附用于分子筛脱蜡、C_8 芳烃分离、烯烃和烷烃的分离。

分离过程不仅在石油和化学工业中具有重要的地位，还广泛应用于冶金、环保、食品、轻工、医药、生化和原子能工业。例如，药物的精制和提纯，从矿产中提取和精选金属，食品的脱水、除去有毒或有害组分，抗菌素的净制和病毒的分离，同位素的分离和重水的制备等都离不开分离过程，且这些领域对产品的纯度要求越来越高，对分离、净化、精制等分离技术提出了更多、更高的要求。随着现代工业趋向大型化生产，所产生的大量废气、废水、废渣更需集中处理和排放，处理三废不仅涉及物料的综合利用，而且还关系到环境污染和生态平衡。三废处理时，分离过程起着重要作用。例如，废水中的微量同位素物质、废气中所含二氧化硫、氧化氮、硫化氢、制碱废渣等等，都必须采用有效的分离过程化废为宝，变害为利。综上所述，分离过程在国计民生中具有重要的地位和作用，现代社会离不开分离技术。

1.2　分离过程的分类和特征

图 1-3 为一般分离过程的示意图。

其中，分离剂(也称分离媒介)分为两类：一类为能量分离剂(Energy Separating Agent，简称 ESA)，另一类为物质分离剂(Mass Separating Agent，简称 MSA)，有时也可两种同时应用。ESA 包括热、压力、电、磁、离心、辐射等能量。MSA 包括过滤介质、吸收剂、溶剂、吸附剂、表面活性剂、离子交换树脂、液膜和固膜材料等。

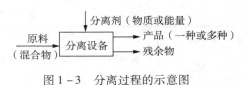

图 1-3　分离过程的示意图

根据分离原理的不同，分离过程可分为机械分离和传质分离两大类。机械分离过程的对象是两相或两相以上的非均相混合物，只要用简单的机械方法就可将两相分离，而两相间并无物质传递发生。例如过滤、沉降、离心分离、旋风分离和静电除尘等。虽然这类分离过程在工业上十分重要，但不是本课程要讨论的内容。传质分离过程用于各种均相混合物的分离，其特点是存在相间传质，其中传质可以在均相中进行，也可在非均相中进行。按所依据的物理化学原理不同，工业上常用的传质分离过程又可分为两类，即平衡分离过程和速率分离过程。

1.2.1　平衡分离过程

平衡分离过程是利用两相平衡组成不相等的原理将物料分开。平衡分离过程中，传质在非均相中进行。基于平衡分离过程的单元操作主要有蒸发、精馏、吸收、萃取、结晶、浸取、吸附、离子交换、泡沫吸附等。表 1-1 列出了工业上常用的平衡分离单元操作。

表 1-1 工业上常用的平衡分离单元操作过程

过程名称	原料	分离剂	产品	分离原理
蒸发	液体	热量	液体 + 蒸气	蒸气压不同
精馏	液体	热量	液体 + 蒸气	蒸气压不同
吸收	气体	不挥发性液体	液体 + 气体	溶解度不同
萃取	液体	不互溶液体	两种液体	溶解度不同
干燥	湿物料	热量	固体 + 蒸气	湿分蒸发
结晶	液体	冷量或热量	液体 + 固体	利用过饱和度
吸附	气体或液体	固体吸附剂	固体 + 液体或气体	吸附差别
离子交换	液体	固体树脂	液体 + 固体	质量作用定律
浸取	固体	溶剂	固体 + 液体	溶解度
泡沫吸附	液体	表面活性剂与鼓泡	两种液体	表面吸附

这些基本的平衡分离过程经历了长时间的应用实践，随着科学技术的进步和高新产业的兴起，日趋完善，不断发展，演变出多种各具特色的新型分离技术。

1.2.2 速率分离过程

速率分离过程是在某种推动力（浓度差、压力差、温度差、电位差等）的作用下，有时在选择性透过膜的配合下，利用各组分扩散速率的差异来实现组分的分离。这类过程所处理的物料和产品通常属于同一相态，仅有组成上的差别，传质在均相中进行。

速率分离可分为膜分离和场分离两大类。

（1）膜分离 膜分离是利用液体中各组分对膜的渗透速率的差别而实现组分分离的单元操作。膜可以是固态或液态，所处理的流体可以是气体或液体，过程的推动力可以是压力差、浓度差或电位差。表 1-2 对几种主要的膜分离过程作了简单描述。

表 1-2 几种主要的膜分离过程

过程名称	分离原理	推动力	膜类型	应用
超滤	按粒径选择分离溶液中所含的微粒和大分子	压力差	非对称性膜	溶液过滤和澄清，以及大分子溶质的分级
反渗透	对膜一侧的料液施加压力，当压力超过它的渗透压时，溶剂就会逆着自然渗进的方向反向渗透	压力差	非对称性膜或复合膜	海水淡化、废水处理、乳品和果汁的浓缩、生物制剂的分离和浓缩
渗析	利用膜对溶质的选择透过性，实现不同性质溶质的分离	浓度差	非对称性膜、离子交换膜	人工肾、废酸回收、溶液脱酸和碱液精制等方面
电渗析	利用离子交换膜的选择透过性，从溶液中脱除或富集电解质	电位差	离子交换膜	海水淡化
气体渗析分离	利用各组分渗透速率的差别，分离气体混和物	分压差	均匀膜、复合膜、非对称性膜	从合成氨废气中或其他气体中回收氨
液膜分离	以液膜为分离介质分离两个液相	浓度差	液膜	烃类分离、废水处理、金属离子的提取和回收等

微滤、超滤、反渗透、渗析和电渗析为较成熟的膜分离技术，已有大规模的工业应用。气体分离和渗透汽化是两种正在开发应用中的膜技术。其中，气体分离技术更成熟，工业规模的应用有空气中氧、氮的分离，从合成氨厂混合气中分离氢，以及天然气中二氧化碳与甲烷的分离等。渗透汽化是有相变的膜分离过程，利用混合液体中不同组分在膜中溶解与扩散性能的差别而实现分离。由于它能用于脱除有机物中的微量水、水中的微量有机物，以及实现有机物之间的分离，应用前景广阔。

乳化液膜是液膜分离技术的一个分支，是以液膜为分离介质，以浓度差为推动力的膜分离操作。液膜分离涉及三相液体：含有被分离组分的原料相、接受被分离组分的产品相、处于上述两相之间的膜相。液膜分离应用于烃类分离、废水处理和金属离子的提取和回收等。

正在开发中的新的膜分离过程有：①支撑液膜，即将膜相溶液牢固地吸附在多孔支撑体的微孔中，在膜的两侧则是原料相和透过相，以浓度差为推动力，通过促进传递来分离气体或液体混合物；②蒸汽渗透，与渗透汽化过程相近，但原料和透过物均为气相，过程的推动力是组分在原料侧和渗透侧之间的分压差，依据膜对原料中不同组分化学亲和力的差别而实现分离，该过程能有效地分离共沸物或沸点相近的混合物；③渗透蒸馏，也称等温膜蒸馏，以膜两侧的渗透压差为推动力，实现易挥发组分或溶剂的透过，达到混合物分离和浓缩的目的，该过程特别适用于药品、食品和饮料的浓缩或微量组分的脱除；④气态膜，是由充于疏水多孔膜空隙中的气体构成的，膜只起载体作用，由于气体的扩散速率远远大于液体或固体，因而气态膜有很高的透过速率。该技术可从废水中除去 NH_3、H_2S 等，从水溶液中分离 HCN、CO_2、Cl_2 等，工艺简单，节省能量。

（2）场分离　场分离包括电泳、热扩散、高梯度磁力分离等。

综上所述，传质分离过程中的精馏、吸收、萃取等一些具有较长历史的单元操作已经应用很广泛，膜分离和场分离等新型分离操作在产品分离、节约能耗和环保等方面已显示出它们的优越性。

1.3　分离过程的设计变量

在分离过程的设计与模拟计算中，对多组分、多级、多相的分离问题，常常涉及数以百计的变量和方程，必须采用联立或迭代方法进行求解。在求解时，应规定足够多的设计变量，以满足未知变量数等于独立方程的数，才能获得唯一解。如果确定设计变量数不正确，很可能出现多解、不合理的解或无解。尽管设计变量数可以规定，但若设计变量选择不合理，会使求解难度增加，以致不收敛。因此，设计变量数是在对一个分离单元、设备或分离流程进行设计之前必须首先确定的，这对于复杂的分离设备或流程的设计尤为重要。

过程系统的设计变量 N_D，也就是过程系统的自由度，等于过程系统有关的全部变量总数 N_V 减去与变量相关的独立方程总数（约束数）N_C，即

$$N_D = N_V - N_C \tag{1-1}$$

约束数是在这些变量间列出的独立方程数和给定条件的总数。在分离过程中约束关系数目应包括：

（1）物料平衡方程式　对于 C 个组分的系统，可写出 C 个物料衡算方程。

（2）能量衡算式　对于 C 个组分的系统，只能写出 1 个能量衡算式。

（3）相平衡关系式　对 C 个组分系统，π 个相态，可写出 $C(\pi-1)$ 个相平衡方程式。

（4）化学平衡关系式　由于我们仅讨论无化学反应的分离系统，故不考虑化学平衡约束数。

（5）内在关系式　即约定的关系，如已知的等量、比例关系等。

因此设计者确定 N_D 个独立设计变量后，所设计过程便被确定，其它非独立变量的数值也就随之被确定了。

为确定一个复杂过程系统的自由度，可以将系统划分为若干个简单的单元，如平衡级、冷凝器、再沸器以及物流的分配器、混合器等。首先确定各单元的设计变量，然后组合成全过程系统的设计变量 N_D。在组合过程中有些变量会发生重叠，必须扣除；同时组合过程需要对系统加以限制，还需要增加一定的自由度。

1.3.1　单元的设计变量

对于任意简单单元均有物流的流入、流出，因此，我们首先确定每股物流的设计变量个数。每股物流所含的变量数 N_D 可由相律规定，即

$$f = C - \pi + 2 \qquad\qquad (1-2)$$

式中　f——自由度；

　　　C——组分数；

　　　π——相数。

每一个单相物流处于平衡状态的自由度为 $C - 1 + 2 = C + 1$。这里自由度，也就是描述系统所需的独立变量数，所指定的独立变量数是指强度性质，如温度、压力、浓度等因素，这些都与系统数量无关，而实际的分离过程中，处理的物系是流动系统，对一个物流还必须加上描述物流大小的物理量（流率），所以，对每一个单相的物流有

$$N_D = f + 1 = C - \pi + 2 + 1 = C - 1 + 2 + 1 = C + 2$$

对于由两个平衡相所构成的物流，应加上两相的流率，即

$$N_D = f + 2 = C - \pi + 2 + 2 = C - 2 + 2 + 2 = C + 2$$

因此，不管是单相物流还是含有互成平衡的两相物流都需要 $C + 2$ 个独立变量来描述。

（1）分配器　分配器是一个简单的单元，用于将一股物流分成两股或多股组成相同的物流，如图1-4所示，其最典型的例子为精馏塔塔顶的蒸气经冷凝器冷凝的物流分为回流和塔顶馏出液。

分配器一共有三股物流，每股物流有 $C + 2$ 个变量，则总变量为 $N_V = 3 \times (C + 2) = 3C + 6$

单元的约束关系数目如下：

约束方程	变量	变量数
物料平衡关系式	$Fx_{i,F} = L_1 x_{i,L_1} + L_2 x_{i,L_2}$	C
能量平衡关系式	$Fh_F = L_1 h_{L_1} + L_2 h_{L_2}$	1
内在关系	$P_{L_1} = P_{L_2}$	1
	$T_{L_1} = T_{L_2}$	1
	$x_{i,L_1} = x_{i,L_2}$	$C - 1$
合计		$2C + 2$

因此，分配器单元的设计变量数为

$$N_D = N_V - N_C = (3C + 6) - (2C + 2) = C + 4$$

设计变量数 N_D 可进一步区分为固定设计变量数 N_x 和可调设计变量数 N_a。前者是指描述进料物流的那些变量（如进料的组成和流量等）以及系统的压力。这些变量常常是由单元在整个装置中的地位，或设备在整个流程中的地位所决定的；也就是说，是事实已被给定或最常被给定的变量。而可调设计变量则是由设计者来决定的。例如，对分配器来说，固定设计变量数为

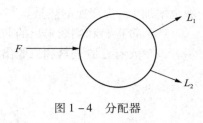

图 1-4　分配器

N_x	变量数
进料（F）	$C+2$
压力	1
合计	$C+3$

则可调设计变量数 $N_a = N_D - N_x = (C+4) - (C+3) = 1$，这一可调设计变量可以定为 L_1/L_2 的值，如精馏塔中塔顶回流与馏出液之比 R。

（2）绝热平衡级　绝热操作的简单平衡级，如图 1-5 所示。该单元有两股进料和两股出料，单元与环境没有能量交换，故总变量为

$$N_V = 4(C+2) = 4C+8$$

单元的约束关系数目如下：

约束方程	变量	变量数
物料平衡关系式	$L_{j-1}x_{i,j-1} + V_{j+1}y_{i,j+1} = L_jx_{i,j} + V_jy_{i,j}$	C
能量平衡方程	$L_{j-1}h_{j-1} + V_{j+1}H_{j+1} = L_jh_j + V_jH_j$	1
相平衡关系	$y_{i,j} = K_{i,j}x_{i,j}$	C
压力平衡关系	$P_{V_j} = P_{L_j}$	1
温度平衡关系	$T_{V_j} = T_{L_j}$	1
合计		$2C+3$

因此，简单绝热平衡级的设计变量数为

$$N_D = N_V - N_C = (4C+8) - (2C+3) = 2C+5$$

简单绝热平衡级的固定设计变量数如下：

N_x	变量数
进料变量（V_{j+1}，L_{j-1}）	$2(C+2)$
压力	1
合计	$2C+5$

可调设计变量数为：

$$N_a = N_D - N_x = (2C+5) - (2C+5) = 0$$

同理，可以得出非绝热操作的平衡级设计变量。与绝热平衡级设计变量相比，非绝热平衡级单元与环境有热量交换，故该单元的总变量应增加 1。因单元的约束关系数未变，故相应设计变量数也增加 1。又因固定设计变量数未变，所以非绝热操作的平衡级可调设计变量

7

数也增加 1，为交换的热量。

（3）带进料和侧线采出的非绝热平衡级 带进料和侧线的非绝热平衡级，如图 1−6 所示。该单元有三股进料和三股出料，单元与环境有能量交换，故总变量数为

$$N_V = 6(C+2) + 1 = 6C + 13$$

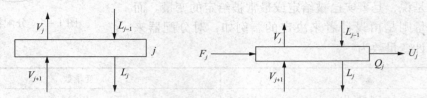

图 1−5 单级绝热平衡级 　图 1−6 带有进料和侧线的非绝热平衡级

单元的约束关系数目如下：

约束方程	变量	变量数
物料平衡关系式	$F_j x_{i,j} + L_{j-1} x_{i,j-1} + V_{j+1} y_{i,j+1} = (L_j + U_j) x_{i,j} + V_j y_{i,j}$	C
能量平衡方程	$F_j h_F + L_{j-1} h_{j-1} + V_{j+1} H_{j+1} + Q_j = (L_j + U_j) h_j + V_j H_j$	1
相平衡关系式	$y_{i,j} = K_{i,j} x_{i,j}$	C
压力平衡关系	$P_{V_j} = P_{L_j} = P_{U_j}$	2
温度平衡关系	$T_{V_j} = T_{L_j} = T_{U_j}$	2
浓度内在关系	$(x_{i,j})_{L_j} = (x_{i,j})_{U_j}$	$C-1$
合计		$3C+4$

因此，简单绝热平衡级的设计变量数为：

$$N_D = N_V - N_C = (6C + 13) - (3C + 4) = 3C + 9$$

固定设计变量数为：

N_X	变量数
进料变量（F_j，V_{j+1}，L_{j-1}）	$3(C+2)$
级压力	1
级温度	1
合计	$3C+8$

可调设计变量数为

$$N_a = N_D - N_X = (3C + 9) - (3C + 8) = 1（U_j \text{ 变量或 } U_j/L_j \text{ 变量}）$$

（4）部分冷凝和部分汽化换热器 部分冷凝和部分汽化换热器如图 1−7 所示。对于这两种单元的变量分析是相同的，所得的设计变量数是一致的。

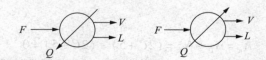

图 1−7 部分冷凝和部分汽化换热器

单元的总变量 $N_V = 3(C+2) + 1 = 3C + 7$

单元的约束关系数目为

约束方程	变量	变量数
物料平衡关系式	$Fx_{i,\mathrm{F}} = Lx_i + Vy_i$	C
能量平衡方程	$Fh_{\mathrm{F}} + Q = Lh_{\mathrm{L}} + VH_{\mathrm{V}}$	1
相平衡关系式	$y_i = K_i x_i$	C
内在关系	$P_{\mathrm{L}} = P_{\mathrm{V}}$	1
	$T_{\mathrm{L}} = T_{\mathrm{V}}$	1
合计		$2C+3$

因此，单元的设计变量数为

$$N_{\mathrm{D}} = N_{\mathrm{V}} - N_{\mathrm{C}} = (3C+7) - (2C+3) = C+4$$

固定设计变量数为：

N_{X}	变量数
进料变量(F)	$C+2$
压力	1
合计	$C+3$

可调设计变量数为

$$N_{\mathrm{a}} = N_{\mathrm{D}} - N_{\mathrm{X}} = (C+4) - (C+3) = 1(Q\text{变量})$$

在分离过程中经常遇到的各种单元的设计变量数的分析结果汇总于表1-3。

表1-3　各种单元的设计变量

序 号	单元名称	简图	N_{V}	N_{C}	N_{D}	N_{X}	N_{a}
1	分配器	$F \rightarrow \bigcirc \begin{array}{l} \nearrow L_1 \\ \searrow L_2 \end{array}$	$3C+6$	$2C+2$	$C+4$	$C+3$	1
2	混合器	$\begin{array}{l} F_1 \searrow \\ F_2 \nearrow \end{array} \bigcirc \rightarrow F_3$	$3C+6$	$C+1$	$2C+5$	$2C+5$	0
3	分相器	$F \rightarrow \begin{array}{l} \nearrow V \\ \searrow L \end{array}$	$3C+6$	$2C+3$	$C+3$	$C+3$	0
4	泵	$F \rightarrow \bigcirc \rightarrow F$ $\dashv u \vdash$	$2C+5$	$C+1$	$C+4$	$C+3$	$1^{\textcircled{1}}$
5	加热器	$F \rightarrow \bigcirc \rightarrow F$ $\nearrow Q$	$2C+5$	$C+1$	$C+4$	$C+3$	1
6	冷却器	$F \rightarrow \bigcirc \rightarrow F$ $\searrow Q$	$2C+5$	$C+1$	$C+4$	$C+3$	1

序 号	单元名称	简图	N_V	N_C	N_D	N_X	N_a
7	换热器	$F_1 \to \bigcirc \to F_2$ (F_3, F_4)	$4C+8$	$2C+1$	$2C+7$	$2C+6$	1
8	全凝器	$V \to \oslash \to L$, Q	$2C+5$	$C+1$	$C+4$	$C+3$	$1^{②}$
9	全蒸发器	$L \to \oslash \to V$, Q	$2C+5$	$C+1$	$C+4$	$C+3$	$1^{②}$
10	全凝器 （凝液为两相）	$V \to \oslash \to L_1, L_2$, Q	$3C+7$	$2C+3$	$C+4$	$C+3$	$1^{②}$
11	分凝器	$V \to \oslash \to V_0, L_0$, Q	$3C+7$	$2C+3$	$C+4$	$C+3$	1
12	再沸器	$L \to \oslash \to Q, V_N, L_N$	$3C+7$	$2C+3$	$C+4$	$C+3$	1
13	简单平衡级	$V_j, L_{j-1}, V_{j+1}, L_j$	$4C+8$	$2C+3$	$2C+5$	$2C+5$	0
14	带有传热的 平衡级	$V_j, L_{j-1}, Q, V_{j+1}, L_j$	$4C+9$	$2C+3$	$2C+6$	$2C+5$	1
15	进料级	$F, V_j, L_{j-1}, V_{j+1}, L_j$	$5C+10$	$2C+3$	$3C+7$	$3C+7$	0
16	有侧线出料的 平衡级	$V_j, L_{j-1}, V_{j+1}, L_j, U_j$	$5C+10$	$2C+4$	$2C+6$	$2C+5$	1

①取泵出口压力等于后继单元的压力。

②规定全凝器和全蒸发器的单相液或两相物流的温度分别为泡点和露点。

1.3.2 装置的设计变量

一个分离装置，如多元混合物的多级连续精馏塔，是由若干个单元组合而成的复杂系统，要确定该系统的设计变量，可将其所含单元的变量数 N_{Vi} 及约束方程数 N_{Ci} 分别进行加和。但在加和过程中有许多物流可能重复，从而导致变量以及方程数重复计数。为此，应从变量总数 $\sum N_{Vi}$ 中扣除 N_R 股重复物流的变量 $N_R(C+2)$，从方程总数 $\sum N_{Ci}$ 中扣除多余的方程

数 N_R。此外，如果对装置内重复物流变量未加规定，则必须增加 N_A 个附加变量对各组物流重复加以限制。组合单元装置的设计变量可按以下步骤确定。

装置所含变量总数

$$N_\text{VT} = \sum_{i=1}^{m} N_{Vi} - N_\text{R}(C+2) + N_\text{A} \tag{1-3}$$

装置方程式总数

$$N_\text{CT} = \sum_{i=1}^{m} N_{Ci} \tag{1-4}$$

装置设计变量

$$N_\text{DT} = N_\text{VT} - N_\text{CT} = (\sum_{i=1}^{m} N_{Vi} - \sum_{i=1}^{m} N_{Ci}) - N_\text{R}(C+2) + N_\text{A}$$
$$= \sum_{i=1}^{m} N_{Di} - N_\text{R}(C+2) + N_\text{A} \tag{1-5}$$

式中　N_{Vi}——i 单元总变量数；

N_{Ci}——i 单元方程式数；

N_{Di}——i 单元设计变量数；

m——装置所含单元数。

（1）N 级平衡级串联装置　图 1-8 为 N 级平衡级串联且各级与外界无能量交换的装置。

由表 1-3 中查得简单平衡级单元所含变量数 N_{Vi} 为 $4C+8$，所含约束数 N_{Ci} 为 $2C+3$。在该串联装置中有 $2(N-1)$ 股物流重复，必须增加一个变量 N_A 来限定重复的物流数，则 N_A 为 1，该装置的设计变量可由式（1-3）、式（1-4）和式（1-5）求得。

$$N_\text{VT} = N(4C+8) - 2(N-1)(C+2) + 1 = 2CN + 2C + 4N + 5 \tag{1-6}$$

$$N_\text{CT} = N(2C+3) = 2CN + 3N \tag{1-7}$$

$$N_\text{DT} = N_\text{VT} - N_\text{CT} = 2C + N + 5 \tag{1-8}$$

固定设计变量数和可调设计变量数分别为

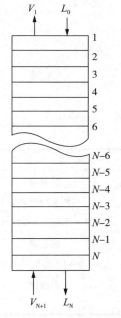

图 1-8　N 级平衡级串联且各级与外界无能量交换的装置

N_XT	变量数
两股进料	$2C+4$
每级压力	N
合计	$2C+N+4$

因此，$N_\text{aT} = N_\text{DT} - N_\text{XT} = (2C+N+5) - (2C+N+4) = 1$，可调设计变量为 1，即理论级数 N。

如果平衡级为非绝热平衡级，且各级与外界有能量交换的装置，则变量数 N_{Vi} 为 $4C+9$，所含约束数不变，其它与上述过程一致，可调设计变量为 $N+1$，也就是可调设计变量为理论级数 N 与 N 个级的热量交换 Q_i。

（2）简单精馏塔　设有一连续精馏塔，有一股进料，精馏塔塔顶为全凝器，塔底带再沸器，每一级均与外界无热量交换，如图 1-9 所示。首先确定该装置含有的单元，然后根据所含单元从表 1-3 中查得相应的 N_{Vi} 及 N_{Ci}，组合计算该系统的设计变量，如表 1-4 所示。

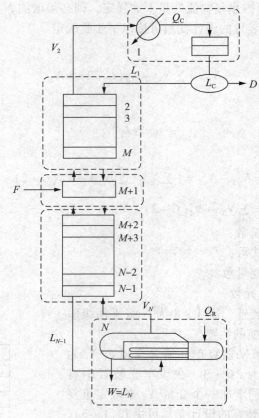

图 1 - 9　简单精馏塔

表 1 - 4　精馏塔各单元的变量数与约束数

序号	单元设备	变量数 N_{Vi}	约束数 N_{Ci}
1	全凝器	$2C+5$	$C+1$
2	回流分配器	$3C+6$	$2C+2$
3	$(M-1)$ 板的平衡串级 *	$2C(M-1)+4(M-1)+2C+5$	$(M-1)(2C+3)$
4	进料级	$5C+10$	$2C+3$
5	$N-(M+1)$ 板的平衡串级 *	$2C(N-M-1)+4(N-M-1)+2C+5$	$(N-M-1)(2C+3)$
6	再沸器	$3C+7$	$2C+3$
合计		$2CN+4N+13C+30$	$2CN+3N+3C+3$

注：根据 N 级平衡级串联中总的变量数得出，见式(1-6)；约束数由式(1-7)计算。

由以上组合可见，本装置含 6 个单元，如图 1 - 9 中划分所示。每个单元连接时，总共有 9 股物流重复，故 N_R 等于 9。因各部分无未规定的重复变量，所以 N_A 等于 0，于是可得

$$N_{VT} = \sum_{i=1}^{N} N_{Vi} - 9(C+2) = 2CN+4N+4C+12$$

$$N_{CT} = 2CN+3N+3C+3$$

本装置的设计变量为

$$N_{DT} = N+C+9$$

简单精馏塔的设计变量一般可按以下规定：

变量的规定	变量数	变量的规定	变量数
各级压力（含再沸器）	N	冷凝温度	1
回流分配器出口压力	1	总级数	1
全凝器出口压力	1	进料级位置	1
进料组成及流量	C	总馏出液流量	1
进料温度	1	回流比或回流量	1
进料压力	1	合计	$C+N+9$

其中固定设计变量 N_{XT} 为：

N_{XT}	变量数	N_{XT}	变量数
进料	$C+2$	回流分配器压力	1
每级压力	N	合计	$C+N+4$
全凝器压力	1		

因此，可调设计变量为 $N_{aT}=N_{DT}-N_{XT}=5$，具体结果为

N_{aT}	变量数	N_{aT}	变量数
回流温度	1	馏出液流率（D/F）	1
总理论级数（N）	1	回流比（R）	1
进料位置	1	合计	5

通过上述对精馏塔和 N 级平衡级串联装置的分析，可以得出如下规则：不同装置的设计变量是不同的，但其中固定设计变量的确定原则是共同的，即只与进料物流数目和系统内压力等级数有关。而可调设计变量数一般是不多的，它可由构成系统单元的可调设计变量数简单加和得到。这样，可归纳出一个简便、可靠的确定设计变量的方法：

①按每一单相物流有（$C+2$）个变量，计算由进料物流所确定的固定设计变量数。

②确定设备中具有不同压力等级的数目。

③上述两项之和即为固定设计变量数 N_{XT}。

④将串级单元的数目、分配器的数目、侧线采出单元的数目以及传热单元的数目相加，便是整个设备的可调设计变量数 N_{aT}。

习 题

1. 按所依据的物理化学原理不同，传质分离过程可分为哪两类？

2. 假定有一绝热平衡闪蒸过程，所有变量表示在所附简图中。求：（1）总变量数 N_V；（2）有关变量的独立方程数 N_C；（3）设计变量数 N_D；（4）固定和可调设计变量数 N_X、N_a。

3. 设有一多级复杂精馏塔，它有一个进料，一个侧线采出，一个全凝器，一个再沸器，每一级无热量交

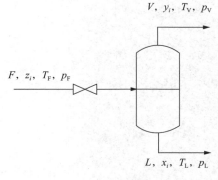

习题 2 附图

换，见习题 3 附图，试计算该复杂精馏塔的固定设计变量和可调设计变量。

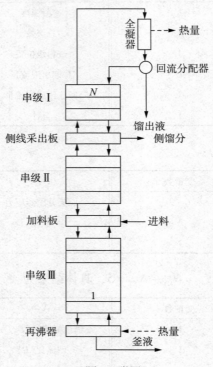

习题 3 附图

2 单级气液平衡过程

2.1 气液相平衡及其计算

气液相平衡研究的是在一定操作条件下相变过程进行的方向和限度，它是处理气液传质过程的基础，也是分析传质设备效率高低的依据。

2.1.1 气液相平衡关系的表示方法

气液相平衡关系通常有下列三种表示方法：

（1）相图　主要用来表示两元系的相平衡关系，包括恒压下的 $t-x$ 图和 $y-x$ 曲线，以及恒温下的 $p-x$ 图等。

（2）用相平衡常数 K_i 表示的关系式　气液相平衡用相平衡常数 K_i 表示的关系式为：

$$y_i = K_i x_i \qquad (2-1)$$

式中　y_i、x_i——i 组分在平衡的气、液两相中的摩尔分率。

相平衡常数应用最广，是本节讨论的重点。

（3）用相对挥发度 α_{ij} 表示的关系式　组分 i 对组分 j 的相对挥发度 α_{ij} 的定义如下：

$$\alpha_{ij} = \frac{K_i}{K_j} = \frac{y_i/x_i}{y_j/x_j} = \frac{y_i/y_j}{x_i/x_j} \qquad (2-2)$$

α_{ij} 也就是气相中 i、j 两组分浓度的比值与液相中 i、j 两组分浓度的比值之商。若 $\alpha_{ij}=1$，表示气相与液相中 i、j 两组分的浓度的比值相等，因此不能采用一般的精馏来分离。α_{ij} 值越大，两相平衡后的比值差越大，越易分离。所以，工程上用它来判别混和物分离的难易程度。

用 α_{ij} 表示的相平衡关系式为：

$$y_i = \frac{\alpha_{ij} x_i}{\sum (\alpha_{ij} x_i)} \qquad (2-3)$$

$$x_i = \frac{y_i/\alpha_{ij}}{\sum (y_i/\alpha_{ij})} \qquad (2-4)$$

对于比较接近理想溶液的物系，α_{ij} 受温度和组成的影响很小，可以近似当作常数，计算可以简化。

2.1.2 气液相平衡的条件

气液平衡的条件是组分 i 在气液相中的化学位相等。

$$\mu_{il} = \mu_{iv} \qquad (2-5)$$

式中　μ_{il}、μ_{iv}——组分 i 在液相和气相中的化学位。

根据活度和逸度的定义，经整理可用逸度表示溶液的相平衡关系，即在气液平衡时，任一组分 i 在气液两相中的逸度相等。

$$f_{il} = f_{iv} \qquad (2-6)$$

式中　f_{il}——在系统温度和压力下，组分 i 的液相逸度；
　　　f_{iv}——在系统温度和压力下，组分 i 的气相逸度。

气相逸度 f_{iv} 与气相组成 y_i 的关系为：

$$f_{iv} = f_{iv}^0 \gamma_{iv} y_i = p \phi_{iv}^0 \gamma_{iv} y_i = p \hat{\phi}_{iv} y_i \qquad (2-7)$$

式中　f_{iv}^0——在系统温度和压力下，纯组分 i 的气相逸度；

　　　γ_{iv}——组分 i 的气相活度系数；

　　　ϕ_{iv}^0——在系统温度和压力下，纯组分 i 的气相逸度系数；

　　　$\hat{\phi}_{iv}$——在系统温度和压力下，组分 i 的气相分逸度系数；

　　　p——系统压力。

$$\hat{\phi}_{iv} = \phi_{iv}^0 \cdot \gamma_{iv} \qquad (2-8)$$

液相逸度 f_{il} 与液相组成 x_i 的关系为：

$$f_{il} = f_{il}^0 \gamma_{il} x_i = p \phi_{il}^0 \gamma_{il} x_i = p \hat{\phi}_{il} x_i \qquad (2-9)$$

式中　f_{il}^0——在系统温度和压力下，纯组分 i 的液相逸度；

　　　γ_{il}——组分 i 的液相活度系数；

　　　ϕ_{il}^0——在系统温度和压力下，纯组分 i 的液相逸度系数；

　　　$\hat{\phi}_{il}$——在系统温度和压力下，组分 i 的液相分逸度系数。

$$\hat{\phi}_{il} = \phi_{il}^0 \gamma_{il} \qquad (2-10)$$

因为平衡时：$f_{iv} = f_{il}$

所以，由式(2-7)、(2-9)得：

$$p \hat{\phi}_{iv} y_i = p \hat{\phi}_{il} x_i \qquad (2-11)$$

2.1.3　求取相平衡常数 K_i 值的两条途径

（1）状态方程法　由式(2-11)得：

$$K_i = \frac{y_i}{x_i} = \frac{\hat{\phi}_{il}}{\hat{\phi}_{iv}} \qquad (2-12)$$

式(2-12)表明，只要给出组分 i 的液相和气相分逸度系数，即能求得 K_i 值。组分 i 的液相和气相分逸度系数可以通过状态方程来计算，但这时必须要有一个既能适应于气相又能适应于液相的 $p-V-T$ 状态方程。可惜这样的状态方程很少，而且有的也只适用于某些特定物质，例如 BWR 和 SHBWR 方程只适用于轻烃。

（2）活度系数法　结合式(2-6)、(2-7)和(2-9)可得：

$$p \hat{\phi}_{iv} y_i = f_{il}^0 \gamma_{il} x_i \qquad (2-13)$$

$$f_{il}^0 = f_{il}^0(p_i^0) \exp\left[\frac{v_{il}(p - p_i^0)}{RT}\right] \qquad (2-14)$$

式中　　　　v_{il}——组分 i 的液相摩尔体积，m^3/kmol；

　　　　　　p_i^0——组分 i 在系统温度下的饱和蒸气压，MPa；

　　　$f_{il}^0(p_i^0)$——饱和蒸气压下组分 i 的液相逸度；

$\exp\left[\dfrac{v_{il}(p - p_i^0)}{RT}\right]$——普瓦廷因子（Poynting factor）。

一般 v_{il} 较小，当 p 与 p_i^0 之差不大时，普瓦廷因子可忽略不计，式(2-14)可简化成：

$$f_{il}^0 = f_{il}^0(p_i^0) \qquad (2-15)$$

由于纯组分 i 在系统温度的饱和蒸气压 p_i^0 下气液两相达到了平衡，因此气相和液相逸度相等。即：

$$f_{il}^0(p_i^0) = f_{iv}^0(p_i^0) \qquad (2-16)$$

$$f_{iv}^0(p_i^0) = p_i^0 \phi_{iv}^0(p_i^0) \qquad (2-17)$$

式中 $\phi_{iv}^0(p_i^0)$——饱和蒸气压下组分 i 的气相逸度系数。

由式(2-13)、式(2-15)、式(2-16)和式(2-17)可得：

$$p \hat{\phi}_{iv} y_i = p_i^0 \phi_{iv}^0(p_i^0) \gamma_{il} x_i$$

所以，相平衡常数 K_i 的另一基本式为：

$$K_i = \frac{y_i}{x_i} = \frac{p_i^0 \phi_{iv}^0(p_i^0) \gamma_{il}}{p \hat{\phi}_{iv}} \qquad (2-18)$$

其中，$\phi_{iv}^0(p_i^0)$ 和 $\hat{\phi}_{iv}$ 可由 $p-V-T$ 状态方程求出，r_{il} 可由活度系数方程求出。

2.1.4 气液相平衡系统的分类

根据物系所处的温度、压力和溶液性质，可将气液相平衡系统分为以下五种情况。

(1)低压下，组分的物理性质(尤其是分子的化学结构)比较接近的物系，称为完全理想系。

此时，$\qquad \phi_{iv}^0(p_i^0) = 1$，$\hat{\phi}_{iv} = 1$，$\gamma_{il} = 1$

$$K_i = \frac{p_i^0}{p} = f(T, p)$$

完全理想系的相平衡常数 K_i 仅与温度、压力有关而与溶液组成无关。

(2)低压下，物系中组分的分子结构差异较大，如低压下的水和醇、醛、酮、酸等所组成的物系，此时气相可看成是理想气体，而液相为非理想溶液。

此时，$\hat{\phi}_{iv} = 1$，$\phi_{iv}^0(p_i^0) = 1$，$\gamma_{il} \neq 1$

所以，$K_i = \dfrac{p_i^0 \gamma_{il}}{p} = f(T, p, x_1, x_2, \cdots, x_C)$

这类物系的 K_i 值，不仅与温度、压力有关，还与溶液的组成有关。

(3)中压下，气相为真实气体，但物系分子结构相近，气相可看成是真实气体的理想混合物，液相可看成是理想溶液。

此时，$\hat{\phi}_{iv} \neq 1$，$\phi_{iv}^0 \neq 1$，$\gamma_{iv} = 1$，$\phi_{iv}^0(p_i^0) \neq 1$，$\gamma_{il} = 1$，所以

$$K_i = \frac{p_i^0 \phi_{iv}^0(p_i^0)}{p \phi_{iv}^0} = f(T, p)$$

(4)高压下，气相为真实气体混合物，但液相仍为理想溶液。

此时，$\hat{\phi}_{iv} \neq 1$，$\phi_{iv}^0(p_i^0) \neq 1$，$\gamma_{il} = 1$

因而，$K_i = \dfrac{p_i^0 \phi_{iv}^0(p_i^0)}{p \hat{\phi}_{iv}} = f(T, p, y_1, \cdots, y_C)$

这类物系的 K_i 值，不仅与温度、压力有关，还与气体的组成有关。

(5)高压下，物系分子结构差异大，气液两相均为非理想，称为完全非理想系。

此时，$\hat{\phi}_{iv} \neq 1$，$\phi_{iv}^0(p_i^0) \neq 1$，$\gamma_{il} \neq 1$

$$K_i = \frac{p_i^0 \phi_{iv}^0 (p_i^0) \gamma_{il}}{p \hat{\phi}_{iv}} = f(T, \ p, \ x_1, \ x_2, \ \cdots, \ x_C, \ y_1, \ y_2, \ \cdots, \ y_C)$$

这类物系的 K_i 值不仅与温度、压力有关，而且还与溶液组成、气相组成有关。

各种条件下的相平衡常数 K_i 见表 2-1。

表 2-1　各种条件下的相平衡常数 K_i

类型	状态	相态	条件	ϕ_i^0	γ_i	f_i	K_i
1	低压	气相	理想气体混合物	$\phi_{iv}^0 = 1$	$\gamma_{iv} = 1$	$f_{iv} = p y_i$	$K_i = \dfrac{p_i^0}{p}$
		液相	理想溶液	$\phi_{iv}^0(p_i^0) = 1$	$\gamma_{il} = 1$	$f_{il} = p_i^0 x_i$	
2	低压	气相	理想气体混合物	$\phi_{iv}^0 = 1$	$\gamma_{iv} = 1$	$f_{iv} = p y_i$	$K_i = \dfrac{p_i^0 \gamma_{il}}{p}$
		液相	非理想溶液	$\phi_{iv}^0(p_i^0) = 1$	$\gamma_{il} \neq 1$	$f_{il} = p_i^0 \gamma_{il} x_i$	
3	中压	气相	真实气体理想溶液	$\phi_{iv}^0(p_i^0) \neq 1$	$\gamma_{il} \neq 1$	$f_{iv} = p \phi_{iv}^0 y_i$	$K_i = \dfrac{p_i^0 \phi_{iv}^0(p_i^0)}{p \phi_{iv}^0}$
		液相	理想溶液	$\phi_{iv}^0(p_i^0) \neq 1$	$\gamma_{il} = 1$	$f_{il} = p_i^0 \phi_{iv}^0(p_i^0) x_i$	
4	高压	气相	真实气体非理想溶液	$\phi_{iv}^0 = 1$	$\gamma_{il} \neq 1$	$f_{iv} = p \hat{\phi}_{iv} y_i$	$K_i = \dfrac{p_i^0 \phi_{iv}^0(p_i^0)}{p \hat{\phi}_{iv}}$
		液相	理想溶液	$\phi_{iv}^0(p_i^0) \neq 1$	$\gamma_{il} = 1$	$f_{il} = p_i^0 \phi_{iv}^0(p_i^0) x_i$	
5	高压	气相	真实气体非理想溶液	$\phi_{iv}^0 \neq 1$	$\gamma_{il} \neq 1$	$f_{iv} = p \hat{\phi}_{iv} y_i$	$K_i = \dfrac{p_i^0 \phi_{iv}^0(p_i^0) \gamma_{il}}{p \hat{\phi}_{iv}}$
		液相	非理想溶液	$\phi_{iv}^0(p_i^0) \neq 1$	$\gamma_{il} \neq 1$	$f_{il} = p_i^0 \phi_{iv}^0(p_i^0) \gamma_{il} x_i$	

由 K_i 的普遍式(2-18)可以看出，要确定相平衡常数 K_i 的数值，必须知道组分 i 在平衡各相中的逸度系数 $\phi_{iv}^0(p_i^0)$，ϕ_{iv}^0(或 $\hat{\phi}_{iv}$)及活度系数 γ_{il}。这正是相平衡计算中最困难的问题，但近年来在这方面有了不少进展。下面介绍几种真实气体的逸度系数计算的常用公式以及非理想溶液活度系数计算的常用公式。

2.1.5　逸度系数的计算

气相逸度系数 $\phi_{iv}^0(p_i^0)$，ϕ_{iv}^0，$\hat{\phi}_{iv}$，可以通过气体状态方程来计算。

2.1.5.1　维里方程

$$p V_i = RT + B_{ii} p \quad \text{或} \quad Z_i = \frac{p V_i}{RT} = 1 + \frac{B_{ii} p}{RT}$$

根据维里方程可导出纯组分 i 的逸度系数：

$$\ln \phi_{iv}^0 = \int_0^P (Z_i - 1) \frac{\mathrm{d}p}{p} = \int_0^P \frac{B_{ii}}{RT} \frac{\mathrm{d}p}{p} = \frac{B_{ii} p}{RT} \tag{2-19}$$

组分 i 的分逸度系数

$$\ln \hat{\phi}_{iv} = [2(\sum_j y_j B_{ij}) - B_M] \frac{p}{RT} \tag{2-20}$$

式中　B_M——气体混合物的第二维里系数；

B_{ij}—— 与组分 i 和 j 两分子间相互作用和碰撞有关的第二维里系数；

$$B_M = \sum_i \sum_j y_i y_j B_{ij}$$

第二维里系数可从手册中查到，也可按下式来计算：

$$\frac{Bp_c}{RT_c} = B^{(0)} + \omega B^{(1)} \tag{2-21}$$

$$B^{(0)} = 0.083 - \frac{0.422}{(\frac{T}{T_c})^{1.6}}; \quad B^{(1)} = 0.139 - \frac{0.172}{(\frac{T}{T_c})^{4.2}}$$

式中 p_c ——临界压力，MPa；

T_c ——临界温度，K；

ω ——偏心因子；

$R = 8.314 \text{MPa} \cdot \text{cm}^3 \cdot \text{mol}^{-1} \cdot \text{K}^{-1}$

纯组分 B_{ii} 的计算，只需采用纯组分的 ω_i，p_{ci}，T_{ci} 代入式(2-21)求得 B_{ii}；混合物中与 i 和 j 分子间相互作用和碰撞有关的第二维里系数 B_{ij} 的计算，则需先按混合规则求得混合物的 P_{cij}、T_{cij}、ω_{ij}，然后再代入式(2-21)求算。

计算 P_{cij}、T_{cij}、ω_{ij} 的混合规则为：

$$T_{cij} = (T_{ci} \times T_{cj})^{1/2}; \quad \omega_{ij} = \frac{\omega_i + \omega_j}{2}; \quad V_{cij} = \left(\frac{V_{ci}^{1/3} + V_{cj}^{1/3}}{2}\right)^3;$$

$$Z_{cij} = \frac{Z_{ci} + Z_{cj}}{2}; \quad P_{cij} = \frac{Z_{cij} \times R \times T_{cij}}{V_{cij}}$$

2.1.5.2 R－K方程

$$p = \frac{RT}{V-b} - \frac{a}{T^{1/2}V(V+b)}$$

式中： $a = \frac{\Omega_a R^2 T_c^{2.5}}{p_c}; \quad b = \frac{\Omega_b R T_c}{p_c}$

用于纯组分时，一般取 $\Omega_a = 0.4278$，$\Omega_b = 0.0867$。

用于混合物时，可用下列规则：

$$b_i = \frac{\Omega_{bi} R T_{ci}}{p_{ci}}; \quad b_M = \sum_i y_i b_i;$$

$$a_{ii} = \frac{\Omega_{ai} R^2 T_{ci}^{2.5}}{p_{ci}}; \quad a_{ij} = \frac{(\Omega_{ai} + \Omega_{aj}) R^2 T_{cij}^{2.5}}{2 p_{cij}};$$

$$a_M = \sum_i \sum_j y_i y_j a_{ij}; \quad a_{ij} \neq \sqrt{a_{ii} \times a_{jj}};$$

$$T_{cij} = (T_{ci} \times T_{cj})^{1/2}(1 - k_{ij});$$

$$V_{cij} = \left(\frac{V_{ci}^{1/3} + V_{cj}^{1/3}}{2}\right)^3; \quad \omega_{ij} = \frac{\omega_i + \omega_j}{2};$$

$$Z_{cij} = 0.291 - 0.08\left(\frac{\omega_i + \omega_j}{2}\right), \quad p_{cij} = \frac{Z_{cij} R T_{cij}}{V_{cij}}$$

式中，k_{ij} 为相互作用因子，需根据实测气液平衡数据推算。一般对于烃类各组分间的 k_{ij} 可取为零。

纯组分 i 的逸度系数为：

$$\ln\phi_{iv}^0 = \frac{1}{RT}\int_{P_0}^{p} V dp - \int_{P_0}^{p}\frac{dp}{p} = \frac{1}{RT}(pV - p_0 V_0) - \frac{1}{RT}\int_{V_0}^{V} p dV - \int_{P_0}^{p}\frac{dp}{p}$$

$$\ln\phi_{iv}^0 = Z_i - 1 - \ln\left(Z_i - \frac{pb}{RT}\right) - \frac{a}{bRT^{1.5}}\ln\left(1 + \frac{b}{V_i}\right) \tag{2-22}$$

式中 a，b ——按纯组分计算的 a，b 值；

V_i——气体的摩尔体积,由 R–K 方程解出,由于 V 为三次方,取其最大实根为气体摩尔体积。

$$Z_i = \frac{pV_i}{RT}$$

组分 i 的分逸度系数为

$$\ln \hat{\phi}_{iv} = \ln \frac{V_M}{V_M - b_M} + \frac{b_i}{V_M - b_M} - \frac{2\sum_k y_k a_{ik}}{RT^{3/2} b_M} \ln\left(\frac{V_M + b_M}{V_M}\right)$$
$$+ \frac{a_M b_i}{RT^{3/2} b_M^2}\left[\ln\left(\frac{V_M + b_M}{V_M}\right) - \frac{b_M}{V_M + b_M}\right] - \ln\left(\frac{pV_M}{RT}\right) \quad (2-23)$$

式中　V_M——与纯组分一样,为 R–K 方程的最大实根。

2.1.5.3　BWR 方程

BWR 方程为:

$$p = RT\rho + \left(B_0 RT - A_0 - \frac{C_0}{T^2}\right)\rho^2 + (bRT - \alpha)\rho^3 + \alpha a \rho^6 + \frac{c\rho^3}{T^2}(1 + \gamma\rho^2)\exp(-\gamma\rho^2)$$

式中　A_0、B_0、C_0、a 、b 、c 、γ 和 α——经验常数;
$$\rho——密度,\rho = 1/V。$$

纯组分 i 的逸度系数:

$$RT\ln\phi_{iv}^0 = RT\ln\frac{\rho RT}{p} + 2\left(B_0 RT - A_0 - \frac{C_0}{T^2}\right)\rho + \frac{3}{2}(bRT - \alpha)\rho^2 + \frac{6}{5}\alpha a \rho^5$$
$$+ \frac{c\rho^2}{T^2}\left[\frac{1 - e^{-\gamma\rho^2}}{\gamma\rho^2} + \left(\frac{1}{2}\rho + \gamma^2\right)e^{-\gamma\rho^2}\right] \quad (2-24)$$

组分 i 的分逸度系数为:

$$RT\ln\hat{\phi}_{iv} = RT\ln\frac{\rho_M RT}{p} + \left[(B_{0M} + B_{0i})RT - 2(A_{0M} \times A_{0i})^{1/2} - 2 \times (C_{0M} \times C_{0i})^{1/2} T^{-2}\right]\rho_M$$
$$+ \frac{3}{2}\left[RT(b_M^2 \times b_i)^{1/3} - (\alpha_M^2 \times \alpha_i)^{1/3}\right]\rho_M^2 + \frac{3}{5}\left[\alpha_M(\alpha_M^2 \times \alpha_i)^{1/3} + a_M(a_M^2 \times a_i)^{1/3}\right]\rho_M^5$$
$$+ \frac{3(c_M^2 \times c_i)^{1/3}\rho_M^2}{T^2}\left[\frac{1 - \exp(-\gamma_M \rho_M^2)}{\gamma_M \rho_M^2} - \frac{\exp(-\gamma_M \rho_M^2)}{2}\right]$$
$$- \frac{2c_M \rho_M^2}{T^2}\left(\frac{\gamma_i}{\gamma_M}\right)\left[\frac{1 - \exp(-\gamma_M \rho_M^2)}{\gamma_M \rho_M^2} - \left(\frac{1 + \gamma_M \rho_M^2}{2}\right)\exp(-\gamma_M \rho_M^2)\right] \quad (2-25)$$

式中　ρ_M——密度,气相取 BWR 方程最小的实根,液相取 BWR 方程最大的实根。

2.1.6　活度系数的计算

2.1.6.1　对于双组分系统

(1)范拉尔(Van–Laar)方程　二元系统的活度系数与浓度的关系,可用两元系统的端值常数 A_{12} 及 A_{21} 来表达。

$$\ln\gamma_1 = \frac{A_{12}}{\left(1 + \frac{A_{12}x_1}{A_{21}x_2}\right)^2}; \quad \ln\gamma_2 = \frac{A_{21}}{\left(1 + \frac{A_{21}x_2}{A_{12}x_1}\right)^2} \quad (2-26)$$

式中　A_{12},A_{21}——系统的端值常数。由式(2-26)可见

$$\lim_{x_1 \to 0}\ln\gamma_1 = A_{12}; \quad \lim_{x_2 \to 0}\ln\gamma_2 = A_{21}$$

因此，$A_{12} = \ln\gamma_1^\infty$，$A_{21} = \ln\gamma_2^\infty$

其中，γ_1^∞、γ_2^∞ 为无限稀释时的活度系数。

（2）马格勒斯（Margules）方程：

$$\ln\gamma_1 = x_2^2[A_{12} + 2x_1(A_{21} - A_{12})] \tag{2-27}$$
$$\ln\gamma_2 = x_1^2[A_{21} + 2x_2(A_{12} - A_{21})]$$

式中，A 值的意义与范拉尔方程相同。

（3）威尔逊（Wilson）方程　威尔逊引出局部分子分数概念，并考虑温度对 γ_i 的影响，提出了一个半理论半经验的计算活度系数的公式。

对双组分溶液

$$\left.\begin{array}{l}\ln\gamma_1 = 1 - \ln(x_1 + \Lambda_{12}x_2) - \left[\dfrac{x_1}{x_1 + \Lambda_{12}x_2} + \dfrac{\Lambda_{21}x_2}{\Lambda_{21}x_1 + x_2}\right] \\[4mm] \ln\gamma_2 = 1 - \ln(x_2 + \Lambda_{21}x_1) - \left[\dfrac{x_2}{x_2 + \Lambda_{21}x_1} + \dfrac{\Lambda_{12}x_1}{\Lambda_{12}x_2 + x_1}\right] \end{array}\right\} \tag{2-28}$$

$$\left.\begin{array}{l}\Lambda_{12} = V_2/V_1 \exp[-(\lambda_{12} - \lambda_{11})/RT] \\[2mm] \Lambda_{21} = V_1/V_2 \exp[-(\lambda_{21} - \lambda_{22})/RT] \end{array}\right\} \tag{2-29}$$

式中　　　　　　　　V_1、V_2——纯组分 1、2 的摩尔体积，可查手册；

λ_{12}、λ_{11}、λ_{21}、λ_{22}——双组分溶液的威尔逊参数；

Λ_{ij}——与温度有关的系数。

威尔逊方程求 γ_i 时考虑了温度的影响。

（4）NRTL（Non - Random Two Liquids）方程　NRTL 方程是根据局部分子分数概念和双液体理论推导出来的，并引入剩余自由能 g 及组成溶液的非均匀性程度的经验参数 α'_{12}。α'_{12} 表示溶液的有秩性参数。NRTL 方程式不仅可用于互溶系统也可用于部分互溶系统。

$$\left.\begin{array}{l}\ln\gamma_1 = x_2^2\left[\dfrac{\tau_{21}G_{21}^2}{(x_1 + x_2G_{21})^2} + \dfrac{\tau_{12}G_{12}}{(x_2 + x_1G_{12})^2}\right] \\[4mm] \ln\gamma_2 = x_1^2\left[\dfrac{\tau_{12}G_{12}^2}{(x_2 + x_1G_{12})^2} + \dfrac{\tau_{21}G_{21}}{(x_1 + x_2G_{21})^2}\right] \end{array}\right\} \tag{2-30}$$

式中：

$$\tau_{12} = \frac{(g_{12} - g_{22})}{RT}, \quad G_{12} = \exp(-\alpha'_{12}\tau_{12})$$

$$\tau_{21} = \frac{(g_{21} - g_{11})}{RT}, \quad G_{21} = \exp(-\alpha'_{12}\tau_{21})$$

对于一定的双组分溶液，α'_{12} 是一个经验常数。α'_{12} 之值可根据系统之类别，而确定为 0.20，0.30，0.40，0.47 等，见表 2-2 所示。

由式（2-30）可得出

当 $x_1 \to 0$ 时 $(\ln\gamma_1)_{x_1=0} = \tau_{21} + \tau_{12}\exp(-\alpha'_{12}\tau_{12})$

当 $x_2 \to 0$ 时 $(\ln\gamma_2)_{x_2=0} = \tau_{12} + \tau_{21}\exp(-\alpha'_{12}\tau_{21})$

表 2-2　各种不同类型溶液的 α'_{12} 值

溶液种类	I_a	I_b	I_c	II	III	IV	V	VI	VII
α'_{12}	0.30	0.30	0.30	0.20	0.40	0.47	0.47	0.30	0.47

表 2－2 中各种溶液的类型说明如下：

Ⅰ型：与理想物系的偏差不大，可以是正偏差或负偏差体系。

Ⅰ$_a$：一般非极性体系，如烃类－四氯化碳，但不包括烷烃－烃类氯化物体系。

Ⅰ$_b$：非缔合性的极性－非极性体系，如正庚烷－甲乙基酮、苯－丙酮、四氯化碳－硝基乙烷等。

Ⅰ$_c$：极性液体混合物，其中有的体系对拉乌尔定律为负偏差，如丙酮－氯仿、氯仿－二氯六环等，也可以是对拉乌尔定律为少量正偏差的体系，如丙酮－乙酸甲酯、乙醇－水等。

Ⅱ型：饱和烃－非缔合极性体系，如正己烷－丙酮、异辛烷－硝基乙烷等，这些体系具有较小的非理想性，但能分层，α'_{12} 值较小。

Ⅲ型：饱和烃－烃的过氯化物体系，如正己烷－过氯化正己烷等。

Ⅳ：强缔合性物质－非极性物质的体系，如醇类－烃类系。

Ⅴ：极性物质（乙腈或硝基甲烷）－四氯化碳体系，这些体系的 α'_{12} 较高（0.47），NRTL 方程对这些体系的适应性较好。

Ⅵ：水－非缔合极性物质（丙酮、二氯六环）。

Ⅶ：水－缔合极性物质（丁二醇、吡啶等）。

2.1.6.2 对于三元组分或多组分

（1）马格勒斯方程：

$$\ln\gamma_1 = x_2^2[A_{12} + 2x_1(A_{21} - A_{12})] + x_3^2[A_{13} + 2x_1(A_{31} - A_{13})]$$
$$+ x_2 x_3[A_{21} + A_{13} - A_{32} + 2x_1(A_{31} - A_{13}) + 2x_3(A_{32} - A_{23}) - c(1 - 2x_1)] \quad (2-31)$$

式中　A_{12}，A_{21}——组分 1 和 2 所组成的双组分系统的端值常数；

　　　A_{13}，A_{31}——组分 1 和 3 所组成的双组分系统的端值常数；

　　　A_{23}，A_{32}——组分 2 和 3 所组成的双组分系统的端值常数；

　　　c——三元组分系统的特征常数，可由实验数据测定。若无实验数据，可近似按下式来计算

$$c = \frac{A_{21} - A_{12} + A_{23} - A_{32} + A_{31} - A_{13}}{2}$$

组分 2 和 3 的活度系数 γ_2、γ_3，可将式（2－31）中的下标 1，2，3 按 $\begin{smallmatrix} 1 \longrightarrow 2 \\ \nwarrow \swarrow \\ 3 \end{smallmatrix}$ 方式加以转换而成。

（2）威尔逊（Wilson）方程：

$$\ln\gamma_i = 1 - \ln\left[\sum_{j=1}^{N} x_j \Lambda_{ij}\right] - \sum_{k=1}^{N}\left[\frac{x_k \Lambda_{ki}}{\left(\sum_{j=1}^{N} x_j \Lambda_{kj}\right)}\right] \quad (2-32)$$

式中：

$$\Lambda_{ij} = \frac{V_j}{V_i}\exp\left[-\frac{\lambda_{ij} - \lambda_{ii}}{RT}\right]; \quad \lambda_{ij} = \lambda_{ji}; \quad \lambda_{ii} = \lambda_{jj} = \Lambda_{kk} = 1$$

由于式（2－32）中只含有双组分系统的各有关参数，而不需要多组分系统的有关参数，因此仅需用二元系的数据就能推算多组分系统的活度系数，这是威尔逊方程的一大优点。威尔逊方程只适用于互溶溶液，对部分互溶溶液不够精确。

（3）NRTL 方程：

$$\ln\gamma_i = \frac{\sum\limits_{j=1}^{N}\tau_{ji}G_{ji}x_j}{\sum\limits_{l=1}^{N}G_{li}x_l} + \sum\limits_{j=1}^{N}\left[\frac{x_jG_{ij}}{\sum\limits_{l=1}^{N}G_{lj}x_l}\left(\tau_{ij} - \frac{\sum\limits_{r=1}^{N}x_r\tau_{rj}G_{rj}}{\sum\limits_{l=1}^{N}G_{lj}x_l}\right)\right] \tag{2-33}$$

式中：

$$\tau_{ji} = (g_{ji} - g_{ii})/RT;\quad g_{ij} = g_{ji};\quad G_{ji} = \exp(-\alpha'_{ji}\tau_{ji});$$
$$\alpha'_{ji} = \alpha'_{ij};\quad G_{ii} = G_{jj} = G_{rr} = G_{ll} = 1$$

利用 NRTL 方程也只需要各双组分系统的数据，就可推算出多组分系统的活度系数。如前所述，NRTL 多组分式可用于部分互溶系统。

（4）UNIFAC 官能团法　前面介绍的活度系数方程应用于多元系时，虽然其参数值均可由各对二元气液平衡数据确定，但是由于化工生产中涉及的组分种类较多，即使二元数据也常难以从文献中收集齐全。在这种情况下，若不进行专门的实验测定，上述的方程将无法应用。

UNIFAC 官能团法是由 Fredenslund 等人提出的，该法将官能团的概念应用于活度系数的计算。采用官能团概念为基础计算活度系数时，无需知道各对二元系统的气液平衡数据。

官能团的概念很早就应用于一些物性数据的计算，例如：液体的密度、热容、表面张力和纯组分的临界参数等，其基本思想是认为各组分分子的性质可通过其结构官能团的有关性质，采用迭加的方法来确定。这种方法的主要优点在于，虽然化工生产中涉及的组分数极多（数以万计），但是构成这些组分分子的官能团却为数很少（大约为 50～100 个），这样可使物性的预测大为简化。但官能团的概念应用于活度系数的计算是在 20 世纪 60 年代末才开始的，而较为完善的 UNIFAC 法是 1977 年才发表的，它可应用于含烃、酮、醛、酸、醚、酯、腈、胺、水和含卤烃等系统的活度系数的预测，并可应用于部分互溶系统。

2.1.7　烃类系统相平衡常数的近似估算（$p-T-K$ 列线图）

相平衡常数是温度、压力和气、液相组成的函数，无论用状态方程，还是用活度系数模型，其计算的工作量都很大，必须借助计算机作辅助计算。但对于液相是理想溶液、气相是理想气体或是真实气体理想溶液的系统，相平衡常数 K_i 则仅是温度、压力的函数，这就可以使计算过程大大简化。

烃类物系在石油化工中十分重要，其行为接近理想情况，可仅考虑 p、T 对 K_i 的影响。经广泛的实验测定和理论推算，作出了 $p-T-K$ 列线图，见图 2-1（a）和图 2-1（b）。只要知道系统的温度和压力，就能从图上查得相平衡常数。由于忽略了组成对 K_i 的影响，其平均误差为 8%～15%，$p-T-K$ 列线图适用于 0.8～1MPa（绝对压力）以下的较低压区域。

【例 2-1】计算在 0.1013MPa 和 378.47K 下苯（1）－甲苯（2）－对二甲苯（3）三元系，当 $x_1 = 0.3125$，$x_2 = 0.2978$，$x_3 = 0.3897$ 时的 K 值。气相为理想气体，液相为非理想溶液，并与完全理想系的 K 值比较。已知三个二元系的 Wilson 方程参数：

$\lambda_{12} - \lambda_{11} = -1035.33$；$\lambda_{12} - \lambda_{22} = 977.83$；$\lambda_{23} - \lambda_{22} = 442.15$；$\lambda_{23} - \lambda_{33} = -460.05$；

$\lambda_{13} - \lambda_{11} = 1510.14$；$\lambda_{13} - \lambda_{33} = -1642.81$（单位：J/mol）

在 $T = 378.47$K 时液相摩尔体积为：

$V_1 = 100.91 \times 10^{-3}\,\mathrm{m^3/kmol}$；$V_2 = 117.55 \times 10^{-3}\,\mathrm{m^3/kmol}$；$V_3 = 136.69 \times 10^{-3}\,\mathrm{m^3/kmol}$

安托因公式为：

苯：$\ln p_1^0 = 20.7936 - 2788.51/(T - 52.36)$；

甲苯：$\ln p_2^0 = 20.9065 - 3096.52/(T - 53.67)$；

对二甲苯：$\ln p_3^0 = 20.9891 - 3346.65/(T - 57.84)$；（$p_i^0$ 单位为 Pa；T 单位为 K）

解：在 $T = 378.47$K 下

苯：$\ln p_1^0 = 20.7936 - 2788.51/(378.47 - 52.36)$；所以 $p_1^0 = 207.48$ kPa

甲苯：$\ln p_2^0 = 20.9065 - 3096.52/(378.47 - 53.67)$；所以 $p_2^0 = 86.93$kPa

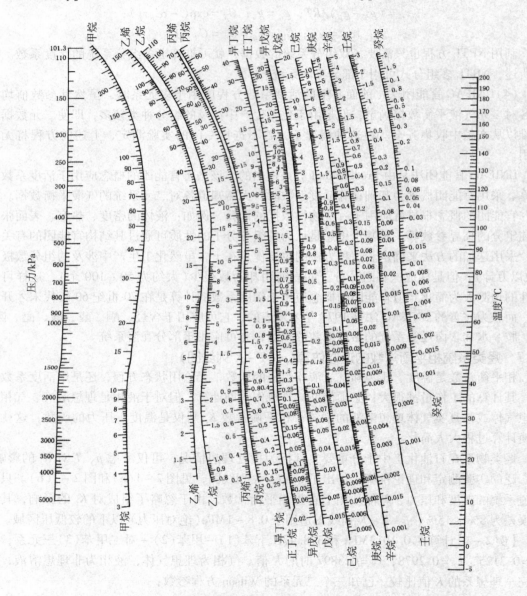

图 2-1(a)　轻烃的 K 图（高温段）

对二甲苯：$\ln p_3^0 = 20.9891 - 3346.65/(378.47 - 57.84)$；所以 $p_3^0 = 38.23$kPa

Wilson 方程参数求取

$$\Lambda_{12} = \frac{V_2}{V_1}\exp\left(-\frac{\lambda_{12} - \lambda_{11}}{RT}\right) = \frac{117.55 \times 10^{-3}}{100.91 \times 10^{-3}}\exp\left(-\frac{-1035.33}{8.314 \times 378.47}\right) = 1.619$$

24

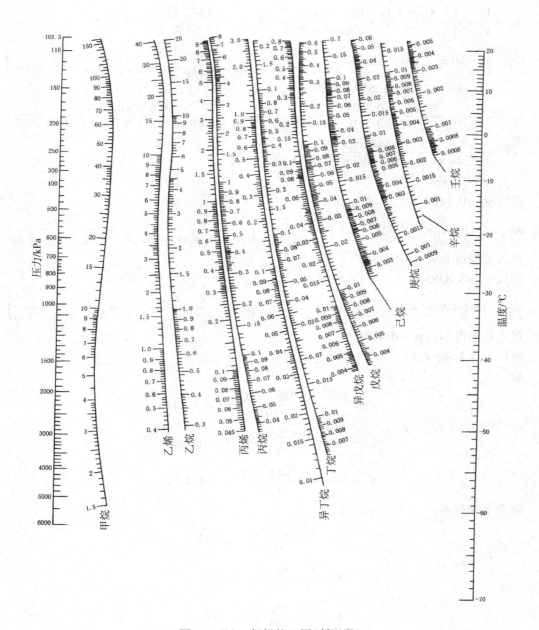

图 2 - 1(b)　轻烃的 K 图(低温段)

$$\Lambda_{21} = \frac{V_1}{V_2}\exp\left(-\frac{\lambda_{12}-\lambda_{22}}{RT}\right) = \frac{100.91\times10^{-3}}{117.55\times10^{-3}}\exp\left(-\frac{977.83}{8.314\times378.47}\right) = 0.629$$

$$\Lambda_{23} = \frac{V_3}{V_2}\exp\left(-\frac{\lambda_{23}-\lambda_{22}}{RT}\right) = \frac{136.69\times10^{-3}}{117.55\times10^{-3}}\exp\left(-\frac{442.15}{8.314\times378.47}\right) = 1.010$$

$$\Lambda_{32} = \frac{V_2}{V_3}\exp\left(-\frac{\lambda_{23}-\lambda_{33}}{RT}\right) = \frac{117.55\times10^{-3}}{136.69\times10^{-3}}\exp\left(-\frac{-460.05}{8.314\times378.47}\right) = 0.995$$

$$\Lambda_{13} = \frac{V_3}{V_1}\exp\left(-\frac{\lambda_{13}-\lambda_{11}}{RT}\right) = \frac{136.69\times10^{-3}}{100.91\times10^{-3}}\exp\left(-\frac{1510.14}{8.314\times378.47}\right) = 0.838$$

$$\Lambda_{31} = \frac{V_1}{V_3}\exp\left(-\frac{\lambda_{13}-\lambda_{33}}{RT}\right) = \frac{100.91\times10^{-3}}{136.69\times10^{-3}}\exp\left(-\frac{-1642.81}{8.314\times378.47}\right) = 1.244$$

$$\ln\gamma_1 = 1 - \ln(x_1 + \Lambda_{12}x_2 + \Lambda_{13}x_3) - \left(\frac{x_1}{x_1 + \Lambda_{12}x_2 + \Lambda_{13}x_3} + \frac{\Lambda_{21}x_2}{\Lambda_{21}x_1 + x_2 + \Lambda_{23}x_3} + \frac{\Lambda_{31}x_3}{\Lambda_{31}x_1 + \Lambda_{32}x_2 + x_3}\right)$$

$$= 1 - \ln(0.3125 + 1.619\times0.2978 + 0.838\times0.3897)$$

$$- \left(\frac{0.3125}{0.3125 + 1.619\times0.2978 + 0.838\times0.3897} + \frac{0.629\times0.2978}{0.629\times0.3125 + 0.2978 + 1.010\times0.3897}\right.$$

$$\left.+ \frac{1.244\times0.3897}{1.244\times0.3125 + 0.995\times0.2978 + 0.3897}\right)$$

$$= -0.2399$$

所以 $\gamma_1 = 0.7867$

$$\ln\gamma_2 = 1 - \ln(\Lambda_{21}x_1 + x_2 + \Lambda_{23}x_3) - \left(\frac{\Lambda_{12}x_1}{x_1 + \Lambda_{12}x_2 + \Lambda_{13}x_3} + \frac{x_2}{\Lambda_{21}x_1 + x_2 + \Lambda_{23}x_3} + \frac{\Lambda_{32}x_3}{\Lambda_{31}x_1 + \Lambda_{32}x_2 + x_3}\right)$$

代入数据得 $\ln\gamma_2 = -0.1762$

所以 $\gamma_2 = 0.8385$

$$\ln\gamma_3 = 1 - \ln(\Lambda_{31}x_1 + \Lambda_{32}x_2 + x_3) - \left(\frac{\Lambda_{13}x_1}{x_1 + \Lambda_{12}x_2 + \Lambda_{13}x_3} + \frac{\Lambda_{23}x_2}{\Lambda_{21}x_1 + x_2 + \Lambda_{23}x_3} + \frac{x_3}{\Lambda_{31}x_1 + \Lambda_{32}x_2 + x_3}\right)$$

代入数据得 $\ln\gamma_3 = -0.1874$

所以 $\gamma_3 = 1.2061$

故

$$K_1 = \frac{\gamma_1 p_1^0}{p} = \frac{0.7867\times207.48}{101.3} = 1.611$$

$$K_2 = \frac{\gamma_2 p_2^0}{p} = \frac{0.8385\times86.93}{101.3} = 0.7196$$

$$K_3 = \frac{\gamma_3 p_3^0}{p} = \frac{1.2061\times38.23}{101.3} = 0.4552$$

而完全理想系：

$$K_1 = \frac{p_1^0}{p} = \frac{207.48}{101.3} = 2.048$$

$$K_2 = \frac{p_2^0}{p} = \frac{86.93}{101.3} = 0.8581$$

$$K_3 = \frac{p_3^0}{p} = \frac{38.23}{101.3} = 0.3774$$

2.2　泡点和露点的计算

泡点是在恒压下加热液体混合物，当液体混合物开始汽化出现第一个汽泡时的温度，称为泡点。

露点是在恒压下冷却气体混合物，当气体混合物开始冷凝出现第一个液滴时的温度，称为露点。

泡点和露点的计算在工程计算中要经常进行。如在精馏塔的严格计算中，为确定塔板的温度就要多次反复地进行这项计算。

2.2.1 泡点温度和压力的计算

计算泡点温度时，给定的是液相组成 x（用向量表示，下同）和压力 p，要求计算液相刚开始沸腾时的温度（即泡点）T 和平衡的气相组成 y（用向量表示，下同）。

计算泡点压力时，给定的是液相组成 x 和温度 T，要求计算液相刚开始沸腾时的压力 p 和平衡的气相组成 y。

运算时用到下列方程：

（1）相平衡关系　　$y_i = K_i x_i$；

（2）归一化方程　　$\sum_i y_i = 1$；

（3）相平衡常数关联式　　$K_i = f(p, T, x, y)$

由于上述方程是非线性的，一般需要试差求解。

1. 当 K_i 仅是 p、T 的函数，与组成无关时计算步骤为：

（1）假设泡点温度 T（或 p）；

（2）由 p 和 T 得到各组分的相平衡常数 K_i（例如烃类可查 $p - T - K$ 列线图）；

（3）利用相平衡关系 $y_i = K_i x_i$ 计算与此液相组成平衡的气相组成 y_i。并对 y_i 加和得 $\sum_i y_i$；

（4）以 $\left| \sum_i y_i - 1 \right|$ 是否小于某个允许误差来判别假设的温度 T（或 p）是否正确。

在泡点温度计算时，若 $\sum_i y_i - 1 > 0$，说明所设温度偏高，K_i 值太大；若 $\sum_i y_i - 1 < 0$，说明所设温度偏低，K_i 值太小；必须重新假设温度，直到 $\sum_i y_i - 1$ 满足允许误差为止，此时所设的温度即为泡点。在泡点压力计算时，若 $\sum_i y_i - 1 > 0$，因 K 与 p 成反比，说明所设的压力偏小；若 $\sum_i y_i - 1 < 0$，说明所设压力偏大。

2. 当 K_i 与 p、T、组成有关时（即物系的非理想性较强）

对于非理想系统，$K_i = f(p, T, x, y)$，K_i 不仅是温度的函数而且是组成的函数。在泡点温度或压力计算时，除了要确定温度（或压力）和 y 外，还需要计算混合物中 i 组分的分逸度系数 $\hat{\phi}_{iv}$，而 $\hat{\phi}_{iv}$ 是 y 的函数，在 y 未求得之前无法求得 $\hat{\phi}_{iv}$ 值，于是计算时还需对 $\hat{\phi}_{iv}$ 进行试差。计算步骤是，在给定的温度（或压力）初值下，首先设 $\hat{\phi}_{iv}$，通常以 $\hat{\phi}_{iv} = 1$ 作为初值来试差。因为有了 $(\hat{\phi}_{iv})_K$ 才能计算得到 $(y_i)_K$，而有了 $(y_i)_K$ 又能获得 $(\hat{\phi}_{iv})_{K+1}$，如此反复循环直至 $\sum (y_i)_{K+1}$ 与 $\sum (y_i)_K$ 相等，不再改变为止。最后，再用归一方程 $\left| \sum y_i - 1 \right| < eps$ 来判别所设的温度。这整个计算过程包括有一个两重循环的迭代过程，下面用框图来表示这类相平衡的计算。

【例 2 - 2】脱丁烷塔塔顶压力为 2.3MPa，采用全凝器，塔顶产品组成为：

组分	甲烷（1）	乙烯（2）	乙烷（3）	丙烯（4）
x_{Di}	0.0132	0.8108	0.1721	0.0039

试计算塔顶产品的泡点温度。

解：塔顶产品的饱和温度即为其泡点温度，计算如下：

设 $T = -18℃$，查 $p - T - K$ 图得：

$K_1 = 5.06$，$K_2 = 1.06$，$K_3 = 0.72$，$K_4 = 0.20$

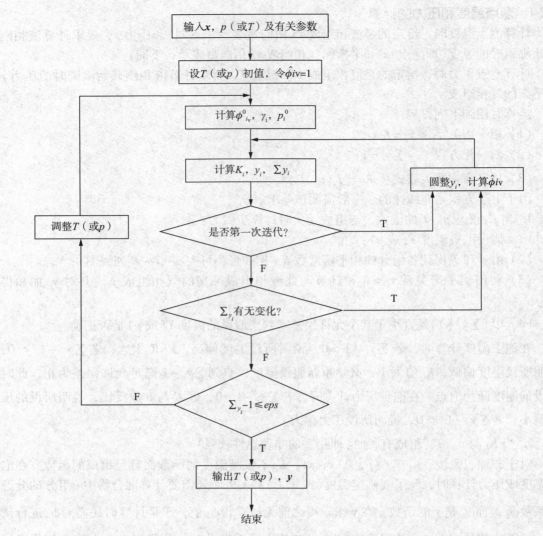

图 2 - 2   泡点温度(压力)计算框图

$S_y = \sum_i y_i = \sum_i K_i x_i = 5.06 \times 0.0132 + 1.06 \times 0.8108 + 0.72 \times 0.1721 + 0.20 \times 0.0039 = 1.059$

S_y 偏离 1 较大,需重新计算。因 $S_y > 1$,应调低温度。

重设 $T = -22℃$,查 $p - T - K$ 图得:

$K_1 = 4.80$,$K_2 = 0.97$,$K_3 = 0.66$,$K_4 = 0.175$

$S_y = \sum_i K_i x_i = 0.9641$,太小,应调高温度。

重设 $T = -20℃$,查 $p - T - K$ 图得:

$K_1 = 4.86$,$K_2 = 1.01$,$K_3 = 0.69$,$K_4 = 0.187$

$S_y = \sum_i K_i x_i = 1.0025$,可以认为计算结果正确,塔顶泡点温度为 $-20℃$。

2.2.2   露点温度和压力的计算

此时给定的是气相组成 y 和压力 p(或温度 T),求开始凝出第一滴液珠时的温度 T(或压力 p)和平衡的液相组成 x,同样需用试差法求解。

运算时用到下列方程:

（1）相平衡关系 $\quad x_i = y_i/K_i$；

（2）归一化方程 $\quad \sum x_i = \sum (y_i/K_i) = 1$；

（3）相平衡常数关联式 $\quad K_i = f(p, T, \boldsymbol{x}, \boldsymbol{y})$

1. 当 K_i 仅是 p、T 的函数，与组成无关时

试差过程与泡点计算类同。计算步骤为：

（1）假设泡点温度 T（或 p）；

（2）由 p 和 T 得到各组分的相平衡常数 K_i；

（3）利用相平衡关系 $x_i = y_i/K_i$ 计算与此气相组成平衡的液相组成 x_i。并对 x_i 加和得 $\sum\limits_i x_i$；

（4）以 $|\sum\limits_i x_i - 1|$ 是否小于某个允许误差来判别假设的温度 T（或 p）是否正确。

2. 当 K_i 与 p、T、组成有关时

非理想系统露点的计算与泡点计算基本类同，区别仅是 $\boldsymbol{x}$ 先不知道，内层应是活度系数 γ_i 的迭代循环。其计算框图如图 2-3 所示。

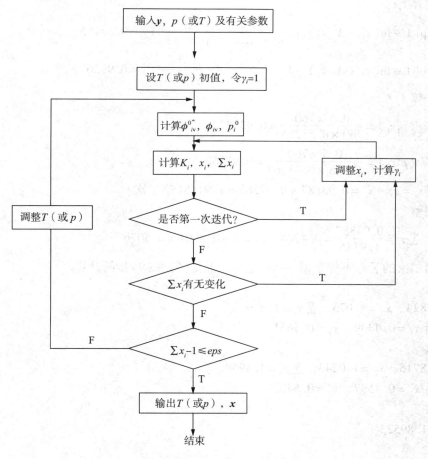

图 2-3 露点温度（压力）计算框图

【例 2-3】水（1）和乙二胺（2）的二元混合物组成为 $y_1 = 0.50$，$y_2 = 0.50$。求在 760mmHg 下的露点。

已知：气相为理想气体，纯物质的饱和蒸气压可用 Antoine 方程 $\ln p^0 = A - B/(T + C)$

$(p^0$：mmHg；T：℃$)$ 表示，其中水和乙二胺的 Antoine 常数为：$A_1 = 18.585$，$B_1 = 3985$，$C_1 = 233.426$；

$A_2 = 18.647$，$B_2 = 4360.45$，$C_2 = 245.726$。液相为非理想溶液，符合威尔逊方程，其威尔逊常数为 $\Lambda_{12} = 6.6557$，$\Lambda_{21} = 0.0171$。

解：

（1）设温度为 60℃，$r_i = 1$

（2）计算得：$p_1^0 = 760\text{mmHg}$，$p_2^0 = 417.6\text{mmHg}$

（3）计算 x_i 值：

$x_1 = py_1/(p_1^0 r_1) = 0.5$

$x_2 = py_2/(p_2^0 r_2) = 0.91$

（4）$\sum x_i = x_1 + x_2 = 1.41$（第一次）

（5）圆整：

$x_1 = x_1/\sum x_i = 0.3546$，$x_2 = x_2/\sum x_i = 0.6454$

（6）计算 r_i：

$$\gamma_1 = \exp\left[1 - \ln(x_1 + \Lambda_{12}x_2) - \left(\frac{x_1}{x_1 + \Lambda_{12}x_2} + \frac{\Lambda_{21}x_2}{\Lambda_{21}x_1 + x_2}\right)\right] = 0.53255$$

$$\gamma_2 = \exp\left[1 - \ln(x_2 + \Lambda_{21}x_1) - \left(\frac{x_2}{x_2 + \Lambda_{21}x_1} + \frac{\Lambda_{12}x_1}{\Lambda_{12}x_2 + x_1}\right)\right] = 0.93267$$

（7）计算 x_i

$$x_1 = py_1/(p_1^0 r_1) = \frac{0.5 \times 760}{760 \times 0.53255} = 0.93887$$

$$x_2 = py_2/(p_2^0 r_2) = \frac{0.5 \times 760}{417.6 \times 0.93267} = 0.97562$$

（8）$\sum x_i = x_1 + x_2 = 0.93887 + 0.97562 = 1.9145$（第二次）

（9）圆整

$$x_1 = x_1/\sum x_i = \frac{0.93887}{1.9145} = 0.4904,\quad x_2 = 1 - 0.4904 = 0.5096$$

由于第二次的 $\sum x_i$ 不等于第一次的 $\sum x_i$，重复（6）~（9）步的计算。

第三次

$x_1 = 0.824$，$x_2 = 1.075$，$\sum x_i = 1.899$

圆整后 $x_1 = 0.4339$，$x_2 = 0.5661$

第四次

$x_1 = 0.8715$，$x_2 = 1.0243$，$\sum x_i = 1.8958$

圆整后 $x_1 = 0.4597$，$x_2 = 0.5403$

第五次

$\sum x_i = 1.89523$

第六次

$\sum x_i = 1.89511$

第六次与第五次的 $\sum x_i$ 差已符合精度要求。

（10）利用 $\sum x_i - 1 < eps$ 来判断所设温度是否正确（eps 取 10^{-3}）。

现 $\sum x_i - 1 = 1.89511 - 1 = 0.89511 > eps$

因此，要重新假设温度按(2)~(10)步反复计算。

由于 $\sum x_i > 1$ ，故新假设的温度要大于60℃。

取 $T = 118.06℃$

第一次计算结果 $\sum x_i = 1.0185$

第二次计算结果 $\sum x_i = 1.0185$

$\sum x_i - 1 = 0.0185 > eps$ ，再设温度。

取 $T = 118.624℃$

第一次计算结果 $\sum x_i = 1.000196$

第二次计算结果 $\sum x_i = 1.000196$

$\sum x_i - 1 = 0.000196 < 10^{-3}$ ，符合要求。

计算结果为：

$\gamma_1 = 0.5851$ ， $\gamma_2 = 0.8745$ ， $x_1 = 0.454$ ， $x_2 = 0.546$

$p_1^0 = 1430.50$ mmHg， $p_2^0 = 795.88$ mmHg， $T = 118.624℃$

2.3 多组分单级分离

在化工生产中经常会遇到多组分单级分离问题，如等温闪蒸、等焓节流和等熵膨胀等。它们的计算依据是假设物系于出口处气液两相达到了平衡，其分离效果相当于一块理论板，故称之为单级分离。

2.3.1 等温闪蒸的计算

化工生产中遇到的气相混合物的部分冷凝和液体混合物的部分汽化均属于等温闪蒸。此时进料的组成和量是已知的，要求计算在指定压力和温度下产生的气液两相的组成和量。由于进、出量是相等的及出口处的气液两相达到平衡，因而可通过物料平衡和相平衡来计算，其方程如下：

(1)组分的物料衡算式：

$$Fz_i = Dy_i + Bx_i (i = 1, 2, \ldots, C)$$

式中 F——进入的原料量，kmol/h；

D——气相的出料量，kmol/h；

B——液体的出料量，kmol/h；

z_i——进料组成；

x_i——液相组成；

y_i——气相组成。

(2)相平衡关系式：

$$y_i = K_i x_i (i = 1, 2, \ldots, C)$$

(3)相平衡常数 K_i 的关联式：

$$K_i = f(p, T, x, y)(i = 1, 2, \ldots, C)$$

(4)归一化方程

$$\sum z_i = 1 , \quad \sum y_i = 1, \quad \sum x_i = 1$$

方程式中有 $4C + 5$ 个变量，列出的方程数为 $3C + 3$ ，所以设计变量(或自由度)为 $C + 2$ 个。现指定 F 、 z_i 、 p 和 T ，刚好 $C + 2$ 个变量，上述方程组有唯一解。由于方程组是非线

31

性的，需用迭代法求解。

计算时，所指定的温度 T 应在泡点温度和露点温度之间，这样才会出现气液两相，否则只会是单相。具体判据是：若 $\sum(z_i/K_i) < 1$，表示所指定的温度高于露点温度；若 $\sum(K_iz_i) < 1$，表示所指定的温度低于泡点温度。只有 $\sum(z_i/K_i) > 1$ 和 $\sum(K_iz_i) > 1$ 时，才出现气液两相。

等温闪蒸的计算：

现令液化率 $e = B/F$，汽化率 $\nu = D/F = 1 - e$

将它代入物料平衡式后得：

$$Fz_i = (1-e)Fy_i + eFx_i$$

将 $y_i = K_ix_i$ 代入上式得：

$$z_i = (1-e)K_ix_i + ex_i$$

$$x_i = \frac{z_i}{(1-e)K_i + e} = \frac{z_i}{\nu K_i + (1-\nu)} \tag{2-34}$$

同理可得：

$$y_i = \frac{K_iz_i}{(1-e)K_i + e} = \frac{K_iz_i}{\nu K_i + (1-\nu)} \tag{2-35}$$

根据式(2-34)、式(2-35)可以进行等温闪蒸的计算。计算方法为通过给出的操作温度和压力先求出相应的 K_i 值，然后假设液化率 e(或汽化率 ν)，利用式(2-34)求 x_i，然后判别 $\sum x_i$ 是否等于1来检验所设的 e 值(或 ν 值)。同样也可用式(2-35)来求 y_i，并用 $\sum y_i$ 是否等于1来校核 e(或 ν)。

用迭代法计算时应注意的是，使用式(2-34)时，e 初值不能用1或接近于1的数值来试差，因为 $e = 1$ 时，$x_i = z_i$，将会得到错误的结果。可以用 $e = 0$ 为初值来试差。同理对于式(2-35)却不能用 $e = 0$ 为初值。

式(2-34)和式(2-35)的计算也可以采用 Newton-Raphson 迭代法来收敛，其方法为：

$$f(e) = \sum \frac{z_i}{(1-e)K_i + e} - 1 = 0 \quad \text{或} \quad f(\nu) = \sum \frac{z_i}{\nu(K_i - 1) + 1} - 1 = 0 \tag{2-36}$$

$$f'(e) = \sum \frac{z_i(K_i - 1)}{[(1-e)K_i + e]^2} \quad \text{或} \quad f'(\nu) = \sum \frac{z_i(1 - K_i)}{[\nu(K_i - 1) + 1]^2} \tag{2-37}$$

$$e_{n+1} = e_n - \frac{f(e)}{f'(e)} \quad \text{或} \quad \nu_{n+1} = \nu_n - \frac{f(\nu)}{f'(\nu)} \tag{2-38}$$

Newton-Raphson 法等温闪蒸的计算步骤可用图2-4所示的框图来表示。

将式(2-35)减去式(2-34)，可得到更通用的闪蒸方程：

$$f(\nu) = \sum(y_i - x_i) = \sum \frac{z_i(K_i - 1)}{1 + \nu(K_i - 1)} = 0 \tag{2-39}$$

该式接近于一线性单调收敛函数，称为 Rachford-Rice 方程，有很好的收敛性，对初值 ν 的选择并无特殊要求，无论在 ν 根的左方或右方均能迅速求得解。可选择 Newton-Raphson 迭代法求解，迭代方程仍为式(2-38)。

导数方程为：

$$f'(\nu) = -\sum \frac{z_i(K_i - 1)^2}{[\nu(K_i - 1) + 1]^2} \tag{2-40}$$

32

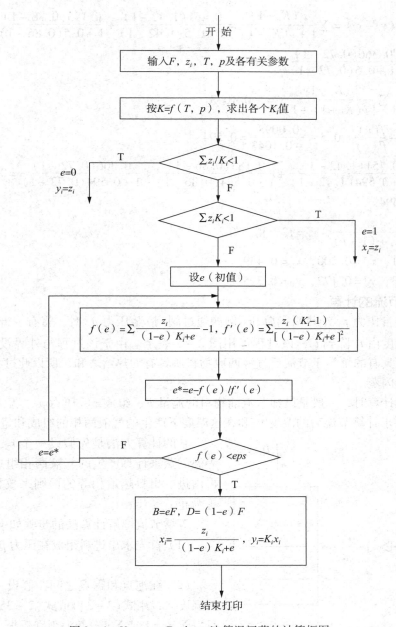

开始

输入F，z_i，T，p及各有关参数

按$K=f(T, p)$，求出各个K_i值

$\sum z_i/K_i<1$

T
$e=0$
$y_i=z_i$

F

$\sum z_i K_i<1$

T
$e=1$
$x_i=z_i$

F

设e（初值）

$f(e)=\sum \dfrac{z_i}{(1-e)K_i+e}-1$，$f'(e)=\sum \dfrac{z_i(K_i-1)}{[(1-e)K_i+e]^2}$

$e^*=e-f(e)/f'(e)$

$e=e^*$

F

$f(e)<eps$

T

$B=eF$，$D=(1-e)F$

$x_i=\dfrac{z_i}{(1-e)K_i+e}$，$y_i=K_i x_i$

结束打印

图 2 – 4   Newton – Raphson 法等温闪蒸的计算框图

【**例 2 – 4**】某混合物含丙烷（1）0.451（摩尔分数），异丁烷（2）0.183，正丁烷（3）0.366，在94℃和2.41MPa下进行闪蒸，试估算平衡时混合物的汽化分率及气液相组成。已知$K_1=1.42$，$K_2=0.86$，$K_3=0.72$。

解：$\sum \dfrac{z_i}{K_i}=\dfrac{0.451}{1.42}+\dfrac{0.183}{0.86}+\dfrac{0.366}{0.72}=1.039>1$

$\sum(K_i z_i)=1.42\times0.451+0.86\times0.183+0.72\times0.366=1.061>1$

故混合物处于两相区，可进行闪蒸计算。

设 $\nu=0.5$

$$f(\nu) = \sum (y_i - x_i) = \sum \frac{z_i(K_i - 1)}{1 + \nu(K_i - 1)} = \frac{0.451(1.42 - 1)}{1 + 0.5(1.42 - 1)} + \frac{0.183(0.86 - 1)}{1 + 0.5(0.86 - 1)}$$

$$+ \frac{0.366(0.72 - 1)}{1 + 0.5(0.72 - 1)} = 0.0098$$

$$f'(\nu) = -\sum \frac{z_i(K_i - 1)^2}{[\nu(K_i - 1) + 1]^2} = -0.1043$$

$$\nu_{n+1} = \nu_n - \frac{f(\nu)}{f'(\nu)} = 0.5 - \frac{0.0098}{-0.1043} = 0.594$$

$$f(\nu) = \frac{0.451(1.42 - 1)}{1 + 0.594(1.42 - 1)} + \frac{0.183(0.86 - 1)}{1 + 0.594(0.86 - 1)} + \frac{0.366(0.72 - 1)}{1 + 0.594(0.72 - 1)} = 0.0007 \approx 0$$

故 $\nu = 0.594$。

由 $x_i = \dfrac{z_i}{\nu K_i + (1 - \nu)}$，$y_i = K_i x_i$ 得

$x_1 = 0.361$，$x_2 = 0.200$，$x_3 = 0.439$

$y_1 = 0.513$，$y_2 = 0.172$，$y_3 = 0.315$

2.3.2 等焓节流的计算

当某物料自压力 p_1 绝热瞬间降压（例如通过阀门）至压力 p_2 时，将有一部分物料汽化，同时物料的温度由 t_1 降到 t_2，该过程可用图 2-5 表示。由于该过程与外界没有能量交换，节流前物料所具有的焓等于节流后气液两股物料所具有的热焓之和，所以此过程称为等焓节流，又称绝热闪蒸。

等焓节流计算时，一般是已知节流前物料的流量 F、组成 z_i、压力 p_1、温度 t_1 和节流后的压力 p_2；要求计算节流后的温度 t_2 和在这温度下产生的气液两相的组成和量。

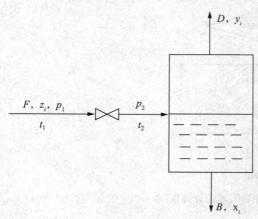

图 2-5 等焓节流

它的计算方法是先假设一个 t_2，这样即可按等温闪蒸来计算产生的气液两相组成和量，然后再由进、出料热焓相等的原则来校核 t_2，直至相等为止。

等焓节流图解计算法的步骤如下：

（1）首先求出进料组成在压力 p_2 时的泡点和露点；

（2）在泡点和露点之间，假设一系列的节流后温度 t_2，用式（2-34）或式（2-35）来计算，并且以 $\sum x_i = 1$ 或 $\sum y_i = 1$ 为判别依据，求得一系列的 ν，气相组成 $y_i (i = 1, 2, ..., C)$ 和液相组成 $x_i (i = 1, 2, ..., C)$ 值；

（3）将所得的一系列 $t_2 - \nu$ 值，在 $t - \nu$ 直角坐标图上标绘得一条曲线称为闪蒸曲线，如图 2-6 所示；

（4）由于过程是等焓的，故满足热量平衡关系：

$$FH_f = DH_D + Bh_B$$

式中　H_f——进料混合物的摩尔焓，J/mol，它是 p_1、t_1、z_i 的函数，是一常数；

　　　H_D——气相出料混合物的摩尔焓，J/mol，它是 p_2、t_2 和 y_i 的函数；

　　　h_B——液相出料混合物的摩尔焓，J/mol，它是 p_2、t_2 和 x_i 的函数。

将 $\nu^* = \dfrac{D}{F}$ 代入上式得

$$\nu^* = \frac{H_f - h_B}{H_D - h_B} \qquad (2-41)$$

如果将第(2)步所得的一系列 $t_2 - x_i - y_i$ 值代入式(2-41)后，可得到另外一系列的 $t_2 - \nu^*$ 值。

（5）若所假设的温度 t_2 正确时，必然按照式(2-34)或式(2-35)求得的 ν 值应等于按式(2-41)计算得到的 ν^* 值，因而将所得一系列 $t_2 - \nu^*$ 值，也标绘在 $t - \nu$ 的直角坐标图上，亦获得一条曲线，称为等焓平衡线。两条曲线的交点 F，即表示 $\nu = \nu^*$，交点的横坐标为节流后的 ν 值，纵坐标即为节流后的温度 t_2。

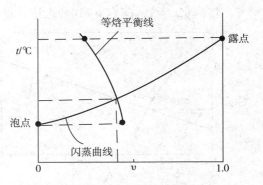

图 2-6　等焓节流气化率与温度的关系

【例 2-5】某乙烯、乙烷和丙烯混合物，其摩尔组成为：乙烯 0.2，乙烷 0.4 和丙烯 0.4。现将温度为 10℃，压力为 2.0265MPa 的饱和液体，等焓节流到 0.8106MPa。求节流后的温度、汽化率和气液相组成。

解：先计算 0.8106MPa 压力下该物系的泡露点温度。

解得 0.8106MPa 压力下该物系的泡点温度为 -32℃，露点温度为 -10℃。

在 -32 ~ -10℃ 间设三个 t_2 温度，-16℃、-20℃、-26℃，按等温闪蒸来计算汽化率及气液相组成。结果见下表：

$-16℃$，$\nu = 0.725$					
组分	z_i	K_i	$\nu K_i + (1-\nu)$	x_i	y_i
乙烯	0.2	2.8	2.305	0.0868	0.2430
乙烷	0.4	1.65	1.471	0.2719	0.4486
丙烯	0.4	0.48	0.623	0.6421	0.3082
合计	1.0			1.0008	0.9998

$-20℃$，$\nu = 0.545$					
组分	z_i	K_i	$\nu K_i + (1-\nu)$	x_i	y_i
乙烯	0.2	2.6	1.872	0.1068	0.2778
乙烷	0.4	1.51	1.278	0.3130	0.4256
丙烯	0.4	0.43	0.689	0.5803	0.2495
合计	1.0			1.0001	0.9999

$-26℃$，$\nu = 0.297$					
组分	z_i	K_i	$\nu K_i + (1-\nu)$	x_i	y_i
乙烯	0.2	2.35	1.402	0.1428	0.3355
乙烷	0.4	1.35	1.104	0.3623	0.4892
丙烯	0.4	0.354	0.808	0.4950	0.1752
合计	1.0			1.0001	0.9999

将泡点 $\nu=1$，露点 $\nu=0$ 和上述三点数据，在坐标图上作闪蒸曲线如例 2-5 附图所示。

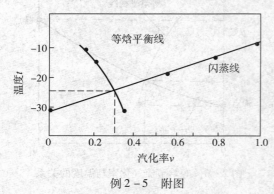

例 2-5　附图

已知 10℃、2.0265MPa 下各纯组分的液相焓为 $H_{乙烯}=11720J/mol$，$H_{乙烷}=11050J/mol$，$H_{丙烯}=13010J/mol$；

$H_f=\sum z_iH_i=0.2\times11720+0.4\times11050+0.4\times13010=11968J/mol$

按式（2-36）计算 $-10℃$（露点温度）、$-16℃$、$-20℃$、$-26℃$ 和 $-32℃$（泡点温度）下的 ν^* 值，结果见下表。其中 H_{Di}、h_{Bi} 分别为气相出料和液相出料各纯组分的焓值，均是根据相应的温度和压力从手册中查得。

组分	x_i	$h_{Bi}/(J/mol)$	$x_i\times h_{Bi}/(J/mol)$	y_i	$H_{Di}/(J/mol)$	$y_i\times H_{Di}/(J/mol)$
\多列{7}{$-10℃$（露点温度），$\nu^*=0.1162$}
乙烯	0.0645	9965	642.74	0.200	17585	3517
乙烷	0.2162	9421	2036.82	0.400	19460	7748
丙烯	0.7194	11080	7970.95	0.400	26730	10692
合计	1.0001		10650.51	1.000		21993

组分	x_i	$h_{Bi}/(J/mol)$	$x_i\times h_{Bi}/(J/mol)$	y_i	$H_{Di}/(J/mol)$	$y_i\times H_{Di}/(J/mol)$
\多列{7}{$-16℃$，$\nu^*=0.1866$}
乙烯	0.0868	9833	810	0.2430	17515	4255
乙烷	0.2719	8668	2357	0.4486	19319	8667
丙烯	0.6421	10447	6708	0.3082	26520	8173
合计	1.0008		9875	0.9998		21095

组分	x_i	$h_{Bi}/(J/mol)$	$x_i\times h_{Bi}/(J/mol)$	y_i	$H_{Di}/(J/mol)$	$y_i\times H_{Di}/(J/mol)$
\多列{7}{$-20℃$，$\nu^*=0.2361$}
乙烯	0.1068	8910	952	0.2778	17470	4853
乙烷	0.3130	8165	2556	0.4256	19220	9084
丙烯	0.5803	10025	5817	0.2495	26380	6582
合计	1.0001		9325	0.9999		20519

组分	x_i	$h_{Bi}/(J/mol)$	$x_i\times h_{Bi}/(J/mol)$	y_i	$H_{Di}/(J/mol)$	$y_i\times H_{Di}/(J/mol)$
\多列{7}{$-26℃$，$\nu^*=0.2931$}
乙烯	0.1428	8478	1210	0.3355	17397	5837
乙烷	0.3623	7788	2822	0.4892	19064	9325
丙烯	0.4950	9492	4698	0.1752	26340	4615
合计	1.0001		8730	0.9999		19777

组分	x_i	$h_{Bi}/(J/mol)$	$x_i\times h_{Bi}/(J/mol)$	y_i	$H_{Di}/(J/mol)$	$y_i\times H_{Di}/(J/mol)$
\多列{7}{$-32℃$（泡点温度），$\nu^*=0.3399$}
乙烯	0.200	8210	1642	0.400	17250	6900
乙烷	0.400	7540	3016	0.486	18860	9166
丙烯	0.400	9150	3660	0.114	26220	2989
合计	1.000		8318	1.000		19055

在例 2 - 5 附图上绘出等焓平衡线。得两条曲线的交点为节流后的温度 t_2 为 -26℃，汽化率 ν 为 0.2931。前面等温闪蒸的计算已得出节流后 -26℃ 的气液相组成。

习　题

1. 由氢和丙烷组成的两元气体混合物，其中氢含量为 0.208（摩尔分数）。已知 71.6℃ 时，混合物的压力为 3.797MPa。试用 R - K 方程计算混合物中氢的逸度系数。已知从文献中查得氢 - 丙烷的物理数据如下：

组分	T_c/K	p_c/MPa	$V_c/(cm^3/mol)$	ω	k_{ij}
氢	42.26	1.9140	51.5	0	0.07
丙烷	369.80	4.2455	203.0	0.145	

2. 由正辛烷（1），乙苯（2）和 2 - 乙氧基乙醇（3）所组成的溶液，其组成为 $x_1 = 0.25$（摩尔分数，下同），$x_2 = 0.52$，$x_3 = 0.23$，试求总压为 0.1MPa 时该溶液中各组分的活度系数。已知在 0.1MPa 时有关端值常数如下：

$A_{12} = 0.085$；$A_{13} = 0.700$；$A_{23} = 0.385$；$A_{21} = 0.085$；$A_{31} = 0.715$；$A_{32} = 0.455$；$c = -0.03$

3. 二元系统乙酸乙酯（1）- 水（2）在 70℃ 时的 NRTL 方程参数 $\tau_{12} = 0.03$，$\tau_{21} = 4.52$，有秩性参数 $\alpha'_{12} = 0.2$，求：当 $x_1 = 0.4$ 时，各组分的活度系数。

4. 某气体混合物，其组成如下

组分	甲烷	乙烷	丙烯	丙烷	异丁烷	正丁烷
组成（摩尔分数）	0.05	0.35	0.15	0.20	0.10	0.15

当操作压力 $p = 2.7763MPa$ 时，求此混合物的露点。

5. 某厂氯化法合成甘油车间，氯丙烯精馏塔的釜液组成为：3 - 氯丙烯 0.0145，1，2 - 二氯丙烷 0.309，1，3 - 二氯丙烯 0.6765（以上均为摩尔分数），塔釜压力为常压，试求塔釜的温度。

6. 一烃类混合物含有甲烷 5%（mol），乙烷 10%，丙烷 30% 及异丁烷 55%，试求混合物在 25℃ 时的泡点压力和露点压力。

7. 判断下列混合物是否处于两相平衡区：

（1）1.013MPa，298K，乙烷、乙烯、丙烯含量分别为 0.25，0.70 和 0.05（摩尔分数）；

（2）0.6895MPa，356.5K，丙烷、正丁烷、正戊烷和正己烷含量分别为 0.0719，0.1833，0.3098 和 0.4350（摩尔分数）。

8. 组成为 60%（摩尔分数，下同）苯，25% 甲苯和 15% 对二甲苯的 100kmol 液体混合物，在 101.3kPa 和 100℃ 下闪蒸，试计算液体和气体产物的量和组成。假设该物系为理想溶液，用安托因方程计算蒸汽压。

已知：苯：$\ln p_1^0 = 20.7936 - 2788.51/(T - 52.36)$；

甲苯：$\ln p_2^0 = 20.9065 - 3096.52/(T - 53.67)$；

对二甲苯：$\ln p_3^0 = 20.9891 - 3346.65/(T - 57.84)$（$p_i^0$ 单位 Pa；T 单位 K）。

9. 在 101.3kPa 下，对组成为 45%（摩尔分数，下同）正己烷，25% 正庚烷及 30% 正辛烷的混合物。（1）求泡点和露点温度。（2）将此混合物在101.3kPa下进行闪蒸，使进料的50%汽化，求闪蒸温度和两相的组成。

10. 某一气体混合物，其组成为甲烷0.0977%（摩尔分数，下同），乙烯85.76%，乙烷13.92%，丙烯0.2003%，该混合物在2.33MPa和−18℃下，用盐水进行冷凝。求冷凝后的液化率和气液两相组成。

11. 某混合物含丙烷（1）0.451（摩尔分数，下同），异丁烷（2）0.183，正丁烷（3）0.366，在$t = 94℃$和$p = 2.41$MPa下进行闪蒸，试估算平衡时混合物的汽化分率及气相和液相组成。已知$K_1 = 1.42$，$K_2 = 0.86$，$K_3 = 0.72$。

12. 某精馏塔塔顶上升蒸汽的组成为乙烷0.15（摩尔分数，下同），丙烷0.20，异丁烷0.60，正丁烷0.05，要求有75%的物料在冷凝器中液化，若离开冷凝器的温度为26.7℃，求所需压力。

13. 已知某混合物组成为

组分	乙烷	丙烷	正丁烷	正戊烷
组成（摩尔分数）	0.08	0.22	0.53	0.17

原料压力为2.0MPa，泡点进料，现经节流阀进行等焓节流，阀后的压力为1.3MPa。求节流后的温度、汽化率及气液两相组成。

3　多组分精馏与特殊精馏

化工生产中使用的原料和反应后的产物多数是由若干组分组成的液体混合物，要获得纯的或比较纯的组分作为原料、中间产品或最终产品，就需要进行分离。精馏操作是用于分离液体混合物的常用方法之一。精馏是利用溶液中各组分挥发度的差异，采用液体多次部分汽化、蒸气多次部分冷凝等气液相之间的传质过程，使气液相的浓度发生变化，从而得到分离。

在化工生产中所处理的大多是多组分溶液，因此，研究和解决多组分精馏的设计及生产问题更有实际意义。在化工原理中，已对双组分溶液的精馏进行过讨论，多组分溶液的精馏所依据的原理及使用的设备与双组分精馏相同，但由于系统的组分数目增多了，因此，多组分精馏的计算要比双组分精馏的计算复杂得多。

3.1　常规多组分精馏

3.1.1　简捷计算法

多组分精馏的计算目前虽然已有精确的计算方法，但是简捷法具有快速、简便等优点，仍不失为一种有用的方法。特别是对于基础数据不全的精馏计算、或是为初步设计选定分离方案或为严格的分离计算提供初值等，简捷计算法更被广泛地采用。

简捷计算法属于设计型的计算方法，它所指定的四个变量为：塔顶产品和塔底产品中各一个组分的浓度或回收度、回流比及最佳加料板位置。

3.1.1.1　关键组分

简捷法计算中，应用了关键组分（key component）的概念。由设计者指定浓度或提出分离要求的两个组分称为关键组分，这两个组分在设计中起着重要作用。一旦这两个组分的组成一定，其他组分的组成也相应定下来。这两组分中挥发度大的称为轻关键组分 LK，挥发度小的称为重关键组分 HK，它们各自在塔底或塔顶的含量必须加以控制，以保证分离后产品的质量。例如，石油裂解气分离中的 $C_2 - C_3$ 塔，其进料组成中有甲烷、乙烯、乙烷、丙烯、丙烷和丁烷，分离要求规定塔釜中乙烷浓度不超过 0.1%，塔顶产品中丙烯浓度也不超过 0.1%。从上述问题的叙述中，我们即能知道乙烷和丙烯为关键组分，其中，乙烷是轻关键组分，而丙烯则是重关键组分。

关键组分以外的组分称为非关键组分。比轻关键组分挥发度更大的组分称为轻非关键组分 LNK，简称轻组分。比重关键组分挥发度更小的组分称为重非关键组分 HNK，简称重组分。

关键组分确定后，还须规定轻重关键组分的回收率。回收率是指轻（或重）关键组分在塔顶（或塔釜）产品中的量占进料的百分数。

轻关键组分在塔顶的回收率：

$$\phi_1 = \frac{D \times x_{D1}}{F \times z_1} \times 100\%$$

重关键组分在塔釜的回收率：

$$\phi_{\mathrm{h}} = \frac{D \times x_{\mathrm{Wh}}}{F \times z_{\mathrm{h}}} \times 100\%$$

3.1.1.2 芬斯克(Fenske)方程计算最少理论板数 N_{m}

与双组分精馏一样，全回流时所需的理论塔板数是最少的。同时因为是全回流，所以，$F = 0$，$D = 0$，$W = 0$。

显然，全回流时精馏段和提馏段操作线方程为：

$$y_{(n+1)i} = x_{ni} \tag{3-1}$$

按相对挥发度的定义

$$\left(\frac{y_i}{y_r}\right)_n = (\alpha_{ir})_n \left(\frac{x_i}{x_r}\right)_n \tag{3-2}$$

式中，α_{ir} 为组分 i 对组分 r 的相对挥发度。

将式(3-1)代入式(3-2)

$$\left(\frac{y_i}{y_r}\right)_n = (\alpha_{ir})_n \left(\frac{y_i}{y_r}\right)_{n+1} \tag{3-3}$$

同理，对于塔顶第一块塔板

$$\left(\frac{y_i}{y_r}\right)_1 = (\alpha_{ir})_1 \left(\frac{y_i}{y_r}\right)_2 \tag{3-4}$$

将式(3-3)代入式(3-4)得

$$\left(\frac{y_i}{y_r}\right)_1 = (\alpha_{ir})_1 (\alpha_{ir})_2 \left(\frac{y_i}{y_r}\right)_3$$

如此顺序往下推，直到塔釜 N_{m} 得

$$\left(\frac{y_i}{y_r}\right)_1 = (\alpha_{ir})_1 (\alpha_{ir})_2 \cdots (\alpha_{ir})_{N_{\mathrm{m}}} \left(\frac{x_i}{x_r}\right)_{\mathrm{W}}$$

当塔顶为全凝器时，$\left(\dfrac{y_i}{y_r}\right)_1 = \left(\dfrac{x_i}{x_r}\right)_{\mathrm{D}}$

相对挥发度 α_{ir} 随溶液组成而变化，若取平均相对挥发度代替各板上的相对挥发度，则

$$\left(\frac{x_i}{x_r}\right)_{\mathrm{D}} = \alpha_{ir}^{N_{\mathrm{m}}} \left(\frac{x_i}{x_r}\right)_{\mathrm{W}}$$

$$N_{\mathrm{m}} = \frac{\lg\left[\left(\dfrac{x_i}{x_r}\right)_{\mathrm{D}}\left(\dfrac{x_r}{x_i}\right)_{\mathrm{W}}\right]}{\lg\alpha_{ir}} \tag{3-5}$$

当塔顶为部分冷凝器(简称分凝器)时，塔顶为气相出料，冷凝器相当于一块理论板，则：

$$\left(\frac{y_i}{y_r}\right)_{\mathrm{D}} = (\alpha_{ir})_{\mathrm{D}} \left(\frac{y_i}{y_r}\right)_1$$

$$\left(\frac{y_i}{y_r}\right)_{\mathrm{D}} = (\alpha_{ir})_{\mathrm{D}} (\alpha_{ir})_1 (\alpha_{ir})_2 \cdots (\alpha_{ir})_{N_{\mathrm{m}}} \left(\frac{x_i}{x_r}\right)_{\mathrm{W}}$$

$$\left(\frac{y_i}{y_r}\right)_{\mathrm{D}} = \alpha_{ir}^{N_{\mathrm{m}}+1} \left(\frac{x_i}{x_r}\right)_{\mathrm{W}}$$

$$N_m + 1 = \frac{\lg\left[\left(\dfrac{y_i}{y_r}\right)_D \left(\dfrac{x_r}{x_i}\right)_W\right]}{\lg\alpha_{ir}} \tag{3-6}$$

式中的 α_{ir} 应取全塔相对挥发度的几何平均值。也可用塔顶、进料及塔釜处相对挥发度的几何平均值。

$$\alpha_{ir} = \sqrt[3]{(\alpha_{ir})_D \cdot (\alpha_{ir})_F \cdot (\alpha_{ir})_W} \tag{3-7}$$

式(3-5)和式(3-6)称为芬斯克方程,是对组分 i 和组分 r 推导的结果。因此,公式既适用于双组分精馏,也可用于多组分精馏中任意两组分或一对关键组分。

对于轻重关键组分,式(3-5)和式(3-6)变为:

$$N_m = \frac{\lg\left[\left(\dfrac{x_l}{x_h}\right)_D \left(\dfrac{x_h}{x_l}\right)_W\right]}{lg\alpha_{lh}} \tag{3-8}$$

$$N_m + 1 = \frac{\lg\left[\left(\dfrac{y_l}{y_h}\right)_D \left(\dfrac{x_h}{x_l}\right)_W\right]}{\lg\alpha_{lh}} \tag{3-9}$$

式(3-8)和式(3-9)在实际使用时不方便,因为设计时不能同时规定轻、重关键组分在塔顶和塔底的浓度,而常常规定轻、重关键组分的回收率 ϕ_l 和 ϕ_h。用 ϕ_l 和 ϕ_h 表示的芬斯克方程为:

$$N_m = \frac{\lg\left[\dfrac{\phi_l}{1-\phi_l} \times \dfrac{\phi_h}{1-\phi_h}\right]}{\lg\alpha_{lh}} \tag{3-10}$$

3.1.1.3 恩德伍德(Underwood)法计算最小回流比 R_m

在指定的进料状态下,用无穷多的板数来达到规定的分离要求,这时所需的回流比称为最小回流比 R_m。

在双组分精馏中,若物料具有正常形状的 $y-x$ 曲线,当操作采用最小回流比时,将在加料板的上下出现恒浓区,即在加料板处的两根操作线与平衡线相交,交点为 e,如图 3-1 所示。从理论上讲,必须有无穷多的塔板才能越过此恒浓区。可采用精馏段操作线的斜率来求 R_m。

$$\frac{R_m}{R_m + 1} = \frac{x_D - y_e}{x_D - x_e}, \quad 可得 \quad R_m = \frac{x_D - y_e}{y_e - x_e}$$

在多组分精馏中,最小回流比下也应出现恒浓区,但由于有非关键组分存在,使塔中出现的恒浓区部分较双组分要复杂。它将有上下两个恒浓区。

当有轻组分(即比轻关键组分轻的组分)存在时,在最小回流比下,轻组分将全部进入塔顶,

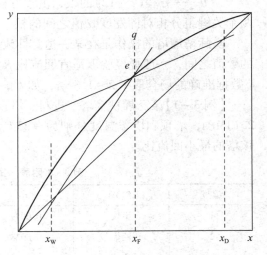

图 3-1 最小回流比时恒浓区

而不会在塔釜出现;相反,重组分(即比重关键组分重的组分)将全部进入塔釜,而到不了塔顶。这种只在塔顶或塔釜出现的组分,常称之为非分配组分,而在塔顶和塔釜均出现的组分则称之为分配组分,关键组分必定是分配组分。

图 3-2 表示了恒浓区出现在塔的不同部位的情况，图 3-2(a)所示为进料中的所有组分均为分配组分时的情况，恒浓区就在进料板上下，

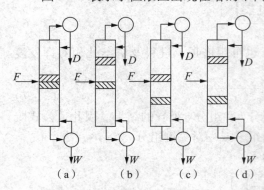

图 3-2　多组分精馏塔中恒浓区的部位

但实际上这种情况是很少的。若有一个或几个重组分为非分配组分，它们仅出现于塔底，这时上恒浓区将在精馏段的中间部位，如图 3-2(b)所示。在加料和上恒浓区之间的塔板，是用以提出进料中的重组分以保证塔顶不含有重组分。如果只有塔顶含有非分配组分，那么下恒浓区将出现在提馏段的中部，如图 2-3(c)所示。同样在加料板和下恒浓区之间的塔板，用以提去进料中的轻组分以保证塔釜不含有轻组分。若塔顶和塔釜均有非分配组分，上、下恒浓区将分别位于精馏段和提馏段的中部，

即图 3-2(d)所示的情况。

计算最小回流比的方法有多种，其中最常用的是恩德伍德法。推导该式所用的假设是：(1)塔内气相和液相均为恒摩尔流；(2)各组分的相对挥发度均为常数。根据物料平衡与相平衡关系，利用两段浓度区的概念，推出了两个联立求取最小回流比的公式：

$$\sum \frac{\alpha_i x_{Di}}{\alpha_i - \theta} = R_m + 1 \tag{3-11}$$

$$\sum \frac{\alpha_i z_i}{\alpha_i - \theta} = 1 - q \tag{3-12}$$

式中　α_i——组分 i 对进料中最难挥发组分的相对挥发度；

z_i、x_{Di}——分别代表进料和塔顶馏出液中组分 i 的摩尔分率；

q——进料的热状态参数；

θ——方程(3-12)的根，由于方程(3-12)有多个根，根据经验，一般 θ 取在轻、重两个关键组分相对挥发度 α 值之间的根。

实际精馏塔的操作是在某一适宜回流比下进行的，适宜的回流比在全回流与最小回流比的数值之间，一般凭经验取适宜回流比 R 为最小回流比 R_m 的 1.2~2 倍。对于平衡数据 $x-y$ 数据准确的场合取 1.2~1.3 倍，如不够准确，比例可取得大些。

【例 3-1】某乙烯精馏塔，进料、塔顶和塔釜产品组成如例 3-1 附表所示。操作压力为2.13MPa，塔顶和塔釜温度分别为 -23℃和 -3℃，塔顶冷凝器为全凝器，泡点进料。计算该塔的最小回流比。

例 3-1 附表　进料、塔顶和塔釜产品组成

编号	组分	z_i	x_{Di}	x_{Wi}	α_{ih}
1	甲烷	0.0049	0.0055	0	7.3188
2	乙烯	0.8938	0.9900	0.1000	1.4783
3	乙烷	0.0960	0.0045	0.8510	1
4	丙烷	0.0063	0	0.049	0.2551
合计		1.0000	1.0000	1.0000	

解：泡点进料，$q = 1$。所以

$$\sum \frac{\alpha_i z_i}{\alpha_i - \theta} = 1 - q = 0$$

$$\sum \frac{\alpha_i z_i}{\alpha_i - \theta} = \frac{7.3188 \times 0.0049}{7.3188 - \theta} + \frac{1.4783 \times 0.8938}{1.4783 - \theta} + \frac{1 \times 0.0960}{1 - \theta} + \frac{0.2551 \times 0.0063}{0.2551 - \theta} = 0$$

试差法求得：$\theta = 1.0324$。则最小回流比

$$R_m = \sum \frac{\alpha_i x_{Di}}{\alpha_i - \theta} - 1 = \frac{7.3188 \times 0.0055}{7.3188 - 1.0324} + \frac{1.4783 \times 0.9900}{1.4783 - 1.0324} + \frac{1 \times 0.0045}{1 - 1.0324} - 1 = 2.15$$

3.1.1.4 简捷法计算理论板数——吉利兰(Gilliland)关系式

吉利兰根据对 R_m、R、N_m 及 N 四者之间的关系进行的研究，由实验结果总结了一种经验关联式，即吉利兰图，如图 3-3 所示。图中的 N_m、N 均包括再沸器在内。该图是对 8 个不同物系，根据不同精馏条件，用逐板计算法的计算结果绘制的，误差在 7% 左右。建立吉利兰图时，物系及操作条件的范围为：物系的组分数为 2~11；进料状态从冷液进料至蒸气进料；操作压力从接近真空至 40 大气压；关键组分间的相对挥发度为 1.26~4.05；最小回流比为 0.53~7.0；理论板数为 2.4~43.1。由此可见，只有实际操作条件与原试验条件较为接近时，才能使用吉利兰关联图。

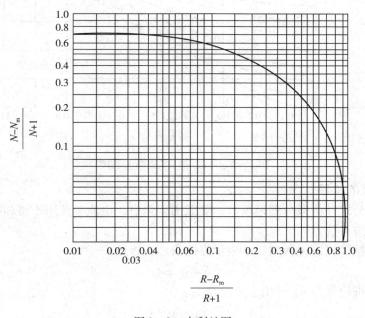

图 3-3　吉利兰图

为使吉利兰图用于计算机计算，将吉利兰图用具有足够精确度的数学解析式来表示，使用较为方便。

令 $x = \dfrac{R - R_m}{R + 1}$，$y = \dfrac{N - N_m}{N + 1}$

当 $0.0 \leqslant x \leqslant 0.01$ 时

$y = 1.0 - 18.5715x$ \hfill (3-13)

当 $0.01 \leqslant x \leqslant 0.9$ 时

$y = 0.545827 - 0.591422x + 0.002743/x$ \hfill (3-14)

当 $0.9 \leqslant x \leqslant 1.0$ 时

$$y = 0.16595 - 0.16595x \tag{3-15}$$

以上三个公式称为李德公式，用计算机计算可免除读图引起的误差。

在吉利兰关联的基础上还提出了一些改进的方法，其中之一为耳波（Erbar）与马多克斯（Madox）法，该关联图如图 3-4 所示。图中虚线部分是根据恩德伍德法的 R_m 外推的。该图精确度较高，平均误差为 4.4%，但只适用于泡点进料。

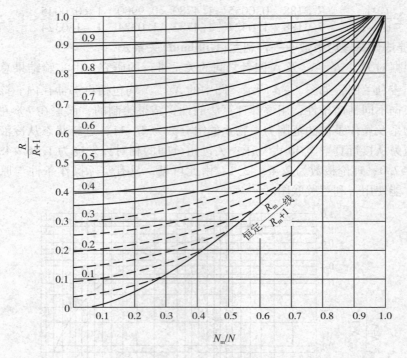

图 3-4 耳波与马多克斯关联图

3.1.1.5 进料板的位置

根据芬斯克公式计算最少理论板数，既能用于全塔，也能单独用于精馏段或提馏段，从而可求得适宜的进料位置。

若以 n 表示精馏段理论板数，m 表示提馏段理论板数。

$$N = m + n \tag{3-16}$$

精馏段最少理论板数 n_m 可用下式求得

$$n_m = \frac{\lg\left[\left(\dfrac{x_l}{x_h}\right)_D \left(\dfrac{x_h}{x_l}\right)_F\right]}{\lg\alpha_{lh}} \tag{3-17}$$

式中，l、h 为轻重关键组分。

提馏段最少理论板数 m_m 同样可用加料与塔釜组成来求：

$$m_m = \frac{\lg\left[\left(\dfrac{x_l}{x_h}\right)_F \left(\dfrac{x_h}{x_l}\right)_W\right]}{\lg\alpha_{lh}}$$

设实际回流比下 n 与 m 的比值和最小回流比下 n_m 与 m_m 的比值相等，且在全塔范围内 α 值变化不大，则可按下式计算：

$$\frac{n}{m} = \frac{\lg\left[\left(\frac{x_1}{x_h}\right)_D \left(\frac{x_h}{x_1}\right)_F\right]}{\lg\left[\left(\frac{x_1}{x_h}\right)_F \left(\frac{x_h}{x_1}\right)_W\right]} \qquad (3-18)$$

然后再结合式(3-16)可分别求得 n 和 m 值。

柯克布赖德(Kirbride)提出对于泡点进料可采用下列经验式确定进料位置

$$\lg\frac{n}{m} = 0.206\lg\left[\frac{W}{D}\left(\frac{x_h}{x_1}\right)_F \left(\frac{x_{W1}}{x_{Dh}}\right)^2\right] \qquad (3-19)$$

当相对挥发度 α 在塔内各处的值与全塔的平均值偏离较大时,式(3-18)和式(3-19)计算结果误差较大。

3.1.1.6 塔顶、塔底物料的分配

精馏塔设计计算时只能在塔顶、塔底各给出一个组分的浓度或回收率,然而要设计一个精馏塔,又常常需要先知道塔顶和塔底产物的组成。所以下面我们介绍两种估算塔顶、塔底组成的方法。

第一种分离情况是:简单地认为比轻关键组分还轻的组分全部从塔顶馏出液中采出,比重关键组分还重的组分全部从塔釜排出。塔顶、塔底同时出现的仅仅只有关键组分,这样的分离称之为清晰分割。

第二种分离情况是:比轻关键组分还轻的组分在塔釜仍有微量存在;比重关键组分还重的组分在塔顶仍有微量存在,这种分离称不清晰分割。

1. 清晰分割的物料衡算

物料按清晰分割处理只是一种理想状态。清晰分割对于相对挥发度相差较大的组分才能适用。

清晰分割时,塔顶没有重组分,塔釜没有轻组分,只有两个关键组分在塔顶和塔底同时存在。我们来分析一下清晰分割情况下的总变量数。设组分数为 C,只有两个关键组分在塔顶和塔底同时存在,总变量数为:

F, z_i, D, W	$C+3$
x_{Di}, x_{Wi}	$C+2$

$N_V = 2C+5$

可列出的方程式数为:

物料平衡式	$Fz_i = Dx_{Di} + Wx_{Wi}$	C
总和方程	$\sum z_i = 1$, $\sum x_{Wi} = 1$, $\sum x_{Di} = 1$	3

$N_C = C+3$

因此,设计变量:$N_i = V_V - N_C = (2C+5) - (C+3) = C+2$

现已知 F、z_i 和塔顶、塔底各一个组分的纯度,刚好是 $C+2$ 个变量。由此对于清晰分割可用一般的物料平衡式和总和方程来求解。

2. 不清晰分割的物料衡算(Hangsteback 法)

不清晰分割时,由于不仅关键组分是分配组分,而且轻、重组分都是分配组分。所以总的变量数增加了,单用物料平衡式和总和方程来解是不行的,需要另外增加新的方程式。

新设的方程是以这样的假设为依据的,即在一定操作回流比下,塔内各组分在塔顶、塔底的分布与在全回流操作时的分布基本一致,这样就可采用芬斯克公式去计算各组分在塔顶、塔釜的浓度比。

芬斯克公式

$$N_{m} = \dfrac{\lg\left[\left(\dfrac{x_i}{x_h}\right)_D\left(\dfrac{x_h}{x_i}\right)_W\right]}{\lg\alpha_{ih}}$$

将上式变形，并左边乘以 $\dfrac{D}{D}$，右边乘以 $\dfrac{W}{W}$

$$\dfrac{D}{D}\left(\dfrac{x_i}{x_h}\right)_D = \alpha_{ih}^{N_m}\dfrac{W}{W}\left(\dfrac{x_i}{x_h}\right)_W \tag{3-20}$$

令 $d_i = Dx_{Di}$，$d_h = Dx_{Dh}$，$w_i = Wx_{Wi}$，$w_h = Wx_{Wh}$。将它们代入式(3-20)后得：

$$\dfrac{d_i}{w_i} = \alpha_{ih}^{N_m}\dfrac{d_h}{w_h} \tag{3-21}$$

$\dfrac{d_i}{w_i}$，$\dfrac{d_h}{w_h}$ 分别为 i 组分和重关键组分在塔顶和塔底产品中数量的比值，反映了 i 组分和重关键组分在塔顶与塔釜中的分配情况。

根据给出的关键组分的分离要求可求得 N_m，然后将所得的 N_m 值回代入式(3-21)，可算出其它组分的 $\dfrac{d_i}{w_i}$ 比值。将其与物料衡算式 $f_i = d_i + w_i$ 联立，即可解得 d_i、w_i，并由下式求得任意组分 i 在塔顶和塔底的组成分布。

$$x_{Di} = d_i\Big/\sum_{i=1}^{C}d_i\ ;\quad x_{Wi} = w_i\Big/\sum_{i=1}^{C}w_i$$

计算组分分布，必须先计算平均相对挥发度。为此，必须知道塔顶与塔釜的温度，但是确定这些温度，又必须有组成数据，因此，只能用试差法反复试算，直到结果合理为止。具体方法是先按清晰分割法得到的组成分布来试算塔顶与塔釜的温度，即泡点和露点温度，再计算其相对挥发度和平均相对挥发度，计算 N_m 以及新的组成分布，以新组成重复上述过程，直到组成不变为止。

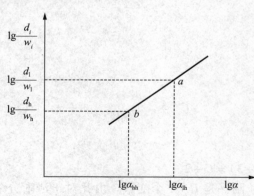

图3-5 组分在塔顶和塔釜的分布

另外，还可用图解法计算非关键组分的分配情况，如图3-5所示。由式(3-21)得：

$$\lg\dfrac{d_i}{w_i} = N_m\lg\alpha_{ih} + \lg\dfrac{d_h}{w_h} \tag{3-22}$$

可见，$\lg\dfrac{d_i}{w_i} - \lg\alpha_{ih}$ 是以 $\lg\alpha_{ih}$ 为横坐标，$\lg\dfrac{d_i}{w_i}$ 为纵坐标，斜率为 N_m，截距为 $\lg\dfrac{d_h}{w_h}$ 的一条直线。直线上 $\dfrac{d_i}{w_i}$ 和 α_{ih} 成——对应关系。只要作出这条直线，即可由此确定各组分的分配情况。

图解法的步骤为：

(1)根据工艺选择关键组分并计算它们在塔顶、塔釜的分配比 $\dfrac{d_1}{w_1}$ 和 $\dfrac{d_h}{w_h}$；

(2)根据进料温度和塔的压力，计算图中各组分相对于重关键组分的相对挥发度 α_{ih}；

(3)在双对数坐标上，以 α_{ih} 为横坐标，以 $\dfrac{d_i}{w_i}$ 为纵坐标，并以轻重关键组分的相对挥发度

α_{lh} 和 α_{hh} 及在塔顶、塔釜的分配比 $\dfrac{d_1}{w_1}$ 和 $\dfrac{d_h}{w_h}$ 定出 a、b 两点，连接 a、b 得一直线，则其它组分分配比的值与其相对挥发度均落在直线上；

（4）由任一组分的 α_{ih} 作垂线与直线 ab 相交，从纵坐标上可读得 $\dfrac{d_i}{w_i}$ 的值，然后由式 $f_i = d_i + w_i$ 可算出其在塔顶和塔釜的分布量。

若给定的是轻重关键组分的回收率，则可直接求得各组分在塔顶和塔底的分配比，计算过程较为简单。

轻重组分的回收度 ϕ_1、ϕ_h 的定义为

$$\phi_1 = \frac{d_1}{f_1}, \quad \phi_h = \frac{w_h}{f_h}$$

$$f_1 = d_1 + w_1, \quad f_h = d_h + w_h$$

$$(1 - \phi_1) = \frac{w_1}{f_1}, \quad (1 - \phi_h) = \frac{d_h}{f_h}$$

$$\frac{d_1}{w_1} = \frac{\phi_1}{1 - \phi_1}, \quad \frac{d_h}{w_h} = \frac{1 - \phi_h}{\phi_h}$$

将它们代入式(3-21)后得：

$$\frac{d_i}{w_i} = \alpha_i^{N_m} \times \left(\frac{1 - \phi_h}{\phi_h} \right) \tag{3-23}$$

【例3-2】某乙烯精馏塔的进料组成如例3-2附表1所示。已知原料流率为 190.58kmol/h，要求馏出液中乙烯摩尔分数不小于 0.9990，釜液中乙烯摩尔分数不大于 0.0298。试用清晰分割计算馏出液和塔釜液流率及组成。

例3-2附表1　原料组成及其流率

编号	1	2	3	4	5	总计
组分	甲烷	乙烯	乙烷	丙烯	丙烷	
流率/(kmol/h)	0.038	167.730	22.107	0.686	0.019	190.58
z_i(摩尔分数)/%	0.02	88.01	11.60	0.36	0.01	100.00

解：设乙烯为轻关键组分，乙烷为重关键组分。作物料衡算，已知：

$x_{D1} = x_{D2} = 0.9990$，$x_{W1} = x_{W2} = 0.0298$

$Fz_1 = Dx_{D1} + Wx_{W1} = Dx_{D1} + (F - D)x_{W1}$

$$D = F \frac{z_1 - x_{W1}}{x_{D1} - x_{W1}} = 190.58 \times \frac{0.8801 - 0.0298}{0.9990 - 0.0298} = 167.20 \text{kmol/h}$$

$W = F - D = 190.58 - 167.20 = 23.38 \text{kmol/h}$

因可视为清晰分割

$w_1 = d_4 = d_5 = 0$

$d_1 = f_1 = 0.038 \text{kmol/h}$

$w_4 = f_4 = 0.686 \text{kmol/h}$

$w_5 = f_5 = 0.091 \text{kmol/h}$

$d_2 = Dx_{D2} = 167.20 \times 0.9990 = 167.033 \text{kmol/h}$

$w_2 = Wx_{W2} = 23.38 \times 0.0298 = 0.697 \text{kmol/h}$

$$d_3 = D - d_1 - d_2 - d_4 - d_5$$
$$= 167.20 - 0.038 - 167.033 - 0 - 0 = 0.129 \text{kmol/h}$$
$$w_3 = f_3 - d_3 = 22.107 - 0.129 = 21.978 \text{kmol/h}$$

物料结果列于例3-2附表2。

例3-2附表2 物料衡算表

编号	组分	d_i/(kmol/h)	x_{Di}(摩尔分数)/%	w_i/(kmol/h)	x_{Wi}(摩尔分数)/%
1	甲烷	0.038	0.02	0	0
2	乙烯	167.033	99.90	0.697	2.98
3	乙烷	0.129	1.29	21.978	94.01
4	丙烯	0	0	0.686	2.93
5	丙烷	0	0	0.019	0.08
合计		167.200	100.00	23.380	100.00

【例3-3】对由例3-2给出的精馏塔的进料流量和组成以及分离要求,按非清晰分割进行物料衡算。已知进料为泡点进料,塔顶冷凝器为全凝器。

解:根据例3-2由清晰分割物料衡算所得的馏出液和塔釜液的组成,计算塔顶、塔釜温度。计算过程从略。结果为在0.557MPa压力下,塔顶温度为207.6K,塔釜温度为225.0K,进料泡点温度为208.8K。根据进料、塔顶和塔釜的温度、压力计算所得各组分相应的相平衡常数 K 值和相对挥发度列于例3-3附表1。

例3-3附表1 进料、塔顶和塔釜的各组分相应的 K 值和相对挥发度

编号	组分	进料208.8K		塔顶207.63K		塔釜225.0K		平均
		K_i	α_{ih}	K_i	α_{ih}	K_i	α_{ih}	α_{ih}
1	甲烷	11.074	19.166	10.912	19.685	13.415	13.305	17.117
2	乙烯	1.0584	1.8318	1.000	1.8046	1.8012	1.7864	1.8074
3	乙烷	0.5778	1	0.5543	1	1.0083	1	1
4	丙烯	0.0714	0.1236	0.0668	0.1205	0.1793	0.1778	0.1381
5	丙烷	0.0503	0.0871	0.0465	0.839	0.1396	0.1386	0.1004

根据例3-2清晰分割结果,计算最少理论板数。

$$N_m = \frac{\lg\left[\left(\frac{x_{Dl}}{x_{Wl}}\right)\left(\frac{x_{Wh}}{x_{Dh}}\right)\right]}{\lg\alpha_{lh}} = \frac{\lg\left[\frac{0.9990}{0.0298} \times \frac{0.9401}{0.0008}\right]}{\lg 1.8074} = 17.88$$

由例3-2得
$$\frac{d_h}{w_h} = \frac{0.129}{21.978} = 0.00587$$

由式
$$\frac{d_i}{w_i} = \alpha_{ih}^{N_m} \frac{d_h}{w_h} \quad 得$$

$$w_i = \frac{f_i}{1 + \left(\frac{d_h}{w_h}\right)(\alpha_{ih})^{N_m}}, \quad d_i = f_i - w_i$$

求出各组分的 d_i 和 w_i。

以甲烷计算为例计算

$$w_i = \frac{0.038}{1 + 0.00587 \times 17.1174^{17.88}} = 5.7184 \times 10^{-22} \text{kmol/h}$$

$$d_i = 0.038 - 5.7184 \times 10^{-22} = 0.038\text{kmol/h}$$

其余各组分的物料平衡结果列于例 3－3 附表 2。

例 3－3 附表 2 非清晰分割的物料平衡

编号	组分	进料/(kmol/h)		馏出液/(kmol/h)		釜液/(kmol/h)	
		f_i	z_i	d_i	x_{Di}	w_i	x_{Wi}
1	甲烷	0.038	0.0002	0.038	0.0002	5.7×10^{-20}	0.24×10^{-22}
2	乙烯	167.73	0.8801	167.009	0.9990	0.721	0.0308
3	乙烷	22.107	0.1160	0.129	0.0008	21.978	0.9391
4	丙烯	0.686	0.0038	1.77×10^{-18}	1.059×10^{-20}	0.686	0.0293
5	丙烷	0.019	0.0001	1.58×10^{-22}	0.945×10^{-24}	0.019	0.0008
合计		190.58	1.0000	167.176	1.0000	23.404	1.0000

3.1.1.7　简捷法计算理论板数的步骤

简捷法计算理论板数按下述步骤进行：

(1)根据工艺条件和工艺要求，找出一对关键组分；

(2)由清晰分割估算塔顶、塔釜产物的量及组成；

(3)根据塔顶、塔釜组成计算相应的温度，求出平均相对挥发度；

(4)用 Fenske 方程计算 N_m；

(5)用 Underwood 法计算 R_m，并选择适宜的操作回流比 R；

(6)用 Fenske 方程计算非关键组分分配比，然后按非清晰分割作物料衡算；

(7)确定适宜的进料位置；

(8)根据 R_m，R，N_m，用吉利兰图求理论板数 N。

【例 3－4】设计一个脱乙烷塔，从含有 6 个轻烃的混合物中回收乙烷，进料为泡点进料，进料组成、各组分的相对挥发度见例 3－4 附表 1，要求馏出液中丙烯的含量不大于 2.5%，釜液中丙烯的含量不大于 5.0%（均为摩尔分数）。试求此过程所需最少理论板数及全回流下的馏出液和釜液的组成。若回流比取最小回流比的 1.25 倍，试计算理论板数及其进料位置。

例 3－4 附表 1　进料和各组分条件

编号	进料组分	摩尔分数/%	α	编号	进料组分	摩尔分数/%	α
1	甲烷	5.0	7.536	5	异丁烷	10.0	0.507
2	乙烷	35.0	2.091	6	正丁烷	15.0	0.408
3	丙烯	15.0	1.000	总计		100	
4	丙烷	20.0	0.901				

解：(1)求最少理论板数和塔顶、塔底的组成

根据题意，组分 2 是轻关键组分，组分 3 是重关键组分，先按清晰分割作物料衡算，取 100kmol/h 进料为计算基准，假定为清晰分割，即馏出液中不含组分 4、5、6，釜液中不含组分 1。

$$D = F \frac{\sum_{i=1}^{lk} z_i - x_{W1}}{1 - x_{Dh} - x_{W1}} = 100 \times \frac{0.05 + 0.35}{1 - 0.025 - 0.05} = 37.8378\text{kmol/h}$$

$$W = F - D = 100 - 37.8378 = 62.1622 \text{kmol/h}$$

$$w_2 = Wx_{W2} = 62.1622 \times 0.05 = 3.1081 \text{kmol/h}$$

$$d_2 = f_2 - w_2 = 35 - 3.1081 = 31.8919 \text{kmol/h}$$

$$d_3 = Dx_{D3} = 37.8378 \times 0.025 = 0.9459 \text{kmol/h}$$

$$w_3 = f_3 - d_3 = 15.0 - 0.9459 = 14.0541 \text{kmol/h}$$

其余组分计算不再一一列出，D 和 W 衡算结果如例 3-4 附表 2。

例 3-4 附表 2　按清晰分割求得馏出液、釜液流率表

编号	组分	进料 f_i	馏出液 d_i	釜液 w_i
1	甲烷	5.0	5.0000	0
2	乙烷（lk）	35.0	31.8919	3.1081
3	丙烯（hk）	15.0	0.9659	14.0541
4	丙烷	20.0	0	20.0000
5	异丁烷	10.0	0	10.0000
6	正丁烷	15.0	0	15.0000
合计		100.0	37.8378	62.1622

$$N_m = \frac{\lg\left[\left(\dfrac{d}{w}\right)_1 \Big/ \left(\dfrac{d}{w}\right)_h\right]}{\lg\alpha_{lh}} = \frac{\lg\left[\dfrac{31.8919}{3.1081} \Big/ \dfrac{0.9459}{14.0541}\right]}{\lg 2.091} = 6.79$$

为核实清晰分割假设作物料衡算是否合理，计算甲烷在釜液中的量和浓度

$$w_1 = \frac{f_1}{1 + \left(\dfrac{d_h}{w_h}\right)(\alpha_{1h})^{N_m}} = \frac{5}{1 + \dfrac{0.9459}{14.0541} \times 7.356^{6.79}} = 0.000096 \text{kmol/h}$$

$$x_{W1} = \frac{w_1}{W} = \frac{0.000096}{62.1622} = 1.5 \times 10^{-6}$$

同样可求出组分 4、5、6 在馏出液中的量和浓度为

$$d_4 = 0.6448, \quad d_5 = 0.0067, \quad d_6 = 0.0022$$

$$x_{D4} = 0.017, \quad x_{D5} = 0.00017, \quad x_{D6} = 0.000058$$

由计算结果可以看到，甲烷、异丁烷和正丁烷按清晰分割进行物料衡算是合理的，丙烷按清晰分割有误差需再进行试差计算。将 d_4 的第一次计算值作为初值重新做物料衡算，结果列于例 3-4 附表 3。

例 3-4 附表 3　按非清晰分割求得馏出液、釜液流率表

编号	组分	进料 f_i	馏出液 d_i	釜液 w_i
1	甲烷	5.0	5.0000	0
2	乙烷（lk）	35.0	31.9267	3.0733
3	丙烯（hk）	15.0	0.9634	14.0366
4	丙烷	20.0	0.6448	19.3552
5	异丁烷	10.0	0	10.0000
6	正丁烷	15.0	0	15.0000
合计		100.0	38.5349	61.4651

用上表中数据求最少理论板数

$$N_m = \frac{\lg\left[\left(\dfrac{d}{w}\right)_l \Big/ \left(\dfrac{d}{w}\right)_h\right]}{\lg\alpha_{lh}} = \frac{\lg\left[\dfrac{31.9267}{3.0733} \Big/ \dfrac{0.9634}{14.0366}\right]}{\lg 2.091} = 6.805$$

校核 d_4

$$d_4 = \frac{f_4\left(\dfrac{d_h}{w_h}\right)(\alpha_{4h})^{N_m}}{1 + \left(\dfrac{d_h}{w_h}\right)(\alpha_{4h})^{N_m}} = \frac{20 \times \dfrac{0.9634}{14.0366} \times 0.901^{6.805}}{1 + 20 \times \dfrac{0.9634}{14.0366} \times 0.901^{6.805}} = 0.653$$

因为 d_4 的初值和校核值基本相同，故物料分配计算合理。计算馏出液和釜液的组成列于例3 - 4 附表4。

例 3 - 4 附表 4　馏出液、釜液流率和组成表

编号	组分	馏出液 d_i	x_{Di}	釜液 w_i	x_{Wi}
1	甲烷	5.0000	0.1298	0	0
2	乙烷(lk)	31.9267	0.8285	3.0733	0.050
3	丙烯(hk)	0.9634	0.025	14.0366	0.2284
4	丙烷	0.6448	0.0167	19.3552	0.3149
5	异丁烷	0	0	10.0000	0.1627
6	正丁烷	0	0	15.0000	0.2440
合计		38.5349	1.0000	61.4651	1.0000

（2）计算回流比 R_m

$$\sum \frac{\alpha_i z_i}{\alpha_i - \theta} = 1 - q = 0$$

$$\sum \frac{\alpha_i z_i}{\alpha_i - \theta} = \frac{7.536 \times 0.05}{7.536 - \theta} + \frac{2.091 \times 0.35}{2.091 - \theta} + \frac{1.00 \times 0.15}{1.00 - \theta}$$

$$+ \frac{0.901 \times 0.20}{0.901 - \theta} + \frac{0.507 \times 0.10}{0.507 - \theta} + \frac{0.408 \times 0.15}{0.408 - \theta} = 0$$

试差法求得：$\theta = 1.325$

则最小回流比

$$R_m = \sum \frac{\alpha_i x_{Di}}{\alpha_i - \theta} - 1$$

$$= \frac{7.536 \times 0.1298}{7.536 - 1.325} + \frac{2.091 \times 0.8285}{2.091 - 1.325} + \frac{1.00 \times 0.025}{1.00 - 1.325} + \frac{0.901 \times 0.0167}{0.901 - 1.325} - 1 = 1.307$$

（3）求理论板数 N

$$R = 1.25 R_m = 1.25 \times 1.306 = 1.634$$

$$\frac{R}{R+1} = \frac{1.634}{1.634 + 1} = 0.62$$

$$\frac{R_m}{R_m + 1} = \frac{1.306}{1.306 + 1} = 0.566$$

查耳波和马多克斯关联图得

$$\frac{N_m}{N} = 0.47，所以 N = \frac{6.805}{0.47} = 14.5$$

该精馏过程不包括再沸器需要 13.5 块理论板。

（4）进料位置的确定

$$n_m = \frac{\lg\left[\left(\frac{d}{f}\right)_l \bigg/ \left(\frac{d}{f}\right)_h\right]}{\lg\alpha_{lh}} = \frac{\lg\left[\frac{31.9267}{35} \bigg/ \frac{0.9634}{15}\right]}{\lg 2.091} = 3.6$$

$$m_m = \frac{\lg\left[\left(\frac{f}{w}\right)_l \bigg/ \left(\frac{f}{w}\right)_h\right]}{\lg\alpha_{lh}} = \frac{\lg\left[\frac{35}{3.0733} \bigg/ \frac{15}{14.0366}\right]}{\lg 2.091} = 3.2$$

因为　　$n + m = N = 14.5$

$$\frac{n_m}{m_m} = \frac{n}{m}$$

所以

$$n = \frac{\dfrac{n_m}{m_m}}{1 + \dfrac{n_m}{m_m}} \times N = \frac{\dfrac{3.6}{3.2} \times 14.5}{1 + \dfrac{3.6}{3.2}} = 7.68$$

$$m = 14.5 - 7.68 = 6.82$$

3.1.2　路易斯 – 买提逊（Lewis – Metheson）逐板计算法

路易斯 – 买提逊逐板法是用来计算精馏塔达到分离要求时所需的理论板数，属于设计型的计算方法。

计算时，首先根据给出的塔顶、塔底分离要求，利用塔顶、塔底物料分配的计算，估算出塔顶和塔底的组成。由于是估算的，就有可能对塔的某一端的组分估计得精确些，而对塔的另一端的组分估计得差些，或者对两端的组分估计都不太精确。例如某分离的混合物中除关键组分外，仅有轻组分存在，当分离时，轻组分只有少量在塔底，这时只要有少量的误差就会造成相当大的相对误差，而塔顶的情况就不同，轻组分量大、相对误差小。所以这种情况下，估算的塔顶组成就较精确。同理，除关键组分外仅有重组分存在时，估算的塔底组成较为精确。若分离混合物中除关键组分外轻重组分都存在时，两端估算的组成都不会太精确。

有了塔顶、塔底组成后，即可交替使用相平衡方程、物料平衡式和热量平衡式逐板进行计算。

逐板计算可以从塔顶向下算或从塔釜向上算，也可以从两端向中间加料板处计算；这主要取决于该端组成是否比较精确。哪一端组成较精确，就应从该端出发计算，若两端组成都不太精确，则由两端向中间加料板处计算为宜。

下面以塔顶向下算为例来说明计算方法。塔的编号同前，塔顶冷凝器的编号为 1，第一块板为 2，加料板编号为 f，塔釜编号为 $N+1$，如图 3 – 6 所示。

若塔顶冷凝器为全凝器时，

$$x_{Di}（产品组成） = x_{1i}（回流组成）$$

若为分凝器，则

$$x_{1i} = \frac{y_{Di}（气相产品组成）}{K_{1i}}$$

（1）由给出的 x_{1i}，利用精馏段操作线方程求下一板的气相组成 y_{2i}。

$$y_{j+1,i} = \frac{L_j}{V_{j+1}} x_{ji} + \frac{D}{V_{j+1}} x_{Di}（或 y_{Di}）$$

当恒摩尔流时，$L_j = L_{j+1} = \cdots = L$，$V_j = V_{j+1} = \cdots = V$

（2）利用相平衡关系由已知的气相组成 y_{2i} 求得与之平衡的液相组成 x_{2i}。

重复进行（1）、（2）步的计算，分别获得 y_{3i}、x_{3i}、y_{4i}、x_{4i} 等，一直计算到 x_{fi} 接近加料板组成为止。

其计算的过程示意如下：

$$x_{1i} \xrightarrow[\text{精馏段}]{\text{操作线方程}} y_{2i} \xrightarrow{\text{相平衡}} x_{2i} \xrightarrow[\text{精馏段}]{\text{操作线方程}} y_{3i}$$

$$\xrightarrow{\text{相平衡}} x_{3i} \xrightarrow[\text{精馏段}]{\text{操作线方程}} y_{4i} \xrightarrow{\text{相平衡}} x_{4i} \cdots \longrightarrow x_{5i}$$

若进料为饱和液体或气液混合物时，应计算到板上的液相组成接近加料中的液相组成为止。若进料为气相时，应计算到板上的气相组成接近进料中的气相组成为止。

常用的近似判别办法为：

$$\left(\frac{x_1}{x_h}\right)_j > \left(\frac{x_1}{x_h}\right)_f > \left(\frac{x_1}{x_h}\right)_{j+1} \qquad (3-24)$$

$$\left(\frac{y_1}{y_h}\right)_j > \left(\frac{y_1}{y_h}\right)_f > \left(\frac{y_1}{y_h}\right)_{j+1} \qquad (3-25)$$

式中 j，f，$j+1$——表示第 j 板，加料板，第 $j+1$ 板；
l，h——轻、重关键组分。

符合上式条件时，采用第 $j+1$ 块板作为加料板。

（3）达到加料板后，由加料板上的液相组成 x_{fi}（即上面计算 $j+1$ 板上的液相组成）出发，改用提馏段操作线来求 y_{f+1i}。

$$y_{j+1i} = \frac{\overline{L}}{\overline{V}_{j+1}} x_{ji} - \frac{W}{\overline{V}_{j+1}} x_{Wi}$$

同样，恒摩尔流时 $\overline{V}_j = \overline{V}_{j+1} = \overline{V}$，$\overline{L}_j = \overline{L}_{j+1} = \overline{L}$

$$\overline{L} = L + qF，\quad \overline{V} = L + qF - W$$

（4）用相平衡关系式，由 y_{f+1i} 求得 x_{f+1i}。

同样交替利用（3）、（4）两步从 x_{f+1i} 求得 y_{f+2i}，x_{f+2i}，y_{f+3i}，x_{f+3i}，一直计算到液相组成等于 x_{Wi}。

$$x_{fi} \xrightarrow[\text{精馏段}]{\text{操作线方程}} y_{f+1i} \xrightarrow{\text{相平衡}} x_{f+1i} \xrightarrow[\text{精馏段}]{\text{操作线方程}} y_{f+2i} \xrightarrow{\text{相平衡}}$$

$$x_{f+2i} \xrightarrow[\text{精馏段}]{\text{操作线方程}} y_{f+3i} \xrightarrow{\text{相平衡}} x_{f+3i} \cdots \xrightarrow{\text{相平衡}} x_{Wi}$$

以上为恒摩尔流情况下计算的情况，若为非恒摩尔流 $V_{n+1} \neq V_n$，$L_{n+1} \neq L_n$ 则需再引入焓

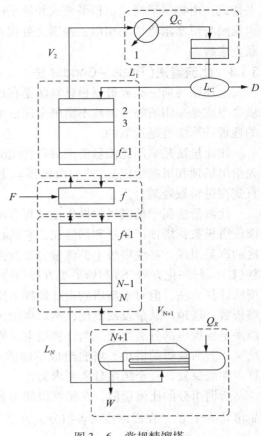

图 3-6 常规精馏塔

平衡式。由物料平衡式、相平衡式和焓平衡式来逐板推算，而求得理论塔板数。计算过程的示意图与恒摩尔流情况相似，差别之处仅在于由 x_{ni} 计算 y_{n+1i} 时应用物料平衡式和焓平衡式联立求解。

3.1.3　比流量法(Thiele – Geddes 法)

上述路易斯 – 买提逊逐板计算法是在已知塔顶和塔底组成的基础上进行的。这时塔顶、塔底组成是采用清晰分割或不清晰分割法来计算的，它的计算结果是个近似值，因而，上述的逐板计算法也是近似的。

比流量法是采用比流量值来关联各组分的相平衡关系式和操作线方程式(这样可避免事先给出塔顶和塔底组成)，然后由塔顶向下和由塔釜向上利用这两个方程式逐板进行计算，直到在进料板处契合为止。

比流量法属于精馏塔的操作型计算方法，必须给定的四个变量为：全塔理论塔板数、精馏段塔板数，塔顶产品量和回流比。它的计算目的是在已知塔板数的情况下，求得塔顶、塔底的产品组成，各块塔板上的流量分布及温度分布。它是通过物料衡算方程(M)、相平衡方程(E)、归一化方程(S)和焓平衡方程(H)联立求解的，所以是严格计算法。它虽属于操作型的计算方法，但对于新塔的设计同样适用，这时必须先用简捷法估算出总塔板数，精馏段塔板数，塔顶产品量及回流比，然后再用比流量法来计算。若计算所获得的塔顶、塔底组成能满足所提出的分离要求，则计算结束，所指定的理论塔板数及精馏段理论板数即为设计的结果。若所获得的塔顶、塔底组成不能满足分离要求时，则需重新设定塔板数，再进行计算。如此反复，直至满足分离要求为止。

所谓组分的比流量值，在精馏段即为各组分的上升蒸汽量 v_i 和下降液体量 l_i 与塔顶产品量 d_i 的比值，在提馏段为各组分上升蒸汽 $\overline{v_i}$ 和下降液体量 $\overline{l_i}$ 与塔釜产物量 w_i 的比值。

以 $\dfrac{v_i}{d_i}$、$\dfrac{l_i}{d_i}$、$\dfrac{\overline{v_i}}{w_i}$、$\dfrac{\overline{l_i}}{w_i}$ 分别表示各组分的比流量值。

3.1.3.1　比流量关联式的导出

塔的板序同图 3 – 6 所示，从上向下数，塔顶冷凝器的编号为 1，加料板的编号为 f，塔釜的编号为 $N+1$，全塔共有 N 块理论板。

(1) 精馏段　以任意板 j 与塔顶作物料平衡：

$$V_{j+1}y_{j+1,i} = L_j x_{ji} + Dx_{Di}$$

$$\nu_{j+1,i} = l_{ji} + d_i \tag{3-26}$$

将上式两边除以 d_i，即得用比流量值表示的物料平衡式：

$$\frac{\nu_{j+1i}}{d_i} = \frac{l_{ji}}{d_i} + \frac{d_i}{d_i} = \frac{l_{ji}}{d_i} + 1 \tag{3-27}$$

j 板 i 组分的相平衡

$$y_{ji} = K_{ji}x_{ji}$$

因 $l_{ji} = L_j x_{ji}$，$\nu_{ji} = V_j y_{ji}$ 代入上式得

$$l_{ji} = \frac{L_j}{V_j K_{ji}} \nu_{ji}$$

令　$A_{ji} = \dfrac{L_j}{V_j K_{ji}}$——吸收因子 $\tag{3-28}$

$$l_{ji} = A_{ji}\nu_{ji} \tag{3-29}$$

将式(3-29)两边除以 d_i，得到比流量值表示的相平衡式

$$\frac{l_{ji}}{d_i} = A_{ji} \frac{\nu_{ji}}{d_i} \qquad (3-30)$$

将式(3-27)代入式(3-30)得

$$\frac{l_{j+1i}}{d_i} = \frac{A_{j+1i}\nu_{j+1i}}{d_i} = A_{j+1i}\left(\frac{l_{ji}}{d_i} + 1\right) \qquad (3-31)$$

式(3-31)可用来计算精馏段中各块板上各组分的比流量值。

从塔顶开始往下计算，利用式(3-31)

$$\frac{l_{2i}}{d_i} = A_{2i}\left(\frac{l_{1i}}{d_i} + 1\right)$$

当塔顶冷凝器为全凝器时，$x_{1i} = x_{Di}$

所以

$$\frac{l_{1i}}{d_i} = \frac{L_1 x_{1i}}{D x_{Di}} = \frac{L_1}{D} = R \qquad (3-32)$$

代入后得

$$\frac{l_{2i}}{d_i} = A_{2i}(R+1)$$

当塔顶冷凝器为分凝器时，$x_{1i} = \dfrac{y_{Di}}{K_{1i}}$

$$\frac{l_{1i}}{d_i} = \frac{L_1 x_{1i}}{D y_{Di}} = \frac{L_1 x_{1i}}{D K_{1i} x_{1i}} = \frac{R}{K_{1i}} \qquad (3-33)$$

代入后得

$$\frac{l_{2i}}{d_i} = A_{2i}\left(\frac{R}{K_{1i}} + 1\right)$$

$$\frac{l_{3i}}{d_i} = A_{3i}\left(\frac{l_{2i}}{d_i} + 1\right)$$

由于 R 是已知的，只要先规定 $\bar{V}_j$、$\bar{L}_j$ 和 T_j 的值，即可逐板向下推算，分别获得 l_{2i}/d_i，$l_{3i}/d_i\cdots$，一直推算到精馏段最下端一块板的 l_{f-1i}/d_i 为止。

$$\frac{l_{f-1i}}{d_i} = A_{f-1,i}\left(\frac{l_{f-2i}}{d_i} + 1\right) \qquad (3-34)$$

（2）提馏段　对 j 板与塔底做物料平衡：

$$\bar{V}_{j+1} y_{j+1i} = \bar{L} x_{ji} - W x_{Wi}$$

将上式两边除以 w_i，得到用比流量值表示的物料平衡式：

$$\frac{\bar{\nu}_{j+1i}}{w_i} = \frac{\bar{l}_{ji}}{w_i} - 1 \qquad (3-35)$$

j 板的相平衡关系式：

$$\bar{l}_{ji} = \frac{\bar{L}_j}{\bar{V}_j K_{ji}} \bar{\nu}_{ji}$$

令

$$S_{ji} = \frac{\bar{V}_j K_{ji}}{\bar{L}_j} = \frac{1}{A_{ji}} \qquad \text{——解吸因子} \qquad (3-36)$$

则

$$\bar{\nu}_{ji} = S_{ji} \bar{l}_{ji}$$

两边除以 w_i，得到以比流量值表示的相平衡关系式：

$$\frac{\bar{\nu}_{ji}}{w_i} = S_{ji} \frac{\bar{l}_{ji}}{w_i} \qquad (3-37)$$

将式(3-37)代入式(3-35)得

$$\frac{\bar{l}_{ji}}{w_i} = S_{j+1i}\frac{\bar{l}_{j+1i}}{w_i} + 1 \tag{3-38}$$

利用式(3-38)可计算提馏段各块板上各组分比流量值。

从塔釜向上算,对于塔釜(第 $N+1$ 块板)

$$\frac{\bar{l}_{Ni}}{w_i} = S_{N+1i}\frac{\bar{l}_{N+1i}}{w_i} + 1$$

因为 $\bar{l}_{N+1i} = w_i$,所以 $\dfrac{\bar{l}_{Ni}}{w_i} = S_{N+1i} + 1$

对于塔釜上一块板,即第 N 块板

$$\frac{\bar{l}_{N-1j}}{w_i} = S_{Ni}\frac{\bar{l}_{Ni}}{w_i} + 1$$

因此,只要先规定 $\bar{V}_j$、$\bar{L}_j$ 和 T_j 值,即能求各块板的比流量值,$\bar{l}_{Ni}/w_i$,$\bar{l}_{N-1i}/w_i\cdots$,一直推算到 $\bar{l}_{f-1i}/w_i$ 为止。

本方法不需先知道塔顶和塔底的组成。

3.1.3.2　计算各组分的塔釜量与塔顶量之比 w_i/d_i

在获得 $f-1$ 块板上 l_{f-1i}/d_i 和 $\bar{l}_{f-1}/w_i$ 值的基础上,按不同的进料状态来计算各组分的 w_i/d_i 值。

(1) 饱和液体进料　如图 3-7 所示,在饱和液体下:

$$\nu_{Fi} = 0$$

所以 $\nu_{fi} = \bar{\nu}_{fi}$,由式(3-27)和式(3-35)得:

$$\frac{\nu_{fi}}{d_i} = \frac{l_{f-1i}}{d_i} + 1 , \quad \frac{\bar{\nu}_{fi}}{w_i} = \frac{\bar{l}_{f-1i}}{w_i} - 1$$

将两式相除得

$$\frac{w_i}{d_i} = \frac{\dfrac{l_{f-1i}}{d_i} + 1}{\dfrac{\bar{l}_{f-1i}}{w_i} - 1} \tag{3-39}$$

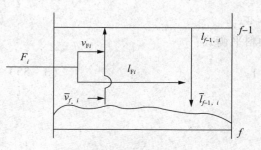

图 3-7　加料板情况

(2) 饱和气体进料:

$$l_{Fi} = 0, \quad l_{f-1i} = \bar{l}_{f-1i}$$

$$\frac{w_i}{d_i} = \frac{\dfrac{l_{f-1i}}{d_i}}{\dfrac{\bar{l}_{f-1i}}{w_i}} \tag{3-40}$$

(3) 气液混合物进料:

$$\frac{w_i}{d_i} = \frac{\dfrac{l_{f-1i}}{d_i} + \dfrac{l_{Fi}}{F}}{\dfrac{\bar{l}_{f-1i}}{w_i} - 1 - \dfrac{\nu_{Fi}}{F_i}} \tag{3-41}$$

式中,F_i、l_{Fi}、ν_{Fi} 分别为组分 i 的进料量、进料中液相量和气相量。

3.1.3.3　校核 $\sum d_i$ 值

由物料平衡方程 $F_i = d_i + w_i$ 得

$$d_i = \frac{F_i}{1 + (w_i/d_i)} \qquad (3-42)$$

$$w_i = (w_i/d_i)d_i \qquad (3-43)$$

由式(3-42)求出 d_i，然后检验 $\sum d_i$ 是否等于所规定的 D 值，若相等则计算到此结束；若不相等则需循环计算。

如果采用式(3-42)和式(3-43)求得的 d_i 和 w_i 值，直接去进行下一步计算，这种方法称为直接迭代法。直接迭代法的收敛速度较慢，常采用 θ 法来加速收敛过程。

θ 法原理是在式(3-42)的 w_i/d_i 比值上乘一系数 θ(见3-44式)，并要求由此计算所得的 d'_i 值的总和等于所规定的 D 值。然后用此 d'_i 值及由式(3-45)得到的 w'_i 值去进行下一步的计算。

$$d'_i = \frac{F_i}{1 + (w_i/d_i)\,\theta} \qquad (3-44)$$

$$w'_i = (w_i/d_i)\,\theta d'_i \qquad (3-45)$$

那么，如何求 θ 值呢？

由于 $\sum d'_i$ 应等于 D，故

$$g(\theta) = -D + \sum \frac{F_i}{1 + (w_i/d_i)\theta} = 0 \qquad (3-46)$$

式(3-46)应还有如下的特征：

当 $\theta = 0$ 时，$g(\theta) = -D + F = W$；当 $\theta = \infty$ 时，$g(\theta) = -D$

将(3-46)绘成曲线，如图3-8所示。

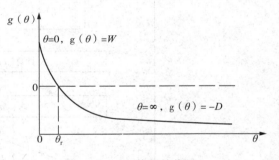

由图3-8可知，$g(\theta) = 0$ 之根 θ_r 即为所求之值。所以 θ 值应是大于零的正值。当用电子计算机进行运算时，常用牛顿迭代法来试差逼近。

当完全契合，也就是 $\sum d_i = D$ 时，$d_i = d'_i$，θ 值应等于1。因此首次迭代时，常取略偏离于1的值，作为 θ 的初值来进行迭代。

图3-8 θ 正值根的范围

3.1.3.4 计算新的温度分布(T_j)及流量分布(L_j 和 V_j)

利用前面获得的 d'_i(或 d_i)及 w'_i(或 w_i)，用下式来求各块板的液相组成：

精馏段：
$$x_{ji} = \frac{(l_{ji}/d_i) \times d'_i}{\sum[(l_{ji}/d_i) \times d'_i]} \qquad (3-47)$$

提馏段：
$$x_{ji} = \frac{(\bar{l}_{ji}/w_i) \times w'_i}{\sum[(\bar{l}_{ji}/w_i) \times w'_i]} \qquad (3-48)$$

(1) 计算新的温度分布　根据式(3-47)和式(3-48)求得的各板液相组成 x_{ji}，利用总和方程 $\sum(K_{ji}x_{ji}) - 1 = 0$，采用试差法求得各板的泡点温度 T_j，此即是各板新的温度分布。

(2) 计算新的流量分布　通过热量平衡来计算各板的新的流量分布 L_j 和 V_j。

精馏段：
$$V_{j+1}H_{j+1} = L_j h_j + Dh_D + Q_C \qquad (3-49)$$

式中，Q_C 为塔顶冷凝器所移出的热量。

将 $L_j = V_{j+1} - D$ 代入式(3-49)得

$$V_{j+1}H_{j+1} = (V_{j+1} - D)h_j + Dh_D + Q_c$$

$$V_{j+1} = \frac{D(h_D - h_j) + Q_c}{H_{j+1} - h_j} \qquad\qquad 2 \leqslant j \leqslant f-1 \qquad\qquad (3-50)$$

由式(3-50)可算出精馏段各板的 V_j 值，然后再由 $L_j = V_{j+1} - D$ 式来求得精馏段各板的 L_j 值。

提馏段：

$$\overline{L}_j h_j = \overline{V}_{j+1} H_{j+1} + W h_W - Q_r \qquad\qquad (3-51)$$

将 $\overline{L}_j = \overline{V}_{j+1} + W$ 代入式(3-51)得

$$(\overline{V}_{j+1} + W) h_j = \overline{V}_{j+1} H_{j+1} + W h_W - Q_r$$

$$\overline{V}_{j+1} = \frac{W(h_j - h_W) + Q_r}{H_{j+1} - h_j} \qquad\qquad f \leqslant j \leqslant N \qquad\qquad (3-52)$$

式中，$Q_r = D h_D + W h_W + Q_c - F H_F$，为再沸器引入的热量。

根据式(3-52)可算得提馏段各板的 $\overline{V}_j$，再由公式 $\overline{L}_j = \overline{V}_{j+1} + W$，可算得各 $\overline{L}_j$ 值。

3.1.3.5 比流量法的计算步骤

比流量法的计算步骤可用图3-9所示框图来表示。

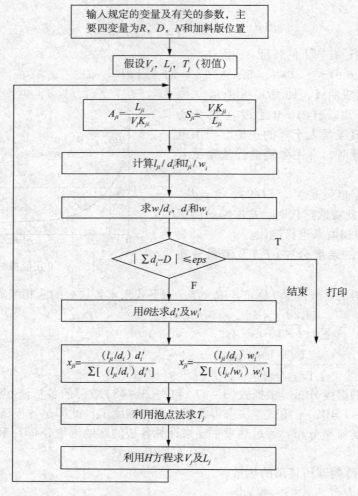

图 3-9 比流量的计算框图

3.2 复杂精馏

上节介绍的精馏塔均只有一股进料和两股出料(塔顶和塔底各一股出料),对于有多股进料、多于两股出料,或以上两种情况均有的精馏,称为复杂精馏。采用复杂精馏的优点是能节省能量和减少设备的数量。

3.2.1 复杂精馏流程

复杂精馏包括有多股进料、侧线出料和具有中间再沸器(或中间冷凝器)三种流程。现分别简述如下:

3.2.1.1 多股进料

多股进料为有多股不同组成的物料,它们不是合并后再进塔,而是分别加在相应浓度的塔板上。例如裂解气分离的脱甲烷塔就有四股进料,如图3-10所示。

从能耗角度分析,采用多股进料比先将多股进料合并后再进塔更有利。原因是物料的混合是自发过程,而物料的分离必须由外界提供能量才能达到。因此若是将多股物料先混合而后再分离,必将增加能耗,所以采用多股进料这一措施在深冷分离中是很必要的。

3.2.1.2 侧线采出

一般精馏只从塔顶和塔釜采出物料,若从塔的中部采出一个或一个以上的物料,则称为侧线采出,见图3-11。侧线采出塔在石油加工厂和石油化工厂的应用较广泛,如裂解气分离中的乙烯塔,炼油中的常压、减压塔等。采用了侧线采出可以减少塔的数目,但对塔的操作要求比一般精馏塔高。

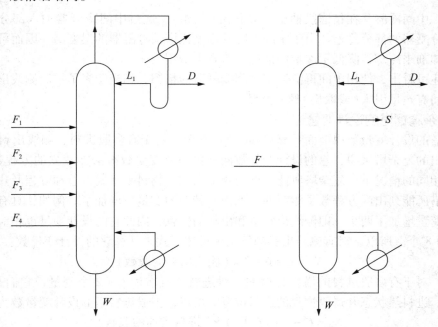

图3-10 多股进料示意图   图3-11 侧线出料示意图

3.2.1.3 中间再沸或中间冷凝

中间再沸是在精馏塔的提馏段抽出一股料液,通过中间再沸器加入部分热量,以代替塔釜再沸器加入的部分热量。由于中间再沸器的温度比塔釜再沸器的温度低,因而可用比塔釜加热介质温度低的廉价加热剂来加热，甚至可采用回收的热源来加热，如图 3 - 12 所示。

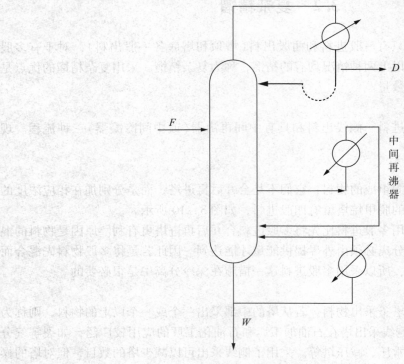

图 3 - 12　中间再沸器示意图

同样，中间冷凝是在精馏段抽出一股料液(气相)，通过中间冷凝器加入部分冷量，以代替塔顶冷凝器的部分冷量。由于中间冷凝的温度比塔顶冷凝器的温度高，因而可采用较高温度的冷却剂来冷却，降低了冷量的消耗，节省了费用。

从上述可看出，使用中间再沸器或中间冷凝器的精馏，相当于多了一股侧线出料和一股进料及中间有热量引入(或取出)的复杂塔。

3.2.2　复杂精馏塔的设计变量

常规塔的设计变量数由前面计算得知为 $C + 6$ 个。对于有多股进料、侧线出料及有能量引入或取出的复杂塔来说，它的设计变量数同样可由总变量数减去能建立的方程数来求得。在塔板数相同的情况下，复杂塔所能列出的相平衡式、物料平衡式、总和方程及热量平衡式等与常规塔所能列出的方程数是相等的。然而，其总的变量数增加了。例如，具有侧线出料的塔，总变量增加了两个，即侧线出料量和出料的位置，因此它的设计变量也相应增加了两个，为 $C + 8$ 个。所以，对有侧线出料的复杂塔可按下式来计算它的设计变量数：

$$N_D = C + 6 + 2 \times (侧线出料的股数)$$

同样，对于有多股进料的塔，每增加一股进料，就增加 $C + 2$ 个变量，它们是进料量、进料组成、进料热状态和这股物料的进料位置。所以，多股进料塔的设计变量数为

$$N_D = C + 6 + (C + 2) \times (进料增加的股数)$$

根据这样的原则也可以确定具有热量引入(或取出)的塔的设计变量数。

3.2.3　复杂精馏塔的计算

下面介绍三对角矩阵法的计算。

60

3.2.3.1 数学模型——M、E、S、H方程

为了使模型方程通用起见，提出了如图3-13所示的普遍化复杂塔模型。该模型除冷凝器有液相和气相产品出料外，每块理论板上（除冷凝器和塔釜）都有物料和热量的引入（取走热量为负），并都有气相和液相的侧线采出，塔的序号从上向下数，冷凝器和分离罐一起作为第一级，塔釜和再沸器作为最末一级 N。

由于塔内每块板均有进出料，故不采用与塔顶或塔釜来作平衡，而是对每块板来作物料平衡（M方程）、相平衡（E方程）、总和方程（S方程）和热量衡算（H方程）。

因为每块板上物料进出情况基本相同，所以任意取一块 j 板来代表全塔的情况，如图3-14所示。

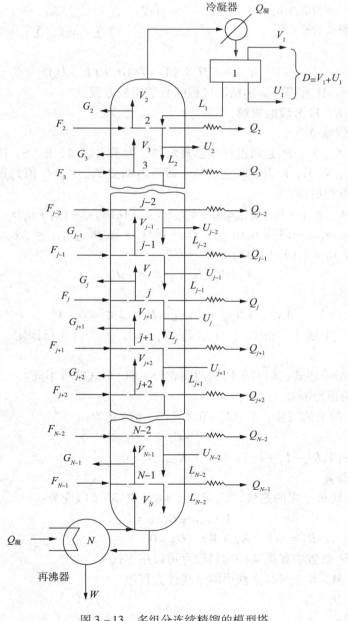

图3-13 多组分连续精馏的模型塔

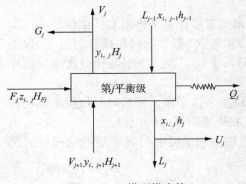

图 3-14　模型塔内第 j 板的物料及热量平衡

M 方程

对 j 板做总的物料衡算

$$L_{j-1} + V_{j+1} + F_j = (V_j + G_j) + (L_j + U_j)$$
$$(3-53)$$

对 j 板的组分 i 进行物料衡算

$$L_{j-1}x_{j-1i} + V_{j+1}y_{j+1i} + F_jz_{ji} = (V_j + G_j)y_{ji} + (L_j + U_j)x_{ji}$$
$$(3-54)$$

E 方程

$$y_{ji} = K_{ji}x_{ji} \qquad (3-55)$$

S 方程

$$\sum x_{ji} = 1, \quad \sum y_{ji} = 1 \qquad (3-56)$$

H 方程

$$L_{j-1}h_{j-1} + V_{j+1}H_{j+1} + F_jH_{fj} = (V_j + G_j)H_j + (L_j + U_j)h_j + G_j \qquad (3-57)$$

上述 M、E、S、H 方程是描述精馏过程的数学模型方程。

3.2.3.2　M、E、S、H 方程的求解

1. M、E 方程的联立

因为 F_j、U_j、G_j、z_{ji}、H_{fj} 是塔设计中已规定的，为了求解 M、E、S、H 方程，一般是先固定 T_j、V_j、L_j 值，对 M、E 方程联立求解，而后再调整 T_j、V_j、L_j 值，直至契合为止。现将 E 方程代入 M 方程后得

$$L_{j-1}x_{j-1i} + V_{j+1}K_{j+1i}x_{j+1i} + F_jz_{ji} = (V_j + G_j)K_{ji}x_{ji} + (L_j + U_j)x_{ji} \qquad (3-58)$$

$$L_{j-1}x_{j-1i} - (V_j + G_j)K_{ji}x_{ji} - (L_j + U_j)x_{ji} + V_{j+1}K_{j+1i}x_{j+1i} = -F_jz_{ji} \qquad (3-59)$$

令　$A_j = L_{j-1}$，$B_j = -(V_j + G_j)K_{ji} - (L_j + U_j)$

$$C_j = V_{j+1}K_{j+1i}, \quad D_j = -F_jz_{ji} \qquad (3-60)$$

式 (3-59) 变为

$$A_jx_{j-1i} + B_jx_{ji} + C_jx_{j+1i} = D_j \qquad 2 \leqslant j \leqslant N-1 \qquad (3-61)$$

式 (3-61) 是一个通式。由于 V_j、L_j、T_j、F_j、G_j、U_j 等值先已固定，所以 A_j、B_j、C_j、D_j 就是一常数。

式 (3-61) 虽是一通式，但对于塔的两端式 (3-61) 形式略有不同。

对于 $j=1$ 的塔顶冷凝器

由于没有上一板来的液体，$A_1 = L_0 = 0$，式 (3-61) 变为

$$B_1x_{1i} + C_1x_{2i} = D_1 \qquad (3-62)$$

式中，$B_1 = -(V_1K_{1i} + L_1 + U_1)$；$C_1 = V_2K_{2i}$；$D_1 = 0$

对于 $j=N$ 的塔釜

由于没有下一块板上来的蒸气，$C_N = V_{N+1} = 0$，式 (3-61) 变为：

$$A_Nx_{N-1i} + B_Nx_{Ni} = D_N \qquad (3-63)$$

式中，$A_N = L_{N-1}$，$B_N = -(V_NK_{Ni} + W)$，$D_N = 0$

A_j，B_j，C_j，D_j 常数中如果某些物料没有可以用零代入。

由上述可知，M、E 方程联立获得的是线性方程组

$$B_1x_{1i} + C_1x_{2i} = D_1 \qquad\qquad\qquad j = 1$$

$$A_jx_{j-1i}B_jx_{ji} + C_jx_{j+1i} = D_j \qquad\qquad 2 \leqslant j \leqslant N-1$$

62

$$A_N x_{N-1i} + B_N x_{Ni} = D_N \qquad\qquad\qquad j = N$$

将上式方程组写成矩阵

$$\begin{pmatrix} B_1 & C_1 \\ & A_2 & B_2 & C_2 \\ & & \cdots & \cdots & \cdots \\ & & & A_j & B_j & C_j \\ & & & & \cdots & \cdots & \cdots \\ & & & & & A_{N-1} & B_{N-1} & C_{N-1} \\ & & & & & & A_N & B_N \end{pmatrix} \begin{pmatrix} x_{1i} \\ x_{2i} \\ . \\ . \\ . \\ x_{ji} \\ . \\ . \\ . \\ x_{N-1i} \\ x_{Ni} \end{pmatrix} = \begin{pmatrix} D_1 \\ D_2 \\ . \\ . \\ . \\ D_j \\ . \\ . \\ . \\ D_{N-1} \\ D_N \end{pmatrix} \qquad (3-64)$$

因为系数矩阵只有三条对角线上具有元素 A_j、B_j、C_j，其余部分的元素均为零，故称为三对角矩阵。它亦可简写为

$$[A，B，C][x_{ji}] = [D_j] \qquad\qquad (3-65)$$

式中　　$[A，B，C]$——三对角矩阵；

$\qquad\qquad [x_{ji}]$——未知量的列向量；

$\qquad\qquad [D_j]$——常数项的列向量。

对每一个组分可写出 N 个 **M**、**E** 方程，可列出一个三对角矩阵。若系统中有 C 个组分，应列出 C 个三对角矩阵，从而可求得各块板上所有组分的液相组成。

2. 三对角矩的求解

三对角矩阵可以用高斯消去法求解，具体步骤如下：

第一步，将矩阵$(3-64)$中的第一行乘以 $\dfrac{1}{B_1}$，并令

$$p_1 = C_1/B_1，\quad q_1 = D_1/B_1 \qquad\qquad (3-66)$$

则第一行化为：$x_{1i} + p_1 x_{2i} = q_1$

$$x_{1i} = q_1 - p_1 x_{2i} \qquad\qquad (3-67)$$

第二步，将式$(3-67)$代入矩阵$(3-64)$中的第二行并整理得

$$x_{2i} + p_2 x_{3i} = q_2$$

其中，$p_2 = C_2/(B_2 - A_2 p_1)$；$q_2 = (D_2 - A_2 q_1)/(B_2 - A_2 p_1)$

第三步，依次类推，代入消去至第 j 板，可化为

$$x_{ji} + p_j x_{j+1i} = q_j$$

其中，$p_j = \dfrac{C_j}{B_j - A_j p_{j-1}}$，$q_j = \dfrac{D_j - A_j q_{j-1}}{B_j - A_j p_{j-1}} \qquad 2 \leqslant j \leqslant N-1 \qquad (3-68)$

直至第 N 板，整理得

$$x_{Ni} = q_N$$

其中，$q_N = (D_N - A_N q_{N-1})/(B_N - A_N p_{N-1})$

因此，经过上述变化后，矩阵变为下列简单的形式

$$
\begin{pmatrix}
1 & p_1 & & & & \\
0 & 1 & p_2 & & & \\
 & 0 & 1 & p_3 & & \\
 & \cdots & \cdots & \cdots & & \\
 & & & 0 & 1 & p_{N-1} \\
 & & & & 0 & 1
\end{pmatrix}
\begin{pmatrix}
x_{1i} \\ x_{2i} \\ x_{3i} \\ \vdots \\ \vdots \\ \vdots \\ x_{N-1i} \\ x_{Ni}
\end{pmatrix}
=
\begin{pmatrix}
q_1 \\ q_2 \\ q_3 \\ \vdots \\ \vdots \\ \vdots \\ q_{N-1} \\ q_N
\end{pmatrix}
\tag{3-69}
$$

第四步，进行回代，求得各 x_{ji} 值

$x_{Ni} = q_N$

$x_{N-1i} = q_{N-1} - p_{N-1} x_{Ni}$

$\cdots$

$x_{ji} = q_j - p_j x_{j+1i}, \quad 1 \leqslant j \leqslant N-1$

$\cdots$

$x_{1i} = q_1 - p_1 x_{2i}$

由此可以求得某一组分在各块板上的液相组成，若对 C 个组分的矩阵进行求解后即得各块板上所有组分的液相组成。

3. 利用 S 方程来计算各板的 T_j

由上面已求得的各板的液相组成，可利用泡点法来求得各块板的温度 T_j。若解出的 T_j 值与原假设值一致，则可进行下一步去求解 V_j；若不一致，则以计算所得的 T_j 作为新的假设值，重复计算。

4. 利用 H 方程计算各板的 V_j 和 L_j

H 方程为

$$L_{j-1}h_{j-1} + V_{j+1}H_{j+1} + F_j H_{fj} = (V_j + G_j)H_j + (L_j + U_j)h_j + Q_j$$

若将 $L_j + U_j = L_{j-1} + V_{j+1} + F_j - (V_j + G_j)$ 代入上式并整理得

$$V_{j+1} = [(H_j - h_j)(V_j + G_j) + (h_j - h_{j-1})L_{j-i} - (H_{ji} - h_j)F_j + Q_j]/(H_{j+1} - h_j)$$

$$2 \leqslant j \leqslant N-1 \tag{3-70}$$

其中，$V_1 = D - U_1$，$V_2 = D + L_1$，$L_1 = RD$

$$L_j = V_{j+1} + \sum_{k=2}^{j}(F_k - G_k - U_k) - D \tag{3-71}$$

由式(3-70)可以求得 V_3 到 V_N 值，然后由式(3-71)可以求得 L_j 值。若计算的 V_j 值与假设值相等则计算结束；若不相等，则以计算所得的 V_j 值作为新的假设值，重复进行计算。

3.2.3.3 计算步骤和框图

确定必要条件和基础数据后，按下列步骤用计算机进行多组分复杂精馏塔的计算：

(1)假设 T_j 的初值和 V_j 的初值，通常采用从塔顶到塔底温度为线性分布来假定 T_j 的初值。流量的分布 V_j 则按恒摩尔流来考虑初值。由物料衡算求出 L_j 的初值。

(2)由假设的 T_j 计算 K_{ij}，然后计算 M、E 矩阵方程中的 A_j、B_j、C_j、D_j、p_j、q_j。

(3)用高斯消去法解矩阵得 x_{ij}，若 $\sum x_{ij} \neq 1$，则圆整。

(4)计算出的 x_{ij}，用 S 方程试差迭代出新的温度 T'_j，同时计算 y_{ij}。

(5)由 x_{ij}、y_{ij}、T'_j 计算 H_j，h_j。

(6)由 H 方程算出各级新的气液相流率 V_j'，L_j'。

(7)若计算结果不能满足收敛条件，得到的 T_j'、V_j'、L_j' 作为初值，重复(2)以后的步骤。

整个塔的计算过程如图 3 – 15 所示。

三对角矩阵法虽然被介绍用来计算复杂精馏塔，但它是通用的计算方法，可用于所有精馏塔的计算。对于常规精馏塔，所有的侧线出料，以及除一股进料外的所有进料全部以零代入。

【例 3 – 5】某三元混合物组成为苯 0.35(摩尔分数)，甲苯 0.35(摩尔分数)和乙苯 0.3(摩尔分数)，进料状态为饱和液体，进料量为 100kmol/h，现采用一带有侧线出料的精馏塔在常压下进行分离，已知此塔有 4 块理论塔板，塔顶为全凝器(由于冷凝器的编号为第一块板，所以 $N=5$)，加料在编号为 3 的塔板上，在编号为 2 的板上有一侧线出料，出料量 $U_2 = 10$kmol/h，塔顶出料量 $D = 40$kmol/h，回流比 $R = 1$，操作压力 $p = 0.1013$MPa。求分离后各块板的浓度分布及温度分布(假定为恒摩尔流)。此塔的情况如例 3 – 5 附图所示。

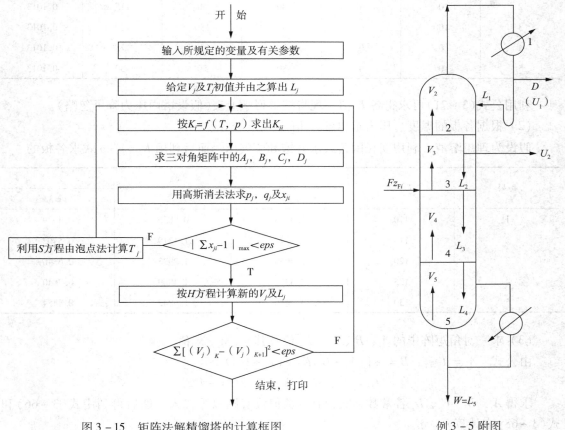

图 3 – 15　矩阵法解精馏塔的计算框图　　　　　　　　例 3 – 5 附图

解：从手册查得各组分的安托因常数值，其计算饱和蒸气压的公式为

$$\ln p_i^0 = A - \frac{B}{T + C} - \ln 7501$$

式中　T——温度，K；
　　　p_i^0——饱和蒸气压，MPa。

65

组 分	组成	A	B	C
苯(1)	0.35	15.91857	2797.327	−51.945
甲苯(2)	0.35	16.01755	3097.735	−53.634
乙苯(3)	0.3	16.02667	3282.843	−59.805

（1）假设温度分布和流量分布

根据苯、甲苯、乙苯的沸点范围设第一块板为110℃，塔釜为130℃，从而线性分布得各板的温度初值。

流量分布：由 $V_2 = (R+1)D = 240 = 80$，由于没有气相侧线出料 $G_j = 0$，进料的 $q_3 = 1$，所以 $V_2 = V_3 = V_4 = V_5 = 80$

板号	F_j	U_j	V_j	L_j	T_j	p
1	0	40	0	40	110	0.1013
2	0	10	80	30	115	0.1013
3	100	0	80	130	120	0.1013
4	0	0	80	130	125	0.1013
5	0	0	80	50	130	0.1013

利用公式(3−71)可求得各 L_j 值，现将结果列于上表（假设塔内压力降可忽略）。

（2）根据各板的温度、压力求出各 K_{ji} 值

假设为理想溶液，利用安托因公式求各饱和蒸气压，而后利用 $K_i = p_i^0/p$ 式求各板的 K_{ji}。

板号	$T_j/℃$	K_{ji}		
		$i=1$	$i=2$	$i=3$
1	110	2.3148	0.9835	0.4679
2	115	2.6247	1.1319	0.5462
3	120	2.9650	1.2973	0.6346
4	125	3.3377	1.4809	0.7840
5	130	3.7446	1.6842	0.8454

（3）求三对角矩阵中的 A_j、B_j、C_j、D_j 值及其 p_j、q_j、x_{ji} 值

由公式　$A_j = L_{j-1}$，$B = -[(V_j + G_j)K_{ji} + (L_j + U_j)]$

$$C_j = V_{j+1}K_j + K_{j+1i}, \quad D_j = -F_j z_{ji}$$

求得 A_j、B_j、C_j、D_j 各常数，式中有些数值没有则以零代入，然后再利用式(3−66)和式(3−68)来计算 p_j、q_j。

$$p_1 = C_1/B_1 \quad q_1 = D_1/B_1$$

$$p_j = \frac{C_j}{B_j - A_j p_{j-1}}, \quad q_j = \frac{D_j - A_j q_{j-1}}{B_j - A_j p_{j-1}}$$

最后利用 $x_{Ni} = q_N$ 及回代求得各板的组成。

现将计算结果用下表列出：

板号	A_{j1}	B_{j1}	C_{j1}	D_{j1}	p_{j1}	q_{j1}	x_{j1}
1	0	−80	209.9725	0	−2.6247	0	0.7645
2	40	−249.9725	237.7996	0	−1.636	0	0.2913
3	30	−367.1996	267.0151	−35	−0.8394	0.11	0.178
4	130	−397.0151	299.5668	0	−1.0405	0.0497	0.081
5	130	−349.5668	0	0	0	0.0301	0.0301

板号	A_{j2}	B_{j2}	C_{j2}	D_{j2}	p_{j2}	q_{j2}	x_{j2}
1	0	−80	90.5506	0	−1.1319	0	0.4968
2	40	−130.5506	103.7812	0	−1.217	0	0.439
3	30	−233.7812	118.475	−35	−0.6006	0.1774	0.3607
4	130	−248.475	134.7378	0	−0.7907	0.1354	0.3501
5	130	−184.7378	0	0	0	0.2147	0.2147

板号	A_{j3}	B_{j3}	C_{j3}	D_{j3}	p_{j3}	q_{j3}	x_{j3}
1	0	−80	43.6947	0	−0.5462	0	0.1508
2	40	−83.6947	50.7643	0	−0.8208	0	0.2762
3	30	−180.7643	58.717	−30	−0.3761	0.1921	0.3364
4	130	−188.717	67.6282	0	−0.4836	0.1786	0.3837
5	130	−117.6282	0	0	0	0.4241	0.4241

（4）判别各块板的 Σx_{ji}，并进行圆整

板号	x_{ji}				$x_{ji}/\Sigma x_{ji}$		
	$i=1$	$i=2$	$i=3$	Σx_{ji}	$i=1$	$i=2$	$i=3$
1	0.7645	0.4968	0.1508	1.4122	0.5414	0.3518	0.1068
2	0.2913	0.439	0.2762	1.0064	0.2894	0.4362	0.2744
3	0.178	0.3607	0.3364	0.8752	0.2034	0.4121	0.3844
4	0.081	0.3051	0.3837	0.7699	0.1053	0.3963	0.4984
5	0.0301	0.2147	0.4241	0.669	0.0451	0.321	0.634

最大的 $\Sigma x_{ji} - 1 = 1.4122 - 1 = 0.4122$，误差太大，需要重新假设温度循环迭代计算。

（5）利用泡点法来试差各块板上新的温度分布以及各块板上各组分的 K_{ji} 值。

板号	$T_j/℃$	K_{ji}		
		$i=1$	$i=2$	$i=3$
1	92.01	1.425	0.5715	0.2573
2	102.63	1.9098	0.7931	0.3692
3	108.04	2.2012	0.9296	0.4398
4	115.11	2.6315	1.1352	0.5479
5	121.78	3.094	1.3605	0.6687

(6) 重复第(3)步到第(5)步计算，直至最大的 $x_{ji}-1$ 小于精度要求为止。

板号	A_{j1}	B_{j1}	C_{j1}	D_{j1}	p_{j1}	q_{j1}	x_{j1}
1	0	− 80	152. 787	0	− 1. 9098	0	0. 7076
2	40	− 192. 787	176. 0927	0	− 1. 5129	0	0. 3705
3	30	− 306. 0927	210. 5226	− 35	− 0. 8074	0. 1343	0. 2449
4	130	− 340. 5226	247. 5173	0	− 1. 0508	0. 0741	0. 137
5	130	− 297. 5173	0	0	0	0. 0599	0. 0599

板号	A_{j2}	B_{j2}	C_{j2}	D_{j2}	p_{j2}	q_{j2}	x_{j2}
1	0	− 80	63. 4468	0	− 0. 7931	0	0. 3441
2	40	− 103. 4468	74. 3699	0	− 1. 0369	0	0. 4339
3	30	− 204. 3699	90. 816	− 35	− 0. 5242	0. 202	0. 4184
4	130	− 220. 816	108. 8428	0	− 0. 7129	0. 172	0. 4129
5	130	− 158. 8428	0	0	0	0. 3379	0. 3379

板号	A_{j3}	B_{j3}	C_{j3}	D_{j3}	p_{j3}	q_{j3}	x_{j3}
1	0	− 80	29. 538	0	− 0. 3692	0	0. 0769
2	40	− 69. 538	35. 1845	0	− 0. 6424	0	0. 2084
3	30	− 165. 1845	43. 8356	− 30	− 0. 3004	0. 2056	0. 3244
4	130	− 179. 8356	53. 4924	0	− 0. 3969	0. 1983	0. 3955
5	130	− 103. 4924	0	0	0	0. 4968	0. 4968

判别各块板的 Σx_{ji} 值，并进行圆整

板号	x_{ji}				$x_{ji}/\Sigma x_{ji}$		
	$i=1$	$i=2$	$i=3$	Σx_{ji}	$i=1$	$i=2$	$i=3$
1	0. 7076	0. 3441	0. 0769	1. 1286	0. 6269	0. 3049	0. 0682
2	0. 3705	0. 4339	0. 2084	1. 0128	0. 3658	0. 4284	0. 2058
3	0. 2449	0. 4184	0. 3244	0. 9877	0. 2479	0. 4236	0. 3284
4	0. 1370	0. 4129	0. 3955	0. 9454	0. 1449	0. 4368	0. 4183
5	0. 0599	0. 3379	0. 4968	0. 8946	0. 0669	0. 3778	0. 5553

最大的 $x_{ji}-1=1.1286-1=0.1286$，误差还太大，须再重复计算。下面，我们列出最终结果

板号	$T_j/℃$	K_{ji}		
		$i=1$	$i=2$	$i=3$
1	88. 0	1. 2693	0. 502	0. 223
2	97. 05	1. 6416	0. 6695	0. 3064
3	103. 79	1. 9697	0. 821	0. 3885
4	109. 50	2. 2856	0. 9696	0. 4607
5	116. 81	2. 744	1. 1896	0. 5769

板号	x_{ji}				$x_{ji}/\Sigma x_{ji}$		
	$i=1$	$i=2$	$i=3$	Σx_{ji}	$i=1$	$i=2$	$i=3$
1	0.6695	0.2752	0.0555	1.0002	0.6694	0.2751	0.0555
2	0.4078	0.411	0.1812	1.0000	0.4078	0.411	0.1812
3	0.2735	0.4179	0.3086	1.0000	0.2735	0.4179	0.3086
4	0.1718	0.4441	0.3841	0.9999	0.1718	0.4441	0.3841
5	0.0829	0.3977	0.5193	0.9998	0.0829	0.3977	0.5194

最大 $x_{ji} - 1 = 1.0002 - 1 = 2 \times 10^{-4}$

（7）利用 H 方程来校核 V_j。由于本题给定的是恒摩尔流，因而不再作 V_j 的校核。最终的计算结果列表如下：

板号	$T_j/℃$	V_j	L_j	x_{ji}		
				$i=1$	$i=2$	$i=3$
1	88	0	40	0.6694	0.2751	0.0555
2	97.05	80	30	0.4078	0.411	0.1812
3	103.79	80	130	0.2735	0.4179	0.3086
4	109.50	80	130	0.1718	0.4441	0.3841
5	116.81	80	50	0.0829	0.3977	0.5194

3.3 特殊精馏

精馏过程是利用组分间相对挥发度的差异达到分离提纯组分的目的。但是，有时化工生产中常常会遇到欲分离组分之间的相对挥发度接近于 1 或形成恒沸物的系统。这时如果采用普通精馏方法则无法分离得到纯组分。对于这类液体混合物的分离则需要采用特殊的精馏方法，即本节将讨论的恒沸精馏和萃取精馏。

特殊精馏的原理是在原溶液中加入另一新的组分，通过它对原溶液中各组分的不同作用，改变了各组分间的相对挥发度，使系统变得易于分离。如果加入的新组分和原溶液中的一个或几个组分形成最低恒沸物从塔顶蒸出，这种精馏操作被称为恒沸精馏，所加入的组分称为恒沸剂。若加入的新组分不与原系统中的任何一组分形成恒沸物，而其沸点又较原有的任一组分高，且该组分从塔釜排出，这种精馏被称为萃取精馏，所加入的组分称为萃取剂或溶剂。

恒沸精馏和萃取精馏都是多元非理想溶液的精馏，而且除加料口外，一般均有恒沸剂或萃取剂的第二加入口，因而它是具有多股进料的复杂精馏塔。计算的基本原理可参照复杂精馏塔的计算，只是此时相平衡的计算必须按非理想溶液求解。

3.3.1 萃取精馏

萃取精馏是在原溶液中加入萃取剂 S 后达到把组分分离的一种特殊精馏操作。萃取剂不和原溶液中任一组分形成恒沸物，但萃取剂改变了原溶液中关键组分之间的相对挥发度。萃取剂的沸点均比原溶液中任一组分的沸点高，所以它随塔底产品一起从塔底排出。例如在丁烯和丁二烯的分离过程中，丁烯在常压下沸点为 −6.3℃，丁二烯则为 −4.5℃，丁烯对丁二

69

烯的相对挥发度仅为 1.03。当进料为 50% 的丁烯与 50% 丁二烯的混合液，要求在塔顶得到 99% 的丁烯，在塔底得 99% 的丁二烯，若采用普通精馏的方法，需要的最少理论板数为 318 块。若用乙腈作萃取剂，当溶液中乙腈的浓度为 80% 时，丁烯对丁二烯的相对挥发度则提高为 1.79。按上述分离要求，最少理论板只需 14.7 块。由此可以看出，采用萃取精馏后分离要容易得多。

3.3.1.1　萃取精馏的原理

萃取精馏的基本原理是加入萃取剂以后，改变了原溶液中关键组分间的相对挥发度 α，即改变了原溶液组分间的相互作用力，构成一个新的非理想溶液。为了简化问题起见，下面以组分 1、组分 2 和溶剂 S 所组成的三组分溶液为例进行讨论。

由常压下的气液相平衡关系，得相对挥发度：

$$\alpha_{12} = \frac{K_1}{K_2} = \frac{\gamma_1 p_1^0}{\gamma_2 p_2^0}$$

式中　p_1^0，p_2^0——纯组分 1、2 在系统操作条件下的饱和蒸气压；

　　　γ_1，γ_2——组分 1，2 在液相中的活度系数。

加入萃取剂 S 后组分 1，2 的相对挥发度为

$$(\alpha_{12})_S = \frac{p_1^0}{p_2^0} \left(\frac{\gamma_1}{\gamma_2}\right)_S$$

若用三组分系统的 Margules 方程式求液相活度系数，则：

$$\ln\left(\frac{\gamma_1}{\gamma_2}\right)_S = A_{21}(x_2 - x_1) + x_2(x_2 - 2x_1)(A_{12} - A_{21})$$
$$+ x_s[A_{1S} - A_{2S} + 2x_1(A_{S1} - A_{1S}) - x_s(A_{2S} - A_{S2}) - c(x_2 - x_1)] \qquad (3-72)$$

式中，A_{12}、A_{21}、A_{1S}、A_{S1}、A_{2S} 和 A_{S2} 分别表示相应二元系统的端值常数。c 为表征三组分系统性质的常数，若三对二组分溶液均简化为对称系统，则 $c = 0$，并用端值常数的平均值 $A'_{12} = \frac{1}{2}(A_{12} + A_{21})$ 代替 A_{12}、A_{21}；$A'_{1S} = \frac{1}{2}(A_{1S} + A_{S1})$ 代替 A_{1S}、A_{S1}；$A'_{2S} = \frac{1}{2}(A_{2S} + A_{S2})$ 代替 A_{2S}、A_{S2}，整理得：

$$\ln\left(\frac{\gamma_1}{\gamma_2}\right)_S = A'_{12}(x_2 - x_1) + x_s(A'_{1S} - A'_{2S}) = A'_{12}(1 - x_s)(1 - 2x_1') + x_s(A'_{1S} - A'_{2S})$$
$$(3-73)$$

式中　x_1，x_2，x_s——组分 1，2，S 在液相中的浓度；

　　　$x'_1 = \dfrac{x_1}{x_1 + x_2}$——组分 1 的脱溶剂浓度。

加入萃取剂 S 后，组分 1，2 的相对挥发度为

$$\ln(\alpha_{12})_S = \ln\left(\frac{p_1^0}{p_2^0}\right)_{T_3} + A'_{12}(1 - x_s)(1 - 2x'_1) + x_s(A'_{1S} - A'_{S1}) \qquad (3-74)$$

式中　T_3——三组分系统的泡点温度。

若萃取剂不存在时，即 $x_s = 0$，由式（3-74）可得组分 1，2 的相对挥发度：

$$\ln\alpha_{12} = \ln\left(\frac{p_1^0}{p_2^0}\right)_{T_2} + A'_{12}(1 - 2x'_1) \qquad (3-75)$$

式中　T_2——二组分系统的泡点温度。

因 $\left(\dfrac{p_1^0}{p_2^0}\right)$ 与温度的关系不大，由式(3-74)和式(3-75)可得：

$$\ln \frac{(\alpha_{12})_S}{\alpha_{12}} = x_S [A'_{1S} - A'_{2S} - A'_{12}(1-2x'_1)] \qquad (3-76)$$

通常把 $\dfrac{(\alpha_{12})_S}{\alpha_{12}}$ 称为溶剂 S 的选择性。它是衡量溶剂效果的一个重要标志。

由式(3-76)可以看出，溶剂的选择性不仅取决于溶剂的性质和浓度，而且也和原溶液的性质和浓度有关。

式(3-74)是全面评价溶剂作用的基础。$(\alpha_{12})_S$ 不仅与加入的溶剂有关，还与原料液性质密切相关。萃取精馏所处理的料液大致有两类，一类是在全浓度范围内 α_{12} 接近于1，另一类是恒沸物。对于前一类料液，希望加入溶剂后使组分1和2间的相对挥发度 $(\alpha_{12})_S$ 在全浓度范围内均提高，即各浓度下的溶剂选择性均须大于1。对于后一类料液，往往只在恒沸浓度及其邻近区域的 α_{12} 等于或接近于1，而在其它区域 α_{12} 远离1，对于这类料液加入溶剂后，主要要求在恒沸浓度附近 $(\alpha_{12})_S$ 有明显增大。由此，在选择溶剂时，应注意两类料液的不同点，对症下药。

溶剂是如何改变组分1和2的相对挥发度的呢？比较式(3-74)和式(3-75)可以发现：

(1)由于溶剂加入后，式(3-74)比式(3-75)多了 $x_S(A'_{1S} - A'_{2S})$ 这一项。这一项反映了溶剂 S 对料液中组分1和2的不同作用效果。为了使 $(\alpha_{12})_S > 1$，且大得多，就应使 $A'_{1S} > 0$，$A'_{2S} \leqslant 0$。也即溶剂 S 与组分1形成正偏差溶液；与组分2形成负偏差溶液，至少能形成理想溶液。同时，x_S 值越大，越有利。

(2)式(3-74)在右边第二项有了变化，比式(3-75)多乘了 $(1-x_S)$。式(3-74)第二项反映了原料液中组分1和2之间的相互作用，现乘上一个小于1的 $(1-x_S)$，表示加入溶剂 S 后，组分1和2间的相互作用减弱了，溶剂的这一作用称为稀释作用。对于全浓度范围内 α_{12} 接近于1的料液，大多数 $A'_{12} \approx 0$，因此溶剂的稀释作用几乎没有影响。对于这类料液，要使 $(\alpha_{12})_S$ 较大于1，必须依靠溶剂对两个组分间的不同作用。对于恒沸物料液，如乙醇-水，这是个相当强的正偏差系统，A'_{12} 较大，而恒沸组成的 $(1-2x_1')$ 是负值，因此，第二项对于增加相对挥发度是不利的，因溶剂的稀释作用，多乘了 $(1-x_S)$，恰能减弱此不利影响，且 x_S 越大，不利影响就越弱。

综上所述，可得到如下两条结论：

(1)溶剂的作用可以归结为两个方面：

①由于溶剂与料液中两组分间的相互作用不同，从而使它们的相对挥发度有所改变，式(3-74)中 $x_S(A'_{1S} - A'_{2S})$ 反映了这一因素。显然，原料的非理想性越强，越易选到合适的溶剂，使 A'_{1S} 和 A'_{2S} 之差足够大。

②由于溶剂的稀释作用，使原来两组分之间的相互作用减弱，式(3-74)中 $A'_{12}(1-x_S)(1-2x'_1)$ 反映了这一因素。对于全浓度范围内 α_{12} 接近于1的料液，因 A'_{12} 近于0，稀释作用几乎无影响。对于恒沸物料液，因 $|A'_{12}|$ 相当大，稀释作用的影响相当大。

(2)溶剂的浓度 x_S 越大，一般溶剂的效果越显著。不过，当 x_S 达到一定值后，x_S 再增大的效果变得相当缓慢。再考虑到使用大量溶剂的费用上升，适宜的溶剂浓度一般在 0.6 ~ 0.8 之间。

3.3.1.2　溶剂的选择

溶剂的选择对萃取精馏的效果影响极大。选择溶剂，首先要考虑溶剂的选择性要大；此外，还应考虑以下几方面：

(1) 溶剂与被分离组分不发生化学作用，不形成恒沸物，与原组分容易分离；

(2) 溶剂的沸点比被分离组分都高，在塔内呈液相；

(3) 溶剂对分离组分的溶解度要大，避免发生分层现象；

(4) 溶剂应具有较好的热稳定性，能长期使用，无毒，无腐蚀性，价格低廉易获得。

目前，溶剂主要通过实验来进行选择，下面介绍选择溶剂的一些方法。

(1) 实验方法　通过实验，测定在溶剂存在下的气液平衡数据是最准确的选择方法，但实验次数多、操作繁琐。常以等摩尔的被分离组分混合液中加入等质量的溶剂 (例如混合液和溶剂各为 100g) 相混合后，通过实验方法测定气液两相的平衡组成，并计算其相对挥发度 $(\alpha_{12})_s$。

$$(\alpha_{12})_s = \frac{y_1 x_2}{y_2 x_1} = \frac{\gamma_1 p_1^0}{\gamma_2 p_2^0}$$

$(\alpha_{12})_s$ 值越大，说明溶剂的选择性越强。如以 C_4 馏分的分离为例，不同溶剂的选择性如表 3 – 1 所示。

表 3 – 1　C_4 馏分在不同溶剂中的相对挥发度 $(\alpha_{12})_s$ (0.1013MPa，40℃)

组分	沸点/℃	无溶剂时各组分对丁二烯的相对挥发度 α	加丙酮的 α[①]	加糠醛的 α[②]	加乙腈的 α[③]	加 DMF 的 α[④]
异丁烷	– 11.7	1.20	3.00	2.80	2.79	
异丁烯	– 6.6	1.08	1.65	1.55	1.67	2.30
1 – 丁烯	– 6.5	1.03	1.55	1.50	1.67	2.34
丁二烯	– 4.7	1.00	1.00	1.00	1.00	1.00
正丁烷	– 0.5	0.86	2.10	2.00	2.25	2.20
反 2 – 丁烯	– 0.3	0.84	1.40	1.21	1.43	1.96
顺 2 – 丁烯	3.7	0.78	1.28	1.13	1.36	1.44

①97% 丙酮 +3% 水。②96% 糠醛 +4% 水。③80% 乙腈 +20% 水。④D. M. F. 为 50% 二甲亚砜 +50% 二甲基甲酰胺(均为质量百分比)。

(2) 应用三组分系统活度系数方程式计算　根据要求 $(\alpha_{12})_s$ 应大于 1，故在溶剂存在下，应使 $\frac{\gamma_1}{\gamma_2} > \frac{p_2^0}{p_1^0}$。而 $\frac{\gamma_1}{\gamma_2}$ 的关系可由式(3 – 73)确定。

$$\ln\left(\frac{\gamma_1}{\gamma_2}\right)_s = A'_{12}(x_2 - x_1) + x_s(A'_{1S} - A'_{2S})$$

由式中可知，两个双组分系统的端值常数差值 $(A'_{1S} - A'_{2S})$ 越大，则 $(\alpha_{12})_s$ 越大。可把此作为选择溶剂的基准。另外，溶剂浓度 x_s 越大，$\frac{\gamma_1}{\gamma_2}$ 越大，但 x_s 过大，会增加萃取精馏的设备投资和操作费用，故一般 x_s 取 0.6 ~ 0.8 之间。

(3) 按溶剂溶解度的大小进行选择　溶剂溶解度的大小，直接影响溶剂的用量、动力和热量的消耗。仍以 C_4 馏分为例，不同溶剂的溶解度见表 3 – 2。

表 3 – 2 不同溶剂对 C_4 馏分的溶解度

溶剂	沸点/℃	溶解度常数(质量分数)				选择性		
		1#	2#	3#	4#	2#/1#	4#/2#	4#/3#
二甲基甲酰胺	154.0	16.5	35.5	24.6	83.4	2.2	2.4	3.4
N – 甲基吡咯烷酮	208.0	16.0	33.9	23.1	83.0	2.1	2.5	3.6
糠醛	161.6	12.0	25.5	21.8	45.8	2.1	1.8	2.1
乙腈	81.6	13.3	30.0	27.7	70.2	1.5	1.6	1.9

注:1#—丁烷;2#—正丁烯;3#—异丁烯;4#—丁二烯。

(4)从同系物中选择 按前所述,希望所选的溶剂应该是与塔釜产品形成具有负偏差的非理想溶液或者至少形成理想溶液。与塔釜产品能形成理想溶液的溶剂容易选择,一般可从同系物或性质接近的物料中选取。对萃取精馏来说,希望 A'_{1s} 值越大越好,所以希望溶剂与塔顶组分1形成具有正偏差的非理想溶液,且正偏差越大越好。例如丙酮(以组分 1 表示)沸点为 56.4℃,甲醇(以组分 2 表示)沸点为 64.7℃,丙酮与甲醇溶液具有最低恒沸点为 55.7℃。如用萃取精馏分离时,溶剂可有两种类型,见表 3 – 3。一种方案是从甲醇同系物中选,此时,塔顶蒸出丙酮,塔釜排出甲醇及溶剂(甲醇同系物)。另一种方案是从丙酮的同系物中选取,此时,塔顶蒸出甲醇,塔釜排出丙酮及溶剂(丙酮同系物)。如用丙酮的同系物作溶剂时,该溶剂要克服原溶液中沸点差异,使沸点低的丙酮与溶剂一起由塔釜排出,因此,第二种方案不如第一种方案(选用甲醇的同系物)有利。

表 3 – 3 两种类型的溶剂

醇类同系物	沸点/℃	酮类同系物	沸点/℃
乙醇	78.3	甲基正丙基丙酮	102.0
丙醇	97.2	甲基异丁基丙酮	115.9
丁醇	117.8	甲基正戊基丙酮	150.6
戊醇	137.8		
乙二醇	197.2		

3.3.1.3 萃取精馏塔的计算

萃取精馏的计算,主要是确定溶剂的用量以及塔的理论板数,原则上与多组分精馏一样,也可采用简捷法和逐板法两种。

1. 萃取精馏塔内气液相流率分布

萃取精馏塔内由于存在着大量溶剂,因而会影响塔内的气液两相流量,其分布情况与一般精馏塔有所不同。

最简单的假设是按恒摩尔流考虑,如图 3 – 16 所示。

精馏段的流量:

气相 $V = (R + 1)D$

液相 $L = RD + S$

提馏段的流量:

液相 $\bar{L} = L + qF$

气相 $\bar{V} = \bar{L} - W = RD + qF - W'$

$$W = W' + S$$

式中　D、W——分别为萃取精馏塔内塔顶和塔底包括溶剂在内的实际流量。

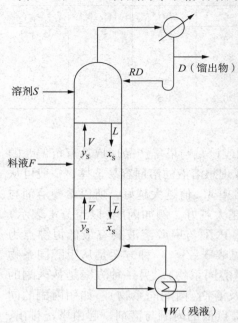

实际上由于各组分摩尔汽化潜热的差异，以及溶剂沿塔高向下流动时温度逐渐升高，就会冷凝一定的蒸气以补偿溶剂温度升高时所吸收的热量，这样就造成了液相流量的不断增大。当溶剂的入塔温度低于塔内温度时，其影响更为显著。考虑这一影响，则精馏段任一 n 板的液相流量 L_n 为

$$L_n = RD + S + \frac{SM_Sc_S(t_n - t_S)}{\Delta H_r} \quad (3-77)$$

相应的气相流量为

$$V_{n+1} = L_n + D - S = (R+1)D + \frac{SM_Sc_S(t_n - t_S)}{\Delta H_r} \quad (3-78)$$

提馏段的气、液相流量分别为

$$\overline{L}_m = RD + S + qF + \frac{SM_Sc_S(t_m - t_S)}{\Delta H_r} \quad (3-79)$$

$$\overline{V}_{m+1} = RD + qF - W' + \frac{SM_Sc_S(t_m - t_S)}{\Delta H_r} \quad (3-80)$$

图 3-16　萃取精馏塔内物料

式中　M_S——溶剂的分子量；

　　　c_S——溶剂的平均比热，kJ/(kg·℃)

　　ΔH_r——被分离组分在溶剂中的溶解热，当忽略混合热时，即等于组分的汽化潜热，kJ/kmol；

　　　t_S——溶剂的进料温度，℃；

t_n，t_m——分别表示精馏段 n 板和提馏段 m 板的温度；

　　　W'——塔底除溶剂外的物料流量。

2. 萃取精馏塔内溶剂的浓度分布

萃取精馏塔内溶剂的挥发度比所处理物料的挥发度要低得多，且用量又较大，所以可看作在塔内基本上维持在一个固定的浓度值，即所谓萃取剂的浓度恒定。萃取精馏塔的计算因此可大为简化。

萃取剂的恒定浓度 x_S 可由物料衡算式及气液相平衡式联立求解。

现假设塔内为恒摩尔流，精馏段总的物料平衡式为

$$V + S = L + D$$

对萃取剂作物料平衡

$$Vy_S + S = Lx_S + Dx_{DS}$$

式中　y_S——气相中溶剂的浓度。

由上式可得：$y_S = \dfrac{Lx_S - S}{V} = \dfrac{Lx_S - S}{L + D - S}$ （3-81）

现设溶剂 S 对被分离组分的相对挥发度为 β，即

74

$$\beta = \frac{\dfrac{y_S}{1-y_S}}{\dfrac{x_S}{1-x_S}} = \frac{\dfrac{y_S}{y_1+y_2}}{\dfrac{x_S}{x_1+x_2}} = \frac{x_1+x_2}{x_S} \cdot \frac{1}{\dfrac{y_1}{y_S} + \dfrac{y_2}{y_S}}$$

$$= \frac{x_1+x_2}{x_S} \cdot \frac{1}{\alpha_{1S} \cdot \dfrac{x_1}{x_2} + \alpha_{2S} \cdot \dfrac{x_2}{x_S}} = \frac{x_1+x_2}{x_1\alpha_{1S}+x_2\alpha_{2S}} \qquad (3-82)$$

上式表达了 β 与溶液中原有组分的液相浓度和 α_{1S}、α_{2S} 间的关系。

参照二元系相对挥发度的表达式，又可得

$$\beta = \frac{\dfrac{y_S}{1-y_S}}{\dfrac{x_S}{1-x_S}}$$

$$\beta x_S - \beta y_S x_S = y_S - y_S x_S$$

$$y_S = \frac{\beta x_S}{1+(\beta-1)x_S} \qquad (3-83)$$

由式（3-81）和式（3-83）可得

$$\frac{Lx_S - S}{L+D-S} = \frac{\beta x_S}{1+(\beta-1)x_S}$$

经整理得

$$x_S = \frac{S}{(1-\beta)L - \dfrac{\beta D}{1-x_S}} \qquad (3-84)$$

将 $L = RD + S$ 代入上式，经整理得

$$S = \frac{RDx_S(1-\beta) - \left[D\beta\dfrac{x_S}{1-x_S} \right]}{1-(1-\beta)x_S} \qquad (3-85)$$

同理，可得溶剂在提馏段的浓度为

$$\bar{x}_S = \frac{S}{(1-\beta)\bar{L} + [\beta W'/(1-\bar{x}_S)]} \qquad (3-86)$$

由式（3-82）可知，在塔顶条件下，由于 $x_2 \to 0$，故 $\beta \approx \dfrac{1}{\alpha_{1S}}$；而在塔釜条件下，因 $x_1 \to 0$，

故 $\beta \approx \dfrac{1}{\alpha_{2S}}$。对全塔可取平均值，即

$$\beta = \sqrt{\frac{1}{\alpha_{1S}} \cdot \frac{1}{\alpha_{2S}}} \qquad (3-87)$$

因为 $\dfrac{\beta D}{1-x_S}$ 与 $\dfrac{\beta W'}{1-x_S}$ 的数值一般很小，可忽略不计，式（3-84）和式（3-86）可简化为

$$x_S = \frac{S}{(1-\beta)L} = \frac{S}{(1-\beta)(S+RD)} \qquad (3-88)$$

$$\bar{x}_S = \frac{S}{(1-\beta)\bar{L}} = \frac{S}{(1-\beta)(S+RD+qF)} \qquad (3-89)$$

当原料为饱和蒸汽时，$q=0$，$L=\bar{L}$，所以 $x_S = \bar{x}_S$。若加料低于露点温度时，$\bar{L} = L + qF$，

所以$\overline{x}_S < x_S$。因此，此时提馏段的相对挥发度小于精馏段的相对挥发度。为需保持提馏段与精馏段同样的溶剂浓度，可在加料板处加入相应量的溶剂，其量应为$qF(\dfrac{x_S}{1-x_S})$。

上述计算是假设在塔内没有蒸气冷凝的情况下进行的，若考虑有蒸气冷凝的情况，公式可修正为：

$$x_{nS} = \frac{S}{(1-\beta)L_n} \tag{3-90}$$

$$x_{mS} = \frac{S}{(1-\beta)\overline{L}_m} \tag{3-91}$$

式中　x_{nS}、x_{mS}——分别为精馏段第n板及提馏段第m板上溶剂的浓度。

3. 精馏段和提馏段的操作线方程

精馏段萃取剂的操作线方程：

$$V_{n+1}y_{S,n+1} = L_n x_{Sn} + D x_{SD} - S$$

$$D x_{SD} = 0$$

$$y_{S,n+1} = \frac{L_n}{V_{n+1}} - x_{Sn} - S$$

精馏段i组分的操作线方程：

$$y_{i,n+1} = \frac{L_n}{V_{n+1}}x_{in} + \frac{D}{V_{n+1}}x_{iD} \tag{3-92}$$

若以脱溶剂为基准的有效浓度表示，则$y' = \dfrac{y}{1-y_S}$，$x' = \dfrac{x}{1-x_S}$，$x'_D = \dfrac{x_D}{1-x_{SD}}$，分别将有效浓度代入上式并省去下标$i$，得

$$y'_{n+1}[1 - y_{S,n+1}] = \frac{L_n}{V_{n+1}}x_n'(1 - x_{Sn}) + \frac{D}{V_{n+1}}x'_D(1 - x_{SD}) \tag{3-93}$$

同理，得提馏段i组分的操作线方程为(省去下标i)

$$y_{m-1} = \frac{\overline{L}_m}{\overline{V}_{m-1}}x_m - \frac{W}{\overline{V}_{m-1}}x_D \tag{3-94}$$

以有效浓度表示，则可写成

$$y'_{m-1}(1 - y_{s,m-1}) = \frac{\overline{L}_m}{\overline{V}_{m-1}}x'_m(1 - x_{sm}) - \frac{W}{\overline{V}_{m-1}}x'_D(1 - x_{SD}) \tag{3-95}$$

4. 萃取精馏塔的理论板数的简化计算

简化计算法主要依据：溶剂为高沸点、挥发度小，由塔顶引入后几乎全部流入塔釜，因而溶剂在塔内各板上的浓度恒定不变。当分离二元混合物时，萃取精馏过程可作为双组分系来处理(以脱溶剂为基准)，按二元精馏的原理用图解法或解析法加以计算，一般也能满足工程估算的需要。

图解法的步骤如下：

(1)根据所选择的溶剂，按非理想物系相平衡计算在某一固定的溶剂浓度x_S下，三组分系统中的相对挥发度$(\alpha_{12})_S$，将计算结果绘成$(\alpha_{12})_S$与x'图。

(2)物料衡算。根据工艺要求，与多组分精馏系统一样，按加料及塔顶、塔底的分离度作物料衡算，求得D、W、x_D、x_W等。

(3)绘制平衡曲线，即$x'-y'$曲线。即选择不同的x'，从$(\alpha_{12})_S - x'$图中读出$(\alpha_{12})_S$，按

$$y' = \frac{(\alpha_{12})_S x'}{1 + [(\alpha_{12})_S - 1]x'}$$ 求得相应的 y'，从而逐点绘图。

（4）确定最小回流比 R_m：

A. 用 Underwood 公式计算

B. 用下列半经验公式计算

加料为饱和液体：$R_m = \dfrac{1}{(\alpha_{12})_S - 1}\left[\dfrac{x'_D}{x'_F} - (\alpha_{12})_S \dfrac{1 - x'_D}{1 - x'_F}\right]$

加料为饱和气体：$R_m = \dfrac{1}{(\alpha_{12})_S - 1}\left[\dfrac{(\alpha_{12})_S x'_D}{x'_F} - \dfrac{1 - x'_D}{1 - x'_F}\right] - 1$

$$R = (1.2 - 2)R_m$$

（5）作操作线：

精馏段：$V'y'_{n+1} = L'x'_n + D'x'_D$

提馏段：$\overline{V}'y'_{m+1} = \overline{L}'x'_m - W'x'_W$

（6）在操作线和平衡线间画阶梯求出理论板数 N 和加料板位置。

也可用简捷法进行计算。先由 Fenske 公式 $N_m = \dfrac{\lg\left[\left(\dfrac{x'_1}{x'_2}\right)_D \left(\dfrac{x'_2}{x'_1}\right)_W\right]}{\lg(\alpha_{12})_S}$ 求出最小理论板数，再由 R_m，R，N_m，用吉利兰图求 N。

对于萃取精馏塔，为了防止溶剂由塔顶带出，均设有回收段，尚需确定回收段的理论板数。一般在 0.5 ~ 1 块理论板左右，常按经验取 1 块理论板即可。

上述计算程序是按双组分物系而言，若被分离的组分数目大于 2，也可按同样原则处理，把多组分物系简化为一对轻重关键组分后，按上述方法进行简化计算。

【例 3 - 6】用苯酚作萃取剂分离乙苯、乙基环己烷，要求塔底乙苯的纯度达 99%（摩尔分数），乙基环己烷浓度为 1%（摩尔分数），该塔的操作压力为 0.1013MPa。萃取剂与进料流量比为 3:1，按清晰分割全塔物料平衡见下表。当回流比 $R = 6$ 时，试计算该萃取精馏塔所需的理论板数。

组分	加料		萃取剂		塔顶		塔底	
	$F/(\text{kmol/h})$	x_F	$S/(\text{kmol/h})$	x_S	$D/(\text{kmol/h})$	x_D	$W/(\text{kmol/h})$	x_W
正辛烷	20	0.2			20	0.333	0	0
乙基环己烷	40	0.4			39.6	0.66	0.4	00012
乙苯	40	0.4			0.4	0.007	39.6	0.1165
苯酚			300	1.0			300	0.8822
合计	100	1.0	300	1.0	60	1.0	340	1.00

解：（1）加料板上的液相组成

取萃取剂加入温度 $t_S = 133℃$，加料板温度为 $t_F = 150℃$。

已知 $c_{S平均} = 244.94\text{kJ}/(\text{kmol} \cdot ℃)$

烃类的平均汽化潜热 $\Delta H_r = 36217.55\text{kJ/kmol}$

精馏段冷凝的液体量 ΔL 为

$$\Delta L = \frac{Sc_S(t_F - t_S)}{\Delta H_r} = \frac{300 \times 244.94(150 - 133)}{36217.55}$$

$$= 34.5\text{kmol}$$

所以加料板上萃取剂的浓度

$$x_{SF} = \frac{S}{S + L + \Delta L} = \frac{300}{300 + 60 \times 6 + 34.5} = 43.2\%$$

则加料板的液相组成为(假定组分的分配与加料相同)

正辛烷 $x_{F1} = 0.2(1 - 0.432) = 0.115$

乙基环己烷 $x_{F2} = 0.4(1 - 0.432) = 0.230$

乙苯 $x_{F3} = 0.4(1 - 0.432) = 0.230$

苯酚 $x_{F4} = 0.432$

(2)计算萃取剂加入板、加料和塔底物料的相对挥发度

以乙苯为基准,相对挥发度的计算结果如下

相对挥发度 α_i	萃取剂加入板(135℃)	加料板(150℃)	塔底(175℃)
α_{13}	1.23	1.70	
α_{23}	1.06	1.25	2.0
α_{33}	1.0	1.0	1.0
α_{43}		0.31	0.23

(3)塔内平均相对挥发度

取塔内平均温度 $t = 153℃$ 时的数据

$\alpha_{13} = 1.72$,$\alpha_{23} = 1.27$,$\alpha_{33} = 1.0$,$\alpha_{43} = 0.331$

(4)求最小回流比 R_m

将已知数据代入恩特伍特公式

$$\sum \frac{\alpha_i x_{Fi}}{\alpha_i - \theta} = 1 - q$$

$$\frac{1.72 \times 0.115}{1.72 - \theta} + \frac{1.27 \times 0.23}{1.27 - \theta} + \frac{0.331 \times 0.423}{0.331 - \theta} = 0$$

解得 $\theta = 1.115$

$$\sum \frac{\alpha_i x_{Di}}{\alpha_i - \theta} = R_m + 1$$

所以 $R_m = \frac{0.332 \times 1.72}{1.72 - 1.115} + \frac{0.66 \times 1.27}{1.27 - 1.115} + \frac{0.007 \times 1.0}{1.0 - 1.115} + \frac{0}{0.331 - 1.115} - 1 = 5.3$

(5)求最小理论塔板数 N_m

$$N_m = \frac{\lg \left[\left(\frac{x_{Dl}}{x_{Dh}} \right) \left(\frac{x_{Wh}}{x_{Wl}} \right) \right]}{\lg \alpha} = \frac{\lg \left(\frac{0.66}{0.007} \times \frac{0.1165}{0.0012} \right)}{\lg 1.27} = 38 \text{ 块}$$

(6)据吉利兰关系式求实际回流比下的理论塔板 N

$$x = \frac{R - R_m}{R + 1} = \frac{6 - 5.3}{6 + 1} = 0.1$$

$$y = 0.75 - 0.75 x^{0.5668}$$

代入解得 $y = 0.546$

$$y = \frac{N - N_m}{N + 1}$$

解得 $N = 85$ 块

5. 逐板计算法

上述简化计算是假定在恒摩尔流条件下求得达到分离要求所需的理论板数 N，但不能确切地求得塔内流量 V_j、组成 x_{ij} 和温度 T_j 的分布，只有用逐板法才能获得严格的解。萃取精馏实为一个复杂塔，故可用流量平衡法、三对角矩阵法或松弛法收敛求解 V_j，T_j，x_{ij}。计算框图见图 3–17。

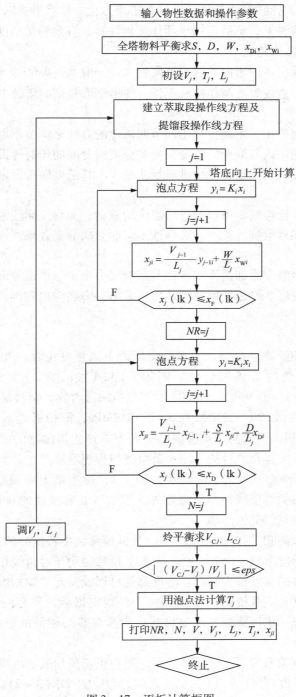

图 3–17 逐板计算框图

输入物性数据和操作数据后，对全塔作物料平衡，根据分离要求决定萃取剂的用量 S，塔顶、塔底产品量及组成 D，W，x_{Di}，x_{Wi}。初设塔内的温度分布和流量分布并建立精馏段和提馏段的操作线方程式。从塔釜开始逐板向上计算，据泡点方程决定塔釜上升的蒸气组成 y_{Wi}，并据操作线方程决定塔釜上面第一块板的液相组成。交替使用平衡关系和操作关系直至某一板的轻关键组分的浓度接近于加料组成为止，提馏段计算结束获得提馏段的理论塔板数 NR。调换精馏段的操作线继续交替计算直到塔顶为止。作焓平衡以校核各板气液相流量，若不满足精度要求则调整 V_j，L_j 后返回重新作逐板计算，直至满足精度要求为止。

3.3.1.4 萃取精馏的操作特点

（1）萃取精馏过程中，因塔内萃取剂浓度较大，一般 $x_S = 0.6 \sim 0.8$，因此塔内下降液体量远大于上升蒸气量，造成气液两相接触不佳，使得萃取精馏的塔效率较低，仅为普通精馏塔效率的一半左右。

（2）要严格控制回流比，不能盲目用调节回流比的办法来调节萃取精馏塔的操作，因为加大回流比反而会降低塔内萃取剂的浓度，使被分离组分间的相对挥发度 $(\alpha_{12})_S$ 减小，分离效果变差。可用加大萃取剂用量、减少进料量或减少出料量以保持恒定的回流量等调节方法来改善分离效果。

（3）塔内温度要严格控制。萃取剂进塔温度的波动、加料及回流液体温度的波动均能影响塔内气液相的流量和萃取剂的浓度和选择性，从而影响分离效果。

3.3.2 恒沸精馏

恒沸精馏是在原溶液中添加恒沸剂 S 使其与溶液中至少一个组分形成最低恒沸物，以增大原组分间的相对挥发度。形成的恒沸物从塔顶采出，塔底引出较纯产品，最后将恒沸剂 S 与组分加以分离。

3.3.2.1 恒沸物

恒沸混合物是一种液体混合物，它在一定压力下加热汽化时，气相组成恒等于液相组成，沸腾温度恒定不变的液体混合物。例如乙醇（1）和水（2）二元溶液，在压力 $p = 0.1013MPa$，液体组成 $x_1 = 0.96$，$x_2 = 0.04$ 时产生恒沸混合物，恒沸温度是 78.7℃。又如乙醇（1）、水（2）、三氯乙烯（3）三元溶液在 $p = 0.1013MPa$，液相组成 $x_1 = 0.161$，$x_2 = 0.055$，$x_3 = 0.784$ 时形成三元最低恒沸物，恒沸温度是 67℃。产生恒沸物的原因是由于溶液中各组分分子间引力的差异，主要是氢键的作用。若溶液与理想溶液产生最大正偏差，即活度系数大于 1，则形成最低恒沸物；反之，活度系数小于 1，产生最大负偏差则形成最高恒沸物。除有机酸、酚、有机胺类等形成最高恒沸物外，多数具有官能团的有机物（或水）和有机物所形成的恒沸物一般均是最低恒沸物。

二元均相恒沸体系的相关相图见图 3－18。最低恒沸物中各组分的活度系数 $\gamma_i > 1$，而最高恒沸物中各组分的活度系数 $\gamma_i < 1$，在 $y-x$ 图上恒沸物均与对角线相交。

当溶液与理想溶液的偏差很大时，互溶度降低可形成二元非均相恒沸物，在恒沸点时三相共存只有一个自由度，当系统的温度（压力）一经规定以后，平衡的气液组成就恒定不变了。如苯－水、正丁醇－水、糠醛－水等物系均为具有非均相最低恒沸物的系统，其 $p-x$ 和 $y-x$ 图见图 3－19。

三元系的气液平衡关系常用正三棱柱表示，底为正三角形表示组成，三角形的三个顶点表示纯组分，纵轴为温度（如图 3－20，恒压系统）或压力（如图 3－21，恒温系统），分别用温度面或压力面表示体系的气液平衡性质。

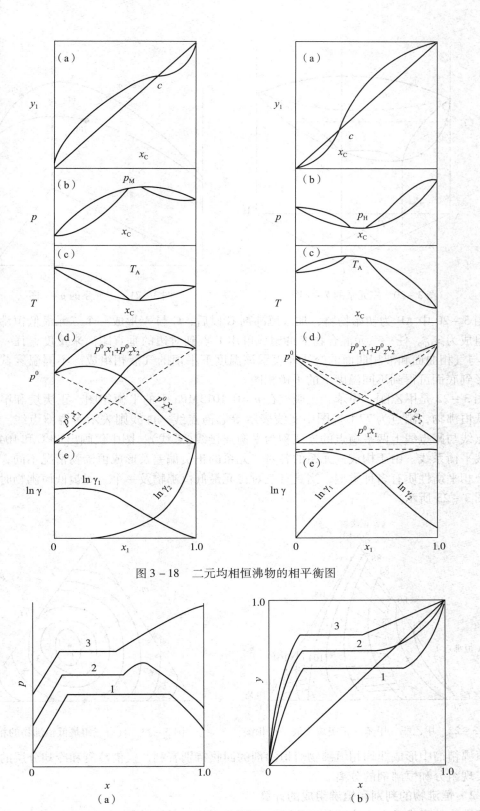

图 3 - 18　二元均相恒沸物的相平衡图

图 3 - 19　二元非均相恒沸物的相平衡图

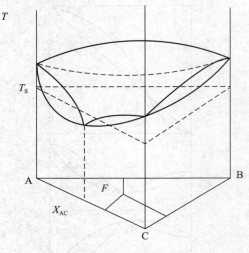

图 3 - 20   三元系的 $T-x$ 图

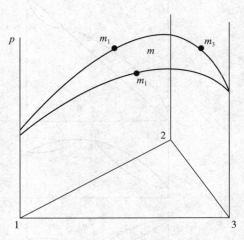

图 3 - 21   三元系的 $p-x$ 图

图 3 - 20 中 AB 为初始物料，加入恒沸剂 C 以后，C 与 A 形成一个二元最低恒沸物，其恒沸组成为 x_{AC}。任一三元混合物 F 的组成可用 F 点到对边的垂直距离来量度，任一水平截面 T_1 与气相曲面和液相曲面的交线即表示该温度下平衡的气液相组成。不同温度截面的交线投影到底面可得到不同温度下的平衡相图。

图 3 - 22 是甲乙酮、甲苯、正庚烷在 $p = 0.1013MPa$ 下的平衡相图。正庚烷和甲乙酮具有最低恒沸物，沸点为 77℃。图中实线表示等温泡点线，虚线则表示等温露点线。同温度下泡点线与露点线上两平衡点的连线称为平衡连接线（系线），图中仅画出 88℃ 和 104℃ 下二组气液平衡系线。由于构成三元系的各对二元系的正负偏差及形成恒沸物情况不同，三元系的气液相平衡性质有多种类型，当具有三对二元最低恒沸物及一个三元最低恒沸物时，其相图如图 3 - 23 所示。

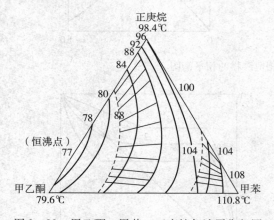

图 3 - 22   甲乙酮 - 甲苯 - 正庚烷气液平衡相图

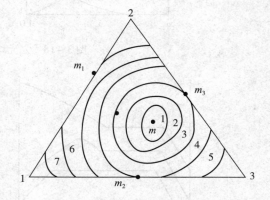

图 3 - 23   具有三组最低恒沸物的相图

恒沸精馏中形成非均相恒沸物对恒沸剂的回收特别有利，仅借冷凝和冷却分层的方法就可以实现组分和恒沸剂的分离。

3.3.2.2 恒沸物的判别和恒沸组成的计算

恒沸物的形成是由于溶液与理想溶液有偏差所致。一般说来，当溶液中两个组分的沸点相近，而组分的化学结构又不相似时容易形成恒沸物，或者虽然两组分的沸点相差较大，但与理想溶液偏差大时也容易形成恒沸物。两个组分能否形成恒沸物最基本的判别方法是通过分析系统的气液平衡数据，若不考虑气相逸度的校正，恒沸物的判别式为组分间的相对挥发度等于1。对任一二元系统其表达式为：

$$\alpha_{12} = \frac{\gamma_1 p_1^0}{\gamma_2 p_2^0} = 1 \tag{3-96}$$

即

$$\frac{\gamma_1}{\gamma_2} = \frac{p_2^0}{p_1^0} \tag{3-97}$$

式中　γ_1，γ_2——组分1，2在液相中的活度系数；

　　p_1^0，p_2^0——组分1，2在系统操作条件下纯组分的饱和蒸气压。

由上式可知，恒沸物产生的条件为活度系数之比与饱和蒸气压成反比。若已知饱和蒸气压与温度间的函数关系式 $p^0 = f(T)$，以及活度系数与组成的数学式 $\gamma = f(x)$，就可由式（3-97）计算确定在操作条件下能否形成恒沸物及恒沸组成如何。

【例3-7】某二元溶液组分 A、B 活度系数的表达式为 $\ln\gamma_A = 0.5x_B^2$，$\ln\gamma_B = 0.5x_A^2$，已知 80℃时 $p_A^0 = 0.124\text{MPa}$，$p_B^0 = 0.0832\text{MPa}$。试问 80℃时该系统有无恒沸物产生，恒沸组成如何？

解：恒沸物产生的条件为

$\dfrac{p_A^0}{p_B^0} = \dfrac{\gamma_B}{\gamma_A}$　代入已知数据得

$$\ln\left(\frac{0.124}{0.0832}\right) = 0.5x_A^2 - 0.5x_B^2$$

因为　$x_B = 1 - x_A$

解得　$x_A = 0.9$

x_A 有物理意义，所以有恒沸物产生，恒沸组成为 $x_A = 0.9$，$x_B = 0.1$。

三元恒沸物的组成与计算与二元恒沸计算类似。由于三元恒沸物 $x_i = y_i$，所以三元恒沸物产生的条件为 $\alpha_{12} = 1$，$\alpha_{23} = 1$，$\alpha_{31} = 1$，则有 $\dfrac{\gamma_1 p_1^0}{\gamma_2 p_2^0} = \dfrac{\gamma_1 p_1^0}{\gamma_3 p_3^0} = \dfrac{\gamma_2 p_2^0}{\gamma_3 p_3^0} = 1$

可得

$$\frac{\gamma_1}{\gamma_3} = \frac{p_3^0}{p_1^0} \tag{3-98}$$

$$\frac{\gamma_3}{\gamma_2} = \frac{p_2^0}{p_3^0} \tag{3-99}$$

$$p = p_1 + p_2 + p_3 = p_1^0\gamma_1 x_1 + p_2^0\gamma_2 x_2 + p_3^0\gamma_3 x_3 \tag{3-100}$$

联立上述三式，可求三元体系在一定温度下的恒沸压力和恒沸组成或一定压力下的恒沸温度和恒沸组成。

3.3.2.3　恒沸组成与压力的关系

恒沸组成随系统压力的变化而变化，改变系统的压力可以使均相恒沸物成为非均相恒沸物，甚至可以使恒沸物消失。

利用恒沸物这一特性可以通过改变操作压力，采用双塔装置进行普通精馏的方法分得纯组分 A、B。例如乙醇和水是具有最低恒沸物的二元系，在常压下恒沸温度为 78.1℃，恒沸组成为 $x_{乙醇} = 90\%$（摩尔分数），乙醇的汽化潜热为 39020kJ/kmol，水的汽化潜热为 41532kJ/kmol。恒沸组成随系统压力的变化见表 3-4。

表 3 – 4　恒沸组成随压力的变化关系

系统压力/atm	系统温度/℃	恒沸组成(摩尔分数)
0. 0921	27. 79	1. 00
0. 1316	34. 20	0. 996
0. 1974	42. 00	0. 962
0. 2632	47. 80	0. 938
0. 5263	62. 80	0. 914
1. 0	78. 10	0. 900
1. 447	87. 80	0. 893
1. 908	95. 50	0. 891

从上表可知,压力增大,恒沸物中乙醇的含量下降。若乙醇、水溶液的初始组成为 $x = 0.5$,则可利用压力改变恒沸组成这一特性,利用双塔装置先在常压下精馏料液获得含乙醇 90% 的恒沸物,然后在第二个加压塔下精馏 90% 的乙醇水溶液,则可得到纯乙醇和另一乙醇含量较低的恒沸物。这一乙醇含量较低的恒沸物返回至常压塔作加料。使用双塔装置分别可以从塔底获得纯的水和乙醇。

3.3.2.4　恒沸剂的选择

恒沸精馏中恒沸剂的选择是否适宜,对整个过程的分离效果、经济性都有很大的影响。恒沸剂至少应与原溶液中一个组分形成恒沸物。一般恒沸物与原溶液中任一组分的沸点差应大于 10℃ 才宜于工业应用,并希望恒沸物的组成与溶液的组成有明显的差异。例如用 NH_3 作恒沸剂分离丁烯、丁二烯溶液,在 $p = 1.58MPa$ 时,丁烯的沸点为 94℃,丁二烯的沸点为 98℃,NH_3 的沸点为 41℃。NH_3 与丁烯形成的恒沸温度为 39℃,恒沸物中 NH_3 的含量为 65%(质量分数),由于沸点差甚大,仅需用较少的塔板即可将丁烯和丁二烯分离。

Ewell 根据溶液形成氢键的强弱将溶液分成五类,作为定性的考虑法则,可指导初步筛选溶剂。

类型 I,液体能形成三维氢键网络,如水、乙二醇、甘油、氨基酸、羟胺、含氧酸、多酚、酰胺类等。这些都是非正常或缔合液体,具有高的介电常数和水溶性。

类型 II,由含有活性氢原子和其它供电子原子的分子构成的除类型 I 外的液体。其特性和第一类液体相同。

类型 III,由仅含供电子原子,不包含活性氢原子的分子构成的液体,如酯、酮、醛、醚、叔胺、不含 α 氢原子的硝基化合物和腈化物等。这类液体也溶于水。

类型 IV,由仅含有活性氢原子的分子构成的液体,如 $CHCl_3$、CH_2Cl_2、CH_3CHCl、CH_2ClCH_2Cl 等,仅微溶于水。

类型 V,所有的其他液体,它们没有形成氢键的能力,如烃类、CS_2、RSH,不包括在第 IV 类中的卤代烃,这些基本上不溶于水。

各类液体混合形成溶液时的偏差情况见表 3 – 5。混合时若生成新的氢键,则呈现负偏差;若混合时氢键断裂或单位体积中氢键数减少,则呈现正偏差。强烈的负偏差可能出现最高恒沸物,强烈的正偏差则可能出现最低恒沸物。

表 3 – 5   各类液体混合时呈现的偏差情况

分类	偏差	氢键	举例
I + V	正(有时是两液相)	仅有氢键断裂	乙二醇 – 萘
II + V	正	仅有氢键断裂	乙醇 – 苯
III + IV	负	生成氢键	丙酮 – 氯仿
I + IV II + IV	正(有时是两液相) 正	既有氢键生成，又有氢键断裂。液 I 或 II 的溶解对它产生重要影响	水 – 氯化丙烯
I + I I + II I + III II + II II + III	一般为正偏差，非常复杂；有时为负偏差，形成最高恒沸物	既有氢键生成，又有氢键断裂	水 – 乙醇 水 – 1，4 – 二甲醇
III + III III + IV IV + IV IV + V V + V	接近理想溶液的正偏差或理想溶液，有恒沸则为最低恒沸物	没有氢键	丙酮 – 正丁烷 氯仿 – 己烷 苯 – 环己烷

当然仅用氢键的概念来说明各类液体混合时的偏差情况是不充分的。例如芳烃和直链烷烃均属 V 类，它们混合时不涉及氢键的生成或断裂，但却出现正偏差，同样直链烷烃和烯烃混合时也产生轻微正偏差的溶液。

选择恒沸剂除了需满足形成恒沸物的条件外，还应考虑以下几个因素：

(1)新恒沸物所含恒沸剂的量越少越好，以便减少恒沸剂用量及汽化、回收时所需的能量。

(2)恒沸剂用量要少，汽化潜热小。

(3)新恒沸物最好为非均相混合物，便于用分层方法分离，使恒沸剂易于回收。

(4)热稳定性高，不与混合物中的组分发生化学反应，价格低廉易于获得，无毒和无腐蚀性。

3.3.2.5 恒沸剂用量的确定

恒沸剂的用量应保证与被分离的组分完全形成恒沸物，它的计算可利用三角形相图(如图 3 – 24)按物料平衡式求解之。若原溶液的组成为 F 点，加入恒沸剂 S 以后物系的总组成将沿 $\overline{FS}$ 线向着 S 点方向移动，若加入一定量 S 以后，使物系的总组成移动到 M 点。则恒沸剂的用量为

$$F + S = M$$

恒沸物的物料衡算式为

$$S = Mx_{MS}$$
$$S = (F + S)x_{MS}$$
$$S = \frac{Fx_{MS}}{(1 - x_{MS})} \tag{3 – 101}$$

式中，x_{MS} 为恒沸剂加入以后物料中恒沸剂的浓度。

若对组分1、2作物料平衡，其计算式分别为

$$F \cdot x_{F1} = M \cdot x_{M1}$$

$$x_{M1} = \frac{Fx_{F1}}{F + S} \qquad (3-102)$$

同理

$$x_{M2} = \frac{Fx_{F2}}{F + S} \qquad (3-103)$$

式中，x_{F1}，x_{F2}分别表示料液中组分1、2的浓度；x_{M1}，x_{M2}分别表示恒沸剂加入以后物料中组分1、2的浓度。

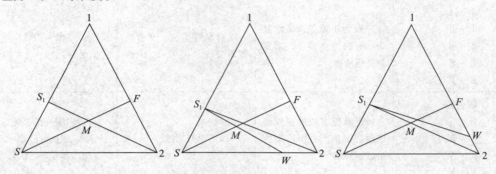

图3-24　确定恒沸剂用量的三角相图

如果加入的恒沸剂量是适宜的，且有足够的塔板数，则塔顶可获得恒沸物1S，塔底得纯组分2。若加入的恒沸剂数量不足，不能将组分1完全以恒沸物的形式从塔顶蒸出，则釜液中有一定量的组分1。若加入的恒沸剂过量时，则塔底产品W中含有一定数量的恒沸剂，显然这两种情况都是不适宜的。

合适的恒沸剂用量应该是使塔釜液组成恰好落在三角相图的一个顶点上，即2点上。因此适宜的恒沸剂用量为$S_1 2$与FS的交点M，物料量可用杠杆定律确定。

恒沸剂量　　　　　　　　$S = F \cdot \dfrac{\overline{MF}}{\overline{SM}}$　　　　　　　　　　　(3-104)

塔顶产品S_1(恒沸物)的量：

$$\frac{S_1}{M} = \frac{\overline{MW}}{\overline{S_1 W}}$$

$$S_1 = M \frac{\overline{MW}}{\overline{S_1 W}} = (F + S) \frac{\overline{MW}}{\overline{S_1 W}} \qquad (3-105)$$

塔釜产品W量：

$$\frac{W}{M} = \frac{\overline{S_1 M}}{\overline{S_1 W}}$$

$$W = M \frac{\overline{S_1 M}}{\overline{S_1 W}} = (F + S) \frac{\overline{S_1 M}}{\overline{S_1 W}} \qquad (3-106)$$

所以恒沸剂的加入量不是任意选取的，而是根据恒沸组成及分离的具体要求确定的。

3.3.2.6　恒沸精馏的流程

恒沸精馏的流程包括恒沸精馏塔和恒沸剂回收系统两个部分，根据塔顶恒沸物性质的不同，可有下列几种流程。

1. 塔顶为二元非均相恒沸物的流程

塔顶为二元非均相恒沸物的流程如图 3-25 所示。由于形成非均相恒沸物,塔顶产物经冷凝冷却以后分成两个不同组成的液层。溶剂富层可作回流,溶剂贫层可进入溶剂回收塔,回收溶剂并分得另一纯组分。

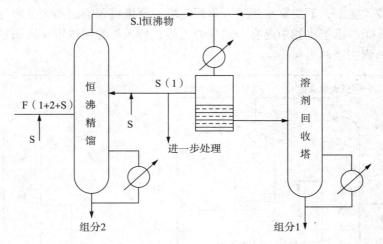

图 3-25 塔顶为二元非均相恒沸物的流程

2. 塔顶为二元均相恒沸物的流程

恒沸剂 S 与组分 1 形成的为均相最低恒沸物,不能用冷却分层的方法分离恒沸剂。一般可用液液萃取方法分离恒沸剂 S 和组分 1。例如以甲醇为恒沸剂分离烷烃和甲苯即为一例。其流程见图 3-26。

在恒沸精馏塔中,甲醇与烷烃形成均相最低恒沸物从塔顶蒸出,冷凝后部分回流,部分进入甲醇萃取塔。萃取塔用水作萃取剂,水和甲醇从塔底流出,萃余液烷烃作为产品从塔顶流出。萃取液进入甲醇精馏塔,塔顶得甲醇,塔底得水,均可供循环使用。恒沸精馏塔塔底为甲苯,为除去夹带的少量甲醇进入脱甲醇塔以回收夹带的甲醇,塔底得纯甲苯作为产品。从上例可知均相恒沸精馏的流程要复杂得多,为获得纯粹的产品和回收恒沸剂至少需三个分离塔。

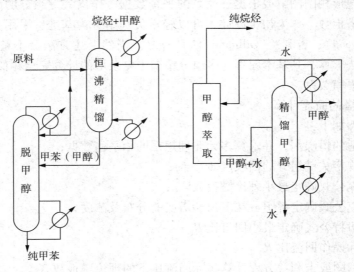

图 3-26 塔顶为二元均相恒沸物的流程

3. 生成三元非均相恒沸物的流程

若加入的恒沸剂与原溶液能形成三元恒沸物,如乙醇与水物系用苯作恒沸剂形成三元恒沸物,恒沸点 64.86 ℃。三元非均相恒沸物的流程如图 3-27。

乙醇-水进入主塔,塔顶出三元恒沸物,塔釜产品为无水乙醇。塔顶蒸汽冷凝后分层,上层富苯相回流入主塔,下层富水相进入苯回收塔,该塔塔顶蒸出物为三组分恒沸物与主塔塔顶产物一起冷凝,塔釜水相中尚有一定量的乙醇,再入乙醇回收塔,塔顶蒸出乙醇-水恒沸物,可重新回到主塔的进料中。

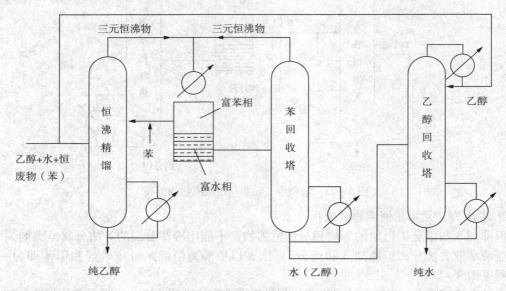

图 3-27　生成三元非均相恒沸物的流程

3.3.2.7　恒沸精馏的计算

本节主要讨论恒沸精馏塔理论塔板数的计算。恒沸精馏是多元非理想溶液的精馏问题,计算可采用图解法、简捷计算法及逐板计算法等。当系统仅包括轻重关键组分和恒沸剂三个组分时,可用三角形相图图解或根据三元系的平衡数据,作出关键组分的 $y-x$ 图,用图解梯级法确定理论塔板数。作为初步设计,可以轻重关键组分为基准,采用芬斯克(Fenske)、恩特伍特(Underwood)、吉利兰(Gilliland)法计算之。当然上述方法极不精确,严格计算时应采用逐板计算法求算,其基本原理与多组分精馏中复杂塔的计算完全相似,只是此时需按非理想系确定相平衡关系。

1. 恒沸精馏塔的简捷计算

简捷计算步骤如下:

(1) 选定合适的恒沸剂,并求算多元非理想系的相平衡数据;

(2) 按题意规定关键组分的回收度 ϕ_l, ϕ_h;

(3) 按芬斯克公式确定最小理论塔板数 N_m;

(4) 按芬斯克公式确定各组分在塔顶和塔底的分布及浓度 x_{Di}, x_{Wi};

(5) 按恩特伍特公式确定最小回流比 R_m;

(6) 选定实际操作回流比 R;

(7) 按吉利兰图或吉利兰方程计算实际回流比下的理论塔板数 N。

具体计算步骤用下例说明之。

【例3-8】有一粗 γ - 丁内酯混合液，由于该组分是热敏性物质，拟用联产丙酸作恒沸剂脱除 γ - 丁内酯的水分。在 $p=0.200MPa$ 下丙酸、水二元系形成均相恒沸物，恒沸组成为 $x_丙=4\%$（摩尔分数）。加料组成为 γ - 丁内酯(1) 90%、水(2)10%。要求 γ - 丁内酯的回收度 $\phi_1=98\%$，恒沸剂丙酸(3)的回收度 $\phi_3=98.2\%$。试确定恒沸剂的用量及分离所需的理论塔板数。

解：（1）恒沸剂丙酸的用量

以100kmol/h进料为基准，将10%的水完全与丙酸生成恒沸物从塔顶蒸出，对水进行物料衡算

$$F \times x_{F2} = D \times x_{D2}$$
$$100 \times 10\% = D \times 96\%$$
$$D = 10.42kmol/h$$

∴ 恒沸剂用量 $\quad S = D \times x_{D3} = 10.42 \times 4\% = 0.42kmol/h$

由于恒沸剂的回收度仅98.2%，尚有1.8%的恒沸剂残留在釜底中，所以实际恒沸剂的用量为

$$S = \frac{0.42}{0.982} = 0.428kmol/h$$

取 $\quad S = 0.5kmol/h$

（2）操作条件下 γ - 丁内酯(1)、丙酸(3)、水(2)的平均相对挥发度

取全塔平均温度为370℃，各组分对 γ - 丁内酯的相对挥发度分别为：
$$\alpha_{21} = 27.82, \quad \alpha_{31} = 2.74$$

（3）最小理论板数 N_m

按芬斯克公式

$$N_m = \lg\left(\frac{\phi_1}{1-\phi_1} \times \frac{\phi_h}{1-\phi_h}\right) \Big/ \lg\alpha_{lh}$$

$$= \lg\left(\frac{0.982}{1-0.982} \times \frac{0.98}{1-0.98}\right) \Big/ \lg 2.74$$

$$= 7.8$$

（4）各组分在塔顶和塔底的分布

各组分在塔底的分布 w_i

$$\frac{d_i}{w_i} = \alpha_i^{N_m} \times \left(\frac{1-\phi_h}{\phi_h}\right)$$

$$w_i = \frac{F \times x_{F_i}}{1 + \left(\dfrac{d_i}{w_i}\right)}$$

各组分在塔顶的分布 d_i

$d_i = F \times x_{F_i} - w_i$

$D = \sum d_i$, $\qquad\qquad\qquad W = \sum w_i$

$x_{D_i} = \dfrac{d_i}{D}$, $\qquad\qquad\qquad x_{W_i} = \dfrac{w_i}{W}$

计算结果列于下表

组分	丙酸	γ – 丁内酯	水
塔顶 x_{Di}	0.044	0.133	0.823
塔底 x_{Wi}	1.25×10^{-4}	0.999	3.11×10^{-11}

$F = 100.5 \text{kmol/h}$ $D = 12.16 \text{kmol/h}$ $W = 88.14 \text{kmol/h}$

（5）最小回流比 R_m

$$\sum \frac{\alpha_i \times x_{Fi}}{\alpha_i - \theta} = 1 - q$$

$$\sum \frac{\alpha_i x_{Di}}{\alpha_i - \theta} = R_m + 1$$

代入已知数据，求得 $R_m = 0.09$

（6）实际回流比 R

取 $R = 2.7$

（7）实际回流比下的理论塔板数 N

按吉利兰方程，代入已知数据，求得实际回流比下的理论板数 $N = 16.7$ 块。

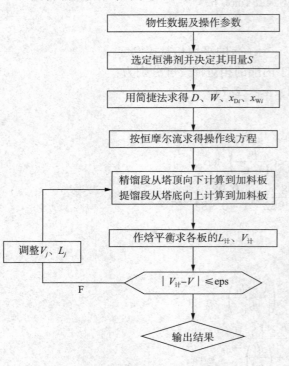

图 3 – 28　恒沸精馏计算框图

3.3.2.8　恒沸精馏与萃取精馏的比较

恒沸精馏与萃取精馏相比，主要有如下特点：

（1）萃取精馏比恒沸精馏操作灵活。恒沸精馏的溶剂一定要形成恒沸物，所以溶剂的选择范围较窄；萃取精馏溶剂的选择范围较宽，选择余地大。恒沸精馏溶剂用量不宜波动，溶剂用量的多少直接影响产品的纯度；而萃取精馏的萃取剂浓度可以在较宽的范围内操作，均能保证产品的质量。

2. 多元恒沸精馏的逐板计算

多元恒沸精馏均为非理想溶液的精馏，各板的温度、压力、气液相流量及组成均沿塔高而变化，严格计算应采用逐板法，但只有使用电子计算机才能较快地获得严格的解。其计算步骤为：

（1）选定恒沸剂并决定恒沸剂用量；

（2）根据生产能力和分离要求作全塔物料平衡确定 D、W 和组成 x_{Di}、x_{Wi}；

（3）规定实际操作回流比并确定精馏段和提馏段的操作线方程；

（4）按恒摩尔流的假定分别从塔顶向下和塔底向上进行逐板计算，求得各板的气液相组成和温度（温度可由泡点方程或露点方程求得）；

（5）作各板的焓平衡以校核各板的气液相流量，若不能满足精度要求时则重复（3）～（5），直至满足为止。

计算步骤可用示意框图表示如下：

（2）能量消耗。对萃取精馏塔而言，由于萃取剂的沸点较高，在塔内并不蒸发，而恒沸精馏溶剂在塔内汽化，因此，恒沸精馏能量消耗较大。

（3）溶剂加入方式。萃取精馏的溶剂在塔顶加入，并在加料板上作一定的补充。恒沸精馏的溶剂加入方式随溶剂的性质而异，可随加料加入，或在加料板上下适当的位置加入。

（4）恒沸精馏常用来脱除相对含量较低的组分，如醇、酯、苯的脱水，可进行连续或间歇操作。萃取精馏常用来分离物性相似，且相对含量又较高的物系，如 C_4 分离、C_5 分离等，常用于规模较大的连续生产装置。

（5）在同样的操作压力下，恒沸精馏温度较低，故与萃取精馏相比更适合于分离热敏性物料。

习　题

1. 用常规精馏塔分离下列烃类混合物

组分	甲烷	乙烯	乙烷	丙烯	丙烷	丁烷
摩尔分数/%	0.52	24.9	8.83	8.70	3.05	54.0

工艺规定塔顶馏出液中丁烷浓度不大于 0.002（摩尔分数，下同），塔釜残液中丙烷浓度不大于 0.0015，试用清晰分割法估算塔顶、塔底产品的量和组成。

2. 在一精馏塔中分离苯（1）、甲苯（2）、二甲苯（3）和异丙苯（4）四元混合物。进料量 200kmol/h，进料组成 $z_1 = 0.2$，$z_2 = 0.1$，$z_3 = 0.1$，$z_4 = 0.4$（摩尔分数）。塔顶采用全凝器，饱和液体回流，相对挥发度数据为：$\alpha_{12} = 2.25$，$\alpha_{22} = 1.0$，$\alpha_{32} = 0.33$，$\alpha_{42} = 0.21$。规定异丙苯在塔釜的回收率为 99.8%，甲苯在塔顶的回收率为 99.5%。求最少理论板数和全回流操作下的组分分配。

3. 在一连续精馏塔中，进料量为 100kmol/h，原料的组成及操作条件下各组分的相对挥发度见下表：

组分	甲烷	乙烷	丙烯	丙烷	异丁烷	正丁烷
z_i	0.05	0.35	0.15	0.20	0.10	0.15
α_i	10.95	2.59	1.00	0.884	0.442	0.296

按分离要求，在馏出液中回收进料中乙烷的 91.1%，在釜液中回收丙烯的 93.7%（均为摩尔分数）。试用非清晰分割的物料衡算方法计算塔顶与塔底的产品分布。

4. 多组分精馏塔的组成（均为摩尔分数）如下：

组分	A	B	C	D	E
z_i	0.05	0.10	0.30	0.50	0.05
α_i	3.0	2.1	2.0	1.0	0.8
x_{Di}	0.10685	0.2094	0.5769	0.10685	0

加料为饱和液体，C、D 为关键组分，求最小回流比。

5. 某分离乙烷和丙烯的连续精馏塔，其进料组成(均为摩尔分数)如下：

组成	CH_4	C_2H_6	C_3H_6	C_3H_8	$i-C_4H_{10}$	$n-C_4H_{10}$
z_i	0.05	0.35	0.15	0.20	0.10	0.15
α_i	10.95	2.59	1.0	0.884	0.442	0.296

要求：馏出液中丙烯浓度小于2.5%，残液中乙烷浓度小于5.0%(均为摩尔分数)。并假设为清晰分割。试求：(1)馏出液和釜底残液的组成；(2)试用简捷法计算理论塔板数(塔顶采用全凝器)；(3)按饱和液体进料确定进料板位置。

6. 某连续精馏塔的进料、馏出液、釜液组成以及平均条件下各组分对重关键组分的平均相对挥发度如下：

组 分	z_i	x_{Di}	x_{Wi}	α_{iC}
A	0.25	0.50	—	5
B	0.25	0.48	0.02	2.5
C	0.25	0.02	0.48	1
D	0.25	—	0.50	0.2
合 计	1.00	1.00	1.00	

进料为饱和液体进料。试求：(1)最小回流比 R_m；(2)若回流比 $R=1$，用简捷法求理论板数 N。

7. 某精馏塔进料中含 $n-C_6^0$ 0.33，$n-C_7^0$ 0.33，$n-C_8^0$ 0.34，饱和液体进料，流量为 100kmol/h。要求馏出液中 $n-C_7^0$ 含量不大于 0.01，塔釜液中 $n-C_6^0$ 含量不大于 0.01(以上均为摩尔分率)。回流比 $R=4$。试用简捷法计算的结果为初值，用逐板法计算第一次迭代时的组成断面。

8. 试用简捷法计算的结果为初值，用比流量法计算习题6精馏塔初次迭代时的组成断面。

9. 有一五组分的烃类混合物要进行分离，已知进料量 $F=100$kmol/h，进料热状态 $q=1$，塔顶采用全凝器，塔顶液体出料 $D=48.9$kmol/h，回流比 $R=2.58$，理论塔板数为10块，进料板位置在编号为 6 的板上(即由上向下数的第 5 块理论板)，塔的操作压力 $p=0.8106$MPa，进料组成为：

组分	丙烷	异丁烷	正丁烷	异戊烷	正戊烷	总和
组成(摩尔分数)	0.05	0.15	0.25	0.20	0.35	1.00

试用比流量法计算各板的流率分布和温度分布。

10. 醋酸甲酯(1)-甲醇(2)-水(3)三元体系各相应二元体系的端值常数已求得如下：
$$A_{12}=0.447；A_{21}=0.441；A_{23}=0.36；A_{32}=0.22；A_{31}=0.82；A_{13}=1.30$$

已知在60℃时醋酸甲酯(1)的饱和蒸气压 $p_1^0=0.1118$MPa，甲醇(2)的饱和蒸气压 $p_2^0=0.0829$MPa。试用三元 Margules 方程来推算出在60℃时 $x_1=0.1$，$x_2=0.1$，$x_3=0.8$ 的三元体系中醋酸甲酯对甲醇的相对挥发度 α_{12}。

11. 丙烯腈(1)-乙腈(2)二元混合物用水来进行萃取精馏，塔顶出丙烯腈，塔底出乙腈。进料流量为 50kmol/h，进料中丙烯腈含量为 80%（摩尔分数），分离要求丙烯腈的回收率为 91%，乙腈的回收率为 99%，$R = 1.5$，为了保持塔中液相不分层，塔板上水的浓度应保持在 98%（摩尔分数），萃取剂对其它组分的相对挥发度 $\beta = 0.0154$。求：各段的萃取剂用量，设进料 $q = 1$。

12. 采用溶剂 S 来萃取精馏组分 1、2 的混合物，溶剂看成是不挥发的（$\beta = 0$），塔内设为恒摩尔流，溶剂在塔板上的浓度 $x_S = \bar{x}_S = 0.8$，露点进料，其进料组成及分离要求如下（均为摩尔分数）：

组分	进料 y'_F	塔顶 x'_D	塔底 x'_W
1	0.5	0.95	0.05
2	0.5	0.05	0.95

可用接近对称物系的 Margules 方程来计算活度系数及相对挥发度，其常数为：$A'_{12} = 0$，$A'_{1S} = 0.4$，$A'_{2S} = 0.1$，$p_1^0 / p_2^0 = 1.03$。求：最少理论塔板数。

13. 用萃取精馏法分离丙酮(1) – 甲醇(2)的二元混合物。原料组成 $z_1 = 0.7$，$z_2 = 0.25$（摩尔分数，下同），采用水为溶剂，常压操作。已知进料流率 40mol/s，泡点进料。溶剂进料流率 60mol/s，进料温度为 50℃。操作回流比为 4，若要求馏出液中丙酮含量大于 0.95，丙酮回收率大于 99%，问该塔需要多少理论板数？

14. 某石油化工厂的 C_4 馏分，用含水 15%（摩尔分数）的乙腈作为萃取剂来精馏分离丁烯和丁烷，设萃取剂在板上的浓度为 89%（摩尔分数）。已知在此条件下，丁烷对丁烯的相对挥发度 $\alpha = 1.68$，丁二烯对丁烯的相对挥发度 $\alpha = 0.629$，丙烯对丁烯的相对挥发度 $\alpha = 10.5$。进料状态 $q = 0$，萃取剂近似看成是不挥发的 $\beta = 0$，并已知分离要求如下：

组分	进料		塔顶		塔底	
	F/kmol·h	x_{Fi}	D/kmol·h	x_{Di}	W/kmol·h	x_{Wi}
丙烯	0.131	1.02	0.131	2.89	—	—
丁烷	4.653	36.22	4.250	93.86	0.403	4.84
丁烯	7.789	60.62	0.147	3.25	7.642	91.85
丁二烯	0.275	2.14	—	—	0.275	3.31
合计	12.848	100.00	4.528	100.00	8.320	100.00

求：此精馏塔的萃取剂用量、精馏段和提馏段的理论塔板数。

15. 在 101.3kPa 压力下氯仿(1) – 甲醇(2)的 NRTL 参数为：$\tau_{12} = 2.1416$，$\tau_{21} = -0.1988$，$\alpha'_{12} = 0.3$，试确定恒沸温度和恒沸组成。

安托因公式：（p^0：Pa；T：K）

氯仿：$\ln p_1^0 = 20.8660 - 2696.79 / (T - 46.16)$

甲醇：$\ln p_2^0 = 23.4803 - 3626.55 / (T - 34.29)$

16. 现有 95%（质量分数）的乙醇和水组成的二元溶液，拟用三氯乙烯作恒沸剂用恒沸精馏脱除乙醇中水分得到纯乙醇，三氯乙烯与乙醇和水能形成三元最低恒沸物。三元最低恒沸物的组成为乙醇 16.1%、水 5.5%、三氯乙烯 78.4%（均为质量分数）。试求恒沸剂的用量。

4 多组分吸收

4.1 概述

吸收过程是用来分离气体混合物的一种化工单元操作过程。吸收过程的基本原理是利用气体混合物中的各个组分在某一液体吸收剂（溶剂）中的溶解度的差异，使较易溶解的组分和较难溶解的组分分离。

在工业中吸收过程多是在塔式设备中进行的。根据工艺要求的不同，有的场合使用填料塔，而有的则采用板式塔。被分离的气体混合物均是从吸收塔的下部进入，在塔内自下而上的运动过程中与从塔顶喷淋下来的液体吸收剂密切接触，使气体中易溶解的组分不断地溶解到吸收剂中去，溶解度较低的气体（亦称为惰性气体）不被吸收而从吸收塔顶部排出。吸收剂从塔顶喷入后，在与气体混合物的接触过程中不断吸收易溶解的组分，最后吸收剂与被吸收的易溶组分一起从吸收塔底排出。

根据生产工艺的要求，多数情况下需要把吸收剂与易溶组分分开，易溶组分单独作为一种气体产品输出，而吸收剂则再送回吸收塔内循环使用。使吸收剂与易溶组分分离的过程称为解吸过程。

在化学工业中，吸收过程应用得相当广泛，在天然气、炼厂气和焦化气体的加工过程中常用吸收的方法除去气体混合物中的 CO_2、H_2S 及有机硫化物。在天然气脱水中常用甘油、乙二醇作为吸收剂除去气体混合物中的水分。在丙烯氨氧化过程中以水作为吸收剂吸收丙烯腈、乙腈、氰氢酸等有机化合物。在炼焦煤气的处理过程中常以洗油为吸收剂回收煤气中的苯、甲苯等化工原料。在催化裂化等炼油生产过程中都采用了吸收的方法来分离气体混合物。此外，吸收的方法也常被用作处理化工厂的废气，避免环境污染。

吸收过程有多种分类方法：

（1）根据吸收剂所吸收组分数目的多少可分为单组分吸收和多组分吸收。

当气体混合物中只有一个组分在吸收剂中有着显著的溶解度，其它组分的溶解度极小可以忽略时，则这种吸收称为单组分吸收。当气体混合物中有多个组分在吸收剂中有显著的溶解度，这类吸收称为多组分吸收。例如：裂解气中冷油吸收的脱甲烷塔，在吸收剂中不仅乙烯、乙烷、丙烯、丙烷有着显著的溶解度，而且甲烷在其中的溶解度也不可忽略，这样的吸收可视为多组分吸收。

（2）根据溶解气体与吸收剂之间是否发生化学变化可分为物理吸收和化学吸收。

当气体溶于吸收剂后所溶组分与吸收剂不起任何化学反应的称为物理吸收。例如，裂解气中冷油吸收工艺过程中的乙烯、乙烷等溶于吸收剂但未发生任何化学反应，属于物理吸收过程。在气体溶于吸收剂后与吸收剂发生了化学反应，这样的吸收过程称为化学吸收。例如石油裂解气预处理时利用氢氧化钠水溶液作为吸收剂，脱除裂解气中的酸性气体 H_2S 和

CO_2，这种吸收过程属于化学吸收过程。对于化学吸收过程来讲，不仅要考虑气体溶于吸收剂速度的问题，而且要考虑化学反应速度的问题。

（3）根据吸收过程中有无显著的温度变化分可分为等温吸收和非等温吸收。

本章主要介绍多组分的物理吸收过程。

多组分吸收的基本原理和单组分吸收相同，但多组分吸收的计算以及吸收和解吸的组合方案既不同于单组分吸收，又不同于多组分精馏。有着它们自己的特点：

（1）与只有一股进料的普通精馏塔不同，即使最简单的吸收塔也有两股进料和两股出料，吸收塔是一个复杂塔。

（2）吸收操作中，物系的沸点范围宽，在操作条件下，有的组分已接近其至于超过临界点，因而吸收操作中的物系不能按理想物系处理。

（3）吸收过程一般为单相传质过程。因此，由进塔到出塔的气相（由下到上）流率逐渐减小，而液相（由上到下）流率不断增大，尤其是多组分吸收中，吸收量大，流率的变化也大，不能按恒摩尔流处理。

（4）吸收操作中，吸收量沿塔高分布不均，因而溶解热分布不匀，致使吸收塔温度分布比较复杂。

4.2　多组分吸收过程的计算

在单组分吸收中，当吸收量不太大时，往往被假设为等温过程，塔内气相和液相流率也假设固定不变，这样就使计算过程大为简化。而多组分吸收不但吸收量比较大，塔内气液两相流率不能看作一成不变，而且由于气体溶解热所引起的温度变化已不能忽略。因此，要获得精确结果，必须采用严格计算法。简捷计算法可用于吸收过程的估算或为严格计算法提供初值，故首先介绍简捷计算法，再介绍逐板计算。

4.2.1　多组分吸收的简捷计算

下面介绍多组分吸收中常用的吸收因子法，它可对吸收过程进行简捷计算，也可进行严谨的逐板计算。

1. 吸收因子和解吸因子

吸收因子有时也叫吸收因数，通常以 A 表示，即

$$A = \frac{L}{VK} \qquad (4-1)$$

因为 L/V 越大、K 越小，越有利于组分从气相转移至液相，因此，A 值的大小可说明在某一吸收塔中吸收过程进行的难易。A 值越大，达到同样分离要求所需的理论板数就越少，反之，所需理论板数就越多。如果板数固定，A 越大，则吸收效果越好。

因为 $\qquad\qquad y_i = K_i x_i \qquad\qquad\qquad\qquad\qquad\qquad\qquad (4-2)$

所以 $\qquad\qquad \dfrac{v_i}{V} = K_i \dfrac{l_i}{L} \qquad\qquad\qquad\qquad\qquad\qquad\qquad (4-3)$

$$l_i = \frac{L}{K_i V} v_i = A_i v_i \qquad (4-4)$$

式中　x_i，y_i——分别为 i 组分在液相和气相的摩尔分率；

$\qquad$ K_i——i 组分的相平衡常数；

$\qquad$ l_i，v_i——分别为 i 组分在液相和气相的摩尔流率，kmol/h；

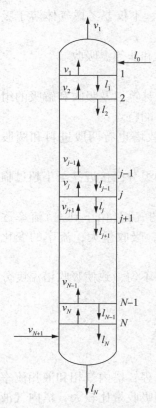

图 4-1 多组分吸收塔物流图

L，V——分别为液相和气相的总流率，kmol/h。

对解吸过程而言，相应地有一解吸因子，以 S 表示。因为解吸是吸收的逆过程。所以

$$S = \frac{1}{A} = \frac{KV}{L} \tag{4-5}$$

2. 物料衡算

图 4-1 是具有 N 块理论板的吸收塔示意图，图中 1，2，…，代表理论板序号，排列顺序由塔顶开始。

对第 j 块板某一组分 i 作物料衡算：

$$v_{ij} + l_{ij} = l_{i,j-1} + v_{i,j+1} \tag{4-6}$$

为简化起见，省略下标 i 得：

$$v_j + l_j = l_{j-1} + v_{j+1} \tag{4-7}$$

因为　　　　$l_j = A_j v_j$；　$l_{j-1} = A_{j-1} v_{j-1}$

代入式(4-7)得

$$v_j = \frac{v_{j+1} + A_{j-1} v_{j-1}}{A_j + 1} \tag{4-8}$$

当 $j = 1$ 时，由上式得

$$v_1 = \frac{v_2 + A_0 v_0}{A_1 + 1} = \frac{v_2 + l_0}{A_1 + 1} \tag{4-9}$$

当 $j = 2$ 时，由式(4-8)得

$$v_2 = \frac{v_3 + A_1 v_1}{A_2 + 1} = \frac{(A_1 + 1) v_3 + A_1 l_0}{A_1 A_2 + A_2 + 1} \tag{4-10}$$

逐板向下直到 N 板，得

$$v_N = \frac{(A_1 A_2 A_3 \cdots A_{N-1} + A_2 A_3 \cdots A_{N-1} + \cdots + A_{N-1} + 1) v_{N-1} + A_1 A_2 A_3 \cdots A_{N-1} l_0}{A_1 A_2 A_3 \cdots A_N + A_2 A_3 \cdots A_N + \cdots + A_N + 1} \tag{4-11}$$

为了消去 v_N，对 i 组分作全塔物料衡算，得

$$l_N - l_0 = v_{N+1} - v_1 = A_N v_N - l_0$$

$$v_N = \frac{v_{N+1} - v_1 + l_0}{A_N} \tag{4-12}$$

由式(4-11)和式(4-12)得

$$\frac{v_{N+1} - v_1}{v_{N+1}} = \frac{A_1 A_2 A_3 \cdots A_N + A_2 A_3 \cdots A_N + \cdots + A_N}{A_1 A_2 A_3 \cdots A_N + A_2 A_3 \cdots A_N + \cdots + A_N + 1} -$$
$$\frac{l_0}{v_{N+1}} \left(\frac{A_2 A_3 \cdots A_N + A_3 \cdots A_N + \cdots + A_N + 1}{A_1 A_2 A_3 \cdots A_N + A_2 A_3 \cdots A_N + \cdots + A_N + 1} \right) \tag{4-13}$$

式(4-13)是吸收因子法的基本方程，称为哈顿-富兰克林(Horton - Franklin)方程。

式(4-13)的左端，$\dfrac{v_{N+1} - v_1}{v_{N+1}} = \dfrac{i \text{组分被吸收掉的量}}{i \text{组分加入量}} = $ 吸收率 $= \alpha_i$。富兰克林方程关联了吸收率、吸收因子和理论板数。应当指出，该公式在推导中未作任何假设，是普遍适用的，但严格按照上式求解吸收率、吸收因子和理论板数之间的关系还是困难的。因为各板上的相平衡常数是温度、压力和组成的函数，而这些条件在计算之前是未知的，各板上气液相流率也是

96

未知的。因此，必须对吸收因子的确定进行简化处理。

3. 平均吸收因子法（克雷姆塞尔 – 布朗法）

平均吸收因子法假设各级的吸收因子是相同的，即采用全塔平均吸收因子来代替各级的吸收因子，有的采用塔顶和塔底条件下液气比的平均值，也有的采用塔顶吸收剂流率和进料气流率来求液气比，并以塔的平均温度作为计算相平衡常数的温度来计算吸收因子。因为该法只有在塔内液气比变化不大，也就是溶解量甚小，而气液相流率可视为定值的情况下才不至于带来大的误差，所以该法用于低浓度气体吸收计算有相当的准确性。

假设全塔各级的 A 值均相等的前提下，Horton – Franklin 方程式变为：

$$\frac{v_{N+1} - v_1}{v_{N+1}} = \frac{A^N + A^{N-1} \cdots + A}{A^N + A^{N-1} \cdots + A + 1} - \frac{l_0}{Av_{N+1}} \left(\frac{A^N + A^{N-1} \cdots + A}{A^N + A^{N-1} \cdots + A + 1} \right) \quad (4-14)$$

式（4 – 14）进一步导得

$$\varphi_i = \frac{v_{N+1} - v_1}{v_{N+1} - v_0} = \frac{A^{N+1} - A}{A^{N+1} - 1} \quad (4-15)$$

上式称为克雷姆塞尔 – 布朗（Kremser – Brown）方程。式（4 – 15）中，$v_{N+1} - v_1$ 表示气体中 i 组分通过吸收塔后被吸收的量；而 $v_{N+1} - v_0$ 是根据平衡关系计算的该组分最大可能吸收量，两者之比表示相对吸收率，当吸收剂不含溶质时，$v_0 = 0$，相对吸收率等于吸收率，即 $\varphi_i = \alpha_i$。

由式（4 – 15）可得出：

当 $A \neq 1$ 时，$N = \dfrac{\lg \dfrac{A - \varphi_i}{1 - \varphi_i}}{\lg A} - 1 \quad (4-16)$

当 $A = 1$ 时，$N = \dfrac{\varphi_i}{1 - \varphi_i} \quad (4-17)$

式（4 – 15）所表达的是相对吸收率和吸收因子、理论板数之间的关系。利用式（4 – 15），根据已知的 φ_i 以及 A_i 可以算出所需的理论板数 N，或规定了吸收率和理论板数时，可求出 A，从而求得液气比。为了设计计算方便起见，将式（4 – 15）标绘成图 4 – 2 便于直接使用。

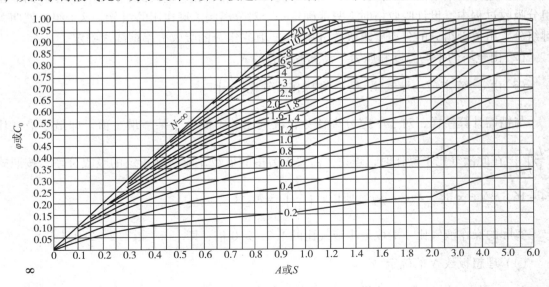

图 4 – 2　吸收因子（或解吸因子）图

在应用平均吸收因子法进行计算时，要注意在推导公式中引入了以下几点假设：

（1）溶液是理想溶液或接近理想溶液。在这种情况下吸收液中溶质的浓度不受任何限制。如果是非理想溶液则要求吸收液是稀溶液，符合或接近亨利定律应用的范围；

（2）全塔温度变化不大，可以近似取一平均的 K_i 值视为常数；

（3）气相、液相的流量变化不大，均可取平均值当作常数。

在与以上三点假设距离太大的情况下，应用平均吸收因子法进行计算会造成较大的误差。

平均吸收因子法的应用：

平均吸收因子法不仅可以应用于设计计算，而且可以应用于现有设备的校核计算，还可以用来分析吸收塔的操作。在此着重讨论如何应用吸收因子法来进行设计计算。

在设计一多组分吸收塔时，下列条件通常是已知的或选定的：

（1）入塔气体混合物的流量 V_{N+1}；

（2）入塔气体混合物的组成 y_{N+1}；

（3）吸收操作温度和压力；

（4）吸收剂的种类和组成 x_0；

（5）分离要求：指定入塔气体混合物中关键组分的分离要求，例如指定其吸收率 $\alpha_{\text{关}}$ 或在尾气中的量。

在设计计算中的任务则是要通过计算确定：

（1）完成规定分离任务所需的理论板数；

（2）加入塔中的吸收剂用量 L_0；

（3）塔顶尾气的量 V_1 和组成 y_1；

（4）塔底吸收液的量 L_N 和组成 x_N。

平均吸收因子法的计算步骤如下：

（1）确定关键组分的吸收率

在多组分精馏塔的设计计算时，根据分离要求要确定轻、重关键组分的回收率。而在多组分吸收过程中，设计吸收塔时，只能确定一个对分离起关键作用的组分，这个组分就叫关键组分。由关键组分的分离要求吸收分率 $\varphi_{\text{关}}$，其它组分的吸收分率就随之确定。

（2）由全塔的平均温度和压力，计算各组分的 K_i

（3）由 $\varphi_{\text{关}}$ 确定最小液气比 $\left(\dfrac{L}{V}\right)_{\text{m}}$ 和操作液气比 $\left(\dfrac{L}{\sim V}\right)$

与精馏计算一样，对于一定分离任务，液气比 $\dfrac{L}{V}$ 不能小于某一最小值，即最小液气比 $\left(\dfrac{L}{V}\right)_{\text{m}}$。在此液气比下操作时，理论上需要无穷多的板数才能达到指定的吸收分率。按照式（4-16），$N = \infty$ 时，$A_{\text{关m}} = \varphi_{\text{关}}$，所以，$\left(\dfrac{L}{V}\right)_{\text{m}} = K_{\text{关}} A_{\text{关m}} = \varphi_{\text{关}} A_{\text{关m}}$

实际的操作液气比一般取最小液气比的 1.2~2.0 倍，即 $\left(\dfrac{L}{V}\right) = (1.2 \sim 2.0)\left(\dfrac{L}{V}\right)_{\text{m}}$。

（4）理想板数 N 的确定

$A_{\text{关}} = \dfrac{L}{V K_{\text{关}}}$，由 $A_{\text{关}}$ 和 $\varphi_{\text{关}}$ 查图 4-2 或用公式（4-16）计算求得 N。

（5）其他组分吸收率 φ_i 的确定

因为 $\dfrac{A_i}{A_\text{关}} = \dfrac{\dfrac{L}{VK_i}}{\dfrac{L}{VK_\text{关}}} = \dfrac{K_\text{关}}{K_i}$，所以 $A_i = \dfrac{K_\text{关} A_\text{关}}{K_i} = \dfrac{L}{VK_i}$，由 A_i 和 N 利用式（4-16）可求得其它组分

的 φ_i。也可用图 4-2 求得。

（6）由各组分的 φ_i，根据物料衡算，可求出尾气的量 V_1 及组成 y_1，吸收剂用量 L_0 以及吸收液的数量 L_N 及组成 x_N，具体计算见例 4-1。

【例 4-1】某厂脱乙烷塔塔顶气体组成如下：

组分	C_2H_6	C_2H_4	C_2H_2	合计
摩尔分数/%	12.6	87.0	0.4	100

拟采用丙酮作吸收剂除去其中乙炔，操作压力为 18atm，操作温度为 -20℃，此条件下各组分的相平衡常数 K 为：$K_{C_2H_6} = 3.25$，$K_{C_2H_4} = 2.25$，$K_{C_2H_2} = 0.3$。求：当乙炔的回收率为 0.995 时（1）完成此任务所需的最小液气比；（2）实际液气比为最小液气比的 1.83 倍时所需的理论板数；（3）各组分的回收率和出塔的尾气组成；（4）进料为 100kmol/h 时塔顶应加入的吸收剂用量。

解：根据题意，选乙炔为关键组分。

因为最小液气比时，$N = \infty$，$A_\text{关m} = \varphi_\text{关} = 0.995$

所以，最小液气比 $\left(\dfrac{L}{V}\right)_m = K_\text{关} \cdot A_\text{关m} = 0.995 \times 0.3 = 0.299$

实际液气比 $\left(\dfrac{L}{V}\right) = 1.83\left(\dfrac{L}{V}\right)_m = 1.83 \times 0.299 = 0.547$

$A_\text{关} = \dfrac{L}{VK_\text{关}} = \dfrac{0.547}{0.3} = 1.823$

所需的理论板数 $N = \dfrac{\lg \dfrac{A_\text{关} - \varphi_\text{关}}{1 - \varphi_\text{关}}}{\lg A_\text{关}} - 1 = \dfrac{\lg \dfrac{1.823 - 0.995}{1 - 0.995}}{\lg 1.823} - 1 = 7.5（块）$

由各组分的 K_i 和 L/V，分别计算各组分的 $A_i\left(A_i = \dfrac{K_\text{关} A_\text{关}}{K_i} = \dfrac{L}{VK_i}\right)$，再由 A_i 和 N 利用式（4-16）求出各组分的回收率 φ_i，计算结果见例 4-1 附表。

利用下列算式计算塔顶尾气量 V_1 和组成 y_1。

$V_{N+1} = 100\text{kmol/h}$；$v_{i,N+1} = V_{N+1} y_{i,N+1}$；$\varphi_i = \dfrac{v_{i,N+1} - v_{i,1}}{v_{i,N+1}}$；$V_1 = \sum v_{i,1}$；$y_{i,1} = \dfrac{v_{i,1}}{V_1}$

计算结果见例 4-1 附表。

例 4-1 附表

组分	A_i	φ_i	$v_{i,1}$	$y_{i,1}$
C_2H_6	0.1683	0.1683	10.48	0.137
C_2H_4	0.2431	0.2431	65.85	0.863
C_2H_2	1.823	0.995	0.002	0
合计			76.33	1.00

所以，$V_1 = 76.33 \text{kmol/h}$

平均气量 $V_{\text{平均}} = \dfrac{V_{N+1} + V_1}{2} = \dfrac{100 + 76.33}{2} = 88.17$

$L_{\text{平均}} = \dfrac{L}{V} V_{\text{平均}} = 0.547 \times 88.17 = 48.23 = \dfrac{L_0 + L_N}{2}$

全塔物料衡算：

$L_N = L_0 + V_{N+1} - V_1 = L_0 + 100 - 76.33 = L_0 + 23.67$

求得　　$L_0 = 36.40 \text{kmol/h}$

　　　　$L_N = 60.07 \text{kmol/h}$

4. 平均有效吸收因子法

埃特密斯特(Edmister)提出，采用平均有效吸收因子 A_e 和 A'_e 代替各板上的吸收因子，使式(4−13)左端吸收率保持不变，这种方法所得结果颇为令人满意，故该法已得到较广泛的应用。有效吸收因子的定义如下：

$$\frac{A_e^{N+1} - A_e}{A_e^{N+1} - 1} = \frac{A_1 A_2 A_3 \cdots A_N + A_2 A_3 \cdots A_N + \cdots + A_N}{A_1 A_2 A_3 \cdots A_N + A_2 A_3 \cdots A_N + \cdots + A_N + 1} \tag{4−18}$$

$$\frac{1}{A'_e} \left(\frac{A_e^{N+1} - A_e}{A_e^{N+1} - 1} \right) = \frac{A_2 A_3 \cdots A_N + A_3 \cdots A_N + \cdots + A_N + 1}{A_1 A_2 A_3 \cdots A_N + A_2 A_3 \cdots A_N + \cdots + A_N + 1} \tag{4−19}$$

由式(4−13)和式(4−18)、式(4−19)可得

$$\frac{v_{N+1} - v_1}{v_{N+1}} = \left(1 - \frac{l_0}{A'_e v_{N+1}} \right) \left(\frac{A_e^{N+1} - A_e}{A_e^{N+1} - 1} \right) \tag{4−20}$$

对于只有两个平衡级的吸收塔，即 $N = 2$，则式(4−18)和式(4−19)可简化为

$$\frac{A_e^3 - A_e}{A_e^3 - 1} = \frac{A_1 A_2 + A_2}{A_1 A_2 + A_2 + 1} = \frac{A_2(A_1 + 1)}{A_2(A_1 + 1) + 1} \tag{4−21}$$

$$\frac{1}{A'_e} \left(\frac{A_e^3 - A_e}{A_e^3 - 1} \right) = \frac{A_2 + 1}{A_1 A_2 + A_2 + 1} = \frac{A_2 + 1}{A_2(A_1 + 1) + 1} \tag{4−22}$$

上面两式相除得

$$A'_e = \frac{A_2(A_1 + 1)}{A_2 + 1} \tag{4−23}$$

式(4−21)分解因式，整理得 A_e 的二次方程

$$A_e^2 + A_e - A_2(A_1 + 1) = 0 \tag{4−24}$$

解上方程得

$$A_e = \sqrt{A_2(A_1 + 1) + 0.25} - 0.5 \tag{4−25}$$

对于具有 N 级的吸收塔，埃特密斯特指出，吸收过程主要是由塔顶和塔底两级来完成的。所以，只要用塔底的 A_N 代替上式中的 A_2，不需再作其他校正，即可用上面两式来计算多级吸收过程的有效吸收因子，所得结果与逐板法比较接近。这样，有效吸收因子即可按塔顶的吸收因子 A_1 和塔底的吸收因子 A_N 来确定。

$$A'_e = \frac{A_N(A_1 + 1)}{A_N + 1} \tag{4−26}$$

$$A_e = \sqrt{A_N(A_1 + 1) + 0.25} - 0.5 \tag{4−27}$$

若吸收剂中不含有被吸收组分，即 $l_0 = 0$，则式(4−15)变为

$$\frac{v_{N+1} - v_1}{v_{N+1}} = \frac{A_e^{N+1} - A_e}{A_e^{N+1} - 1} \tag{4-28}$$

由式(4-20)得

$$\frac{A_e^{N+1} - A_e}{A_e^{N+1} - 1} = \frac{\frac{v_{N+1} - v_1}{v_{N+1}}}{1 - \frac{l_0}{A_e' v_{N+1}}} \tag{4-29}$$

令 $\quad R = \dfrac{\dfrac{v_{N+1} - v_1}{v_{N+1}}}{1 - \dfrac{l_0}{A_e' v_{N+1}}}$ $\tag{4-30}$

可得 $\quad N = \dfrac{\ln\dfrac{A_e - R}{1 - R}}{\ln A_e} - 1$ $\tag{4-31}$

为了计算有效吸收因子，就必须知道离开塔顶和塔底的气、液相流量(即 V_1、L_1、V_N、L_N)及其温度。这就需预先估计整个吸收过程的总吸收量，并且采用以下两个假定来估计各板的流率和温度，即：①各板的吸收率相同；②塔内的温度变化与吸收量成正比。

由此，可推导得

$$\frac{V_j}{V_{j+1}} = \left(\frac{V_1}{V_{N+1}}\right)^{1/N} \tag{4-32}$$

$$\frac{V_{j+1}}{V_{N+1}} = \left(\frac{V_1}{V_{N+1}}\right)^{\frac{N-j}{N}} \tag{4-33}$$

式(4-32)与式(4-33)相乘得

$$V_j = V_{N+1}\left(\frac{V_1}{V_{N+1}}\right)^{\frac{N+1-j}{N}} \tag{4-34}$$

由塔顶至第 j 级间作总物料和组分的物料衡算，分别得

$$L_j = L_0 + V_{j+1} - V_1 \tag{4-35}$$

$$l_j = l_0 + v_{j+1} - v_1 \tag{4-36}$$

温度与气相流量关系式为

$$\frac{T_N - T_j}{T_N - T_0} = \frac{V_{N+1} - V_{j+1}}{V_{N+1} - V_1} \tag{4-37}$$

在给定原料气和吸收剂流量的情况下，有效吸收因子法确定尾气和吸收液的流量与组成的计算步骤如下：

①平均吸收因子法粗算。

首先估计总吸收量和平均温度，并由此计算塔顶和塔底的 L 和 V，取其平均值计算平均吸收因子。

根据关键组分的吸收率和平均吸收因子确定所需理论板数。

按式(4-15)计算各组分的 v_1 值，然后计算总吸收量并与估计的总吸收量比较是否满足精度要求。如不满足，则重新假定总吸收量进行计算，直至满足。

由全塔范围内的组分物料平衡，即按式(4-36)计算，确定各组分离开塔底的液相流量 l_N。

②焓平衡确定塔底吸收液的温度 T_N。

初估塔顶的温度为 T_1。由全塔焓平衡式（4 −38）及焓和温度关系式确定塔底温度 T_N。

$$L_0 h_0 + V_{N+1} H_{N+1} = L_N h_N + V_1 H_1 + Q \tag{4 −38}$$

式中　H，h——分别为气相和液相的焓；

　　　　Q——从吸收塔取走的热流量。

③用平均有效吸收因子法核算 v_1，l_N 和 T_N。

由 L_1、V_1 和 L_N、V_N 分别计算 $\left(\dfrac{L}{V}\right)_1$ 和 $\left(\dfrac{L}{V}\right)_N$，并且求出 A_e 和 A'_e。

由式（4 −20）算出 v_1，并用焓平衡式（4 −38）核算 T_N，如果 T_N 与前一步的结果不符，则应改设 T_1，重复②、③步骤。

4.2.2　多组分吸收的逐级计算

在上述简捷法的基础上，可以对多组分吸收塔进行逐级计算，逐级法计算法的步骤是：

（1）参考简捷法的计算结果，给出各板上流率（V_j、L_j）和温度 T_j 的初始值。

（2）根据塔的操作压力和假定的温度，求出每块板上各组分的相平衡常数 K_j，继而求出每块板上各组分的 A_j。

（3）由 A_j 利用式（4 −11），算出每块板的 v_j，l_j [l_j 由相平衡关系式（4 −4）求得]，并进一步算出每块板的流率分布（V_j、L_j）和组成分布（y_j、x_j）。

气、液相流量断面由总和方程求得，即

$$V_j = \sum v_j$$
$$L_j = \sum l_j \tag{4 −39}$$

可由（4 −40）式求得组成断面。

$$y_j = \frac{v_j}{V_j}$$

$$x_j = \frac{l_j}{L_j} \tag{4 −40}$$

（4）将计算的（V_j、L_j）与给定值比较，若不符，则以计算的（V_j、L_j）作为第二次迭代的初值，再按上述顺序进行计算，直至前后两次（V_j、L_j）的偏差在给定的精度之内。

（5）进行焓平衡计算，以求出各板的 T_j。

（6）将计算的 T_j 与初始的 T_j 比较，如不符，则以计算的 T_j 作为第二次迭代的初值，重复计算，直至前后两次 T_j 接近。

4.3　解吸的方法及解吸过程的计算

4.3.1　解吸的方法

气体中的溶质和吸收剂形成吸收液后，为了回收被吸收的溶质，同时使吸收剂送回塔顶循环使用，必须将溶质和吸收剂进行分离。此外，当气体有好几个溶质组分同时吸收时，还需要把溶解度较大的溶质和溶解度较小的溶质进行分离。例如，用丙酮吸收法脱乙炔时，需将吸收液中的乙炔和乙烯、乙烷分离；用中冷油吸收法分离裂解气中的甲烷和氢时，需将吸收液中的甲烷和乙烯分离开。

将溶质从吸收液中分离出来的过程为解吸过程，它显然是与吸收相反的过程。解吸过程得以顺利进行的必要条件是溶液中的溶质 i 组分的平衡蒸气压 p_i^* 或平衡气相组成 y_i^* 必须大于与该溶液相接触的气相中 i 组分的分压 p_i 或组成 y_i，只有满足这种条件，溶质才能由液相转入气相，进行解吸过程。

为了使溶液中溶质的平衡蒸气压 p_i^* 大于气相中 i 组分的分压，通常可以采用以下四种方法来实现：

（1）将吸收液加热升温以提高溶质的平衡分压 p_i^*，减少溶质的溶解度。

（2）减压闪蒸，将原来处于较高压力的吸收液进行减压，显然，总压 p 降低后，气相中溶质 i 组分的分压 p_i 也必然相应地降低。因此，即使吸收液不加热升温，吸收液中的溶质 i 组分的平衡分压 p_i^* 在减压下将高于气相中 i 组分的分压 p_i，使解吸过程得以进行。

（3）用惰性气体进行解吸。将吸收液送入解吸塔顶，在解吸塔底部通入惰性气体，由于惰性气体中不含易溶组分，当惰性气体与吸收液接触后由于吸收液中溶质 i 组分的平衡蒸气压远大于以惰性气体为主的混合气体中 i 组分的分压，使溶质 i 组分得以解吸出来。

（4）采用精馏的方法（用全塔或仅用提馏段）将溶质和吸收剂进行分离。

具体采用什么方法需要根据吸收液的特点以及整个工艺流程组织的安排而定，在图4－3表示的丙酮吸收脱乙炔的工艺流程中的解吸过程采用了上述（1）、（2）和（4）三种方法。

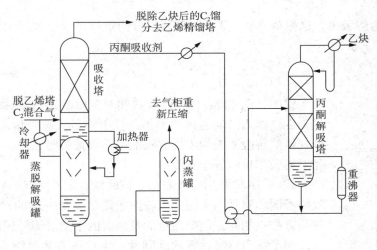

图 4－3　丙酮脱乙炔流程图

自丙酮吸收塔底排出的吸收液中除了含有乙炔以外，还含有数量相当大（远远大于乙炔的含量）的乙烯和乙烷。为了回收这部分乙烯和乙烷，先将吸收液加热到 20～30℃，在不降压的情况下使被溶解的乙烯和乙烷初步蒸脱出来。蒸出来的 C_2 馏分可以与脱乙烷塔顶来的气体合并作为丙酮吸收塔的进料气体。

从蒸脱罐出来的丙酮吸收液中仍含有相当多的乙烯和乙烷，将此吸收液送入闪蒸罐进行减压闪蒸，压力由 2.0MPa 降低至 0.2～0.3MPa，使大部分的乙烯和乙烷解吸出来，这部分气体与裂解气混合后经压缩重新送回中压油吸收塔进行分离。

从闪蒸罐底部出来的丙酮吸收液中含有各组分中溶解度最大的乙炔和残存的少量的乙烯和乙烷，将这部分吸收液送入丙酮解吸塔，该塔实际上是一个精馏塔，在丙酮解吸塔中通过精馏使丙酮与乙炔、乙烯、乙烷进行分离。塔顶乙炔气体经回收其中夹带的丙酮后送去进一步加工成为燃料，塔底丙酮经分析乙炔含量少于 5ppm 后送回丙酮吸收塔循环使用。塔釜用水蒸气加热产生解吸所需的蒸气。

4.3.2　解吸过程的计算

对于多组分解吸过程的计算一般采用解吸因子法。解吸过程中，用解吸因子 S 来表示组分解吸的难易程度，解吸因子 S 大说明容易解吸。解吸因子法包括平均解吸因子法和有效解吸因子法等。

对于如图 4 – 4 所示的解吸塔，用与吸收过程相同的方法导出

$$\frac{l_{N+1}-l_1}{l_{N+1}} = \frac{S_1 S_2 S_3 \cdots S_N + S_2 S_3 \cdots S_N + \cdots + S_N}{S_1 S_2 S_3 \cdots S_N + S_2 S_3 \cdots S_N + \cdots + S_N + 1}$$

$$-\frac{v_0}{l_{N+1}}\left(\frac{S_2 S_3 \cdots S_N + S_3 \cdots S_N + \cdots + S_N + 1}{S_1 S_2 S_3 \cdots S_N + S_2 S_3 \cdots S_N + \cdots + S_N + 1}\right) \tag{4-41}$$

式中　l_{N+1}，l_1——分别为进塔液（吸收液）和出塔液（解吸液）中的 i 组分流量；

　　　　v_0——进塔气体（解吸剂）中的 i 组分流量；

　　　　S_N——第 N 级上组分 i 的解吸因子。

假定各级解吸因子相等。则式（4 – 41）可简化为

$$E_S = \frac{l_{N+1}-l_1}{l_{N+1}} = \left(1 - \frac{v_0}{Sl_{N+1}}\right)\left(\frac{S^{N+1}-S}{S^{N+1}-1}\right) \tag{4-42}$$

式中，E_S 为解吸率，也称蒸出率，表示被解吸组分的解吸量与吸收剂中该组分量之比。式（4 – 42）可改写为

$$\frac{l_{N+1}-l_1}{l_{N+1}-l_0} = \frac{S^{N+1}-S}{S^{N+1}-1} = C_0 \tag{4-43}$$

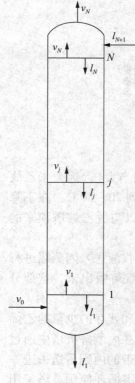

图 4 – 4　解吸塔

式中，C_0 为相对解吸率（或相对蒸出率），表示被解吸组分解吸量与在气体入口端达到相平衡条件下的最大解吸量之比。对于用惰性气体的解吸，因为入塔解吸剂中不含被解吸组分，所以 $l_0 = 0$，其相对解吸率也就等于解吸率。

式（4 – 43）可用曲线表示。该曲线表示 $C_0 - S - N$ 的关系称为解吸因子图。解吸因子图同吸收因子图是完全一样的，见图 4 – 2，其使用方法也相同，但要注意的是两者的平衡级编号顺序是相反的。

为了提高解吸计算的准确性，也可用有效解吸因子法计算。与有效吸收因子法类似，式（4 – 42）可写成

$$\frac{l_{N+1}-l_1}{l_{N+1}} = \left(1 - \frac{v_0}{S_e' l_{N+1}}\right)\left(\frac{S_e^{N+1}-S_e'}{S_e^{N+1}-1}\right) \tag{4-44}$$

$$S'_e = \frac{S_N(S_1+1)}{S_N+1} \tag{4-45}$$

$$S_e = \sqrt{S_N(S_1+1)+0.25} - 0.5 \tag{4-46}$$

由式（4 – 44）可解得

$$N = \frac{\ln\dfrac{S_e - M}{1 - M}}{\ln S_e} - 1 \tag{4-47}$$

其中，$M = \dfrac{\dfrac{l_{N+1}-l_1}{l_{N+1}}}{1 - \dfrac{v_0}{S_e' l_{N+1}}} \tag{4-48}$

若已知关键组分的解吸率和各组分的解吸因子即可计算所需的平衡级数，并确定非关键组分的解吸率，其计算步骤与吸收的计算类似。

【例 4 - 2】某吸收液组成如下：

组分	C_1	$C_2^=$	C_2^0	C_3^0	$C_3^=$	C_4	合计
摩尔分数	0.0923	0.2830	0.0517	0.0516	0.4905	0.3090	1.0000

拟采用空气气提吸收液中的甲烷，解吸塔操作压力为 3.6MPa，操作温度为 25℃，吸收液量为 96.90kmol/h，要求甲烷解吸率为 0.99。当操作气液比为最小气液比的 1.5 倍时，试求解吸塔所需的理论板数，吸收液中各组分的解吸分率以及解吸后液体的组成。

解：由 $p - T - K$ 图查得在操作条件下各组分的相平衡常数如下：

例 4 - 2　附表 1

组分	C_1	$C_2^=$	C_2^0	C_3^0	$C_3^=$	C_4
K_i	4.6	1.5	1.07	0.41	0.35	0.175

由题意，选择甲烷为关键组分。

因为最小气液比时，$S_{关m} = C_{0关} = 0.99$

所以，最小气液比 $\left(\dfrac{V}{L}\right)_m = \dfrac{S_{关m}}{K_关} = \dfrac{0.99}{4.6} = 0.215$

实际气液比 $\left(\dfrac{V}{L}\right) = 1.5\left(\dfrac{V}{L}\right)_m = 1.5 \times 0.215 = 0.323$

$S_关 = K_关\left(\dfrac{V}{L}\right) = 4.6 \times 0.323 = 1.495$

由式（4 - 43）或查图 4 - 2 得解吸塔的理论板数为

$N = 9$（块）

由各组分的 K_i 和 V/L，分别计算各组分的 $S_i(S_i = \dfrac{V}{L}K_i)$，再由 S_i 和 N 利用式（4 - 43）求出各组分的回收率 C_{0i}，计算结果如例 4 - 2 附表 2 所示。

利用下列算式计算解吸后液体的量 L_1 和组成 x_1。

$L_{N+1} = 96.90\text{kmol/h}$；　$l_{i,N+1} = L_{N+1}x_{i,N+1}$；　$C_{0i} = \dfrac{l_{i,N+1} - l_{i,1}}{l_{i,N+1}}$；　$L_1 = \sum l_{i,1}$；　$x_{i,1} = \dfrac{l_{i,1}}{L_1}$

计算结果见例 4 - 2 附表 2。

例 4 - 2　附表 2

组分	C_1	$C_2^=$	C_2^0	C_3^0	$C_3^=$	C_4	合计
S_i	1.495	0.485	0.446	0.1324	0.113	0.0556	
C_{0i}	0.99	0.485	0.446	0.1324	0.113	0.0556	
$l_{i,1}$/(kmol/h)	0.09	14.15	2.78	41.07	4.43	2.83	65.35
$x_{i,1}$（摩尔分数）	0.0014	0.2165	0.0425	0.6285	0.0678	0.00433	1.0000

习　题

1. 原料气各组分流量如下表所示。用 $n - C_{10}^0$ 作吸收剂，流量为 500kmol/h。原料气温度为 15℃，吸收剂温度为 32℃。塔压为 0.517MPa。设吸收塔有 3 块理论板。试计算尾气和吸收液流量及组成。

组分	C_1^0	C_2^0	C_3^0	$n-C_4^0$	$n-C_5^0$	合计
流量/（kmol/h）	1660	168	98	52	24	2000

2. 某原料气流率 1000kmol/h，其组成为：C_1 0.25，C_2 0.15，C_3 0.25，$n-C_4$ 0.20，$n-C_5$ 0.15（均为摩尔分数）。用 $n-C_{10}$ 作为吸收剂进行吸收操作，$n-C_{10}$ 流率 500kmol/h。原料气和吸收剂的进料温度分别为 21℃ 和 32℃，吸收塔操作压力为 405kPa。试用 Kremser 法计算在下列条件下每一组分的吸收率：（1）理论板数 $N=4$；（2）$N=10$；（3）$N=30$。

3. 某原料气组成如下

组分	CH_4	C_2H_6	C_3H_8	$i-C_4H_{10}$	$n-C_4H_{10}$	$i-C_5H_{12}$	$n-C_5H_{12}$	$n-C_6H_{14}$
摩尔分数	0.765	0.045	0.065	0.025	0.045	0.015	0.025	0.015

现拟采用不挥发的烃类液体作吸收剂，在板式吸收塔中进行吸收，平均温度为 38℃，压力为 1.013MPa，如果要求将 $i-C_4H_{10}$ 从原料气中回收 90%，试求：（1）为完成此任务所需要的 $\left(\dfrac{L}{V}\right)_m$；（2）操作液气比为最小液气比的 1.1 倍时，为完成此任务所需的理论板数；（3）各个组分的回收率和离塔尾气的组成；（4）塔顶应加入的吸收剂量。

4. 某裂解气组成如下表所示。

组分	H_2	CH_4	C_2H_4	C_2H_6	C_3H_6	$i-C_4H_{10}$	合计
摩尔分数	0.132	0.3718	0.3020	0.097	0.084	0.0132	1.000

现拟以 $i-C_4H_{10}$ 馏分作吸收剂，从裂解气中回收 99% 的乙烯，原料气的处理量为 100kmol/h，塔的操作压力为 4.052MPa，塔的平均温度按 $-14℃$ 计，求：
（1）为完成此吸收任务所需最小液气比；（2）操作液气比若取为最小液气比的 1.5 倍，试确定为完成吸收任务所需的理论板数；（3）各个组分的吸收分率和出塔尾气的量和组成；（4）塔顶应加入的吸收剂量。

5. 某厂采用丙酮吸收法处理来自脱乙烷塔塔顶的气体，其目的是要脱除其中所含的乙炔（要求乙炔含量少于 10^{-5}）。原料气的组成为乙烷 12.6%（摩尔分数，下同）、乙烯 87.0%、乙炔 4%，吸收拟在一个具有 12 块理论板的吸收塔中进行，吸收进行的条件为：$p=1.8MPa$，$T=-20℃$，操作的液气比为 0.55。试计算：（1）乙炔、乙烯和乙烷的吸收率；（2）以 100kmol/h 进料气为基准，计算塔顶气体的量和组成。

6. 具有 3 块理论板的吸收塔，用来处理下表所列组成的原料气，塔的平均操作温度为 32℃，吸收剂和原料气的入塔温度均为 32℃，塔压力为 2.13MPa，原料气处理量为 100kmol/h，以正丁烷为吸收剂，用量为 20kmol/h，试以有效吸收因数法确定尾气中各组分的流量。

组分	CH_4	C_2H_6	C_3H_8	$n-C_4H_{10}$	$n-C_5H_{12}$	合计
V_{n+1}/（kmol/h）	70	15	10	4	1	100

7. 具有 3 块理论板的解吸塔用于处理 1000kmol/h 的液体混合物，其组成为：C_1 0.03%，C_2 0.22%，C_3 1.82%，$n-C_4$ 4.47%，$n-C_5$ 8.59%，$n-C_{10}$ 84.87%（均为摩尔分数）。进料温度 121℃。以 149℃、345 kPa 的过热蒸汽 100kmol/h 为解吸剂。解吸塔操作压力为 345kPa。试估计解吸后液体和气体的流率和组成。

8. 以 C_4 作吸收剂吸收裂解气中乙烯等组分所得吸收液的量和组成如下表所示：

组分	H_2	CH_4	C_2H_4	C_2H_6	C_3H_6	$i-C_4H_{10}$	合计
摩尔分数	0.0133	0.1210	0.2860	0.0922	0.0961	0.3934	1.0000

拟在解吸塔中以 4.052MPa 压力和平均温度 25℃进行解吸，以除去氢、甲烷，现要求甲烷的解吸率为 0.995，操作气液比取 0.38（平均），试计算：（1）解吸塔的理论板数；（2）吸收液中各组分的解吸率；（3）经解吸后液体量和组成，该条件下氢的解吸率取 1。

5 液液萃取

5.1 液液萃取过程

液液萃取（liquid – liquid extraction）也称为溶剂萃取（sovent extraction），简称为萃取或抽提，是一种重要的化工单元操作。

在液液萃取过程中，一个液态溶液（水相或有机相）中的一个或多个组分（溶质）被萃取进第二个液态溶液（有机相或水相），而上述两个溶液是不互溶或仅仅是部分互溶的。所以，萃取过程是溶质在两个液相之间重新分配的过程，即通过相际传递来达到分离和提纯的目的。

液液萃取法所提取的物质可分无机物和有机物两大类。液液萃取法应用于无机物的分离，主要集中在稀有金属和有色金属的分离与富集过程以及提取各种无机酸的过程。早在100多年前就开始将液液萃取法应用于有机物质的分离，如：采用液态二氧化硫作萃取剂从煤油中萃取芳香烃在1908年得到了工业化应用。近年来，液液萃取在石油化工领域得到了广泛的应用。

5.1.1 液液萃取过程的特点和主要研究内容

5.1.1.1 液液萃取的特点

与其它分离过程相比，液液萃取具有处理能力大、分离效果好、回收率高、可连续操作以及易于自动控制等特点，因此，在石油化工、湿法冶金、原子能工业、生化、环保、食品和医药工业等领域得到越来越广泛地应用。

下列情况下采用萃取过程有一定的技术优势：

（1）溶液中各组分的沸点非常接近或某些组分间形成共沸物，用精馏法难以或不能分离；

（2）溶液中含有少量高沸点组分，其气化潜热较大，用精馏法能耗太高；

（3）溶液中含有热敏性组分，用精馏法容易引起分解、聚合或发生其他化学变化；

（4）溶液浓度低且含有有价值组分；

（5）溶液中含有溶解或络合的无机物；

（6）溶液中含有极难分离的金属，如稀土金属等。

5.1.1.2 液液萃取过程的主要研究内容

由于萃取过程的复杂性，对于大多数萃取过程而言，仍应通过实验室小型试验→中间试验→工业设备设计的步骤来完成开发。开发中，拟解决的共性问题如下：

（1）确定萃取体系   选用何种萃取剂进行萃取的同时，还必须考虑水相介质的选定。通常萃取过程都是在酸性介质（如 HCl、H_2SO_4、H_3PO_4、HNO_3 或混合酸）中进行的，少量的在碱性介质中进行，即使使用同一种萃取剂，它在不同水相介质中的萃取效果可能是完全不相同的。

（2）测定相平衡数据　在确定萃取体系的基础上，研究两相平衡关系，测定计算所必需的平衡数据。

（3）确定工艺和操作条件　研究采用哪些操作条件，对达到所设定的分离或提纯目的最为有利。考虑的条件有：萃取剂、稀释剂用量及进口浓度、两相流比（亦称为相比）、温度等。通常，萃取在常压下操作。

（4）萃取流程的建立　完整的萃取过程将由溶剂萃取和再生（反萃取）两者组成，再生过程可以根据需要用反萃取或蒸馏、蒸发等方法来达到回收溶剂并使之循环使用的目的。其中反萃取过程是使有机相中的溶质返回到另一水相（称为反萃液）的过程。反萃液常采用不含溶质的新鲜水溶液。有时，在萃取步骤之后，引入一个洗涤步骤，以去除某些与溶质一起进入有机相的组分。经反萃取后的有机溶剂可在过程中循环使用，而含有溶质的反萃液应根据课题的目的要求进行各种处理。这样萃取－洗涤－反萃取便组成了一个完整的萃取循环过程。在建立萃取流程中，必须综合考虑技术的可行性和经济的合理性，即对萃取过程的技术经济指标进行预评估。

（5）萃取设备的选择和设计　选定萃取设备的类型并进行工程设计计算以确定尺寸大小。

5.1.2　萃取剂的选择和常用萃取剂

5.1.2.1　萃取剂的选择

萃取剂必须具备两个特点：

（1）萃取剂分子中至少有一个功能基，通过它，萃取剂可以与被萃取物质结合成萃合物。常见的功能基有 O、P、S、N 等原子。其中以 O 原子为功能基的萃取剂最多。

（2）作为萃取剂的有机溶剂的分子必须有相当长的碳链或芳香环。这样，可使萃取剂及萃合物易溶解于有机相，而难溶于水相。一般认为萃取剂的相对分子质量在 350～500 之间较为适宜。

工业上选用萃取剂时，还应综合考虑以下各点：

①选择性好。对要分离的一对或几种物质，其分离系数要大。

②萃取容量大。

③化学稳定性强。

④易与原料液相分层，不产生第三相和不发生乳化现象。

⑤易于反萃取或分离。

⑥操作安全。要求萃取剂无毒性或毒性小，无刺激性，不易燃，难挥发。

⑦经济性。

5.1.2.2　常用萃取剂

萃取剂大致可以分为以下四类：①中性络合萃取剂，如：醇、酮、醚、酯、醛及烃类萃取剂；②酸性萃取剂，如：羧酸、磺酸、酸性磷酸酯等；③螯合萃取剂，如：羟肟类化合物；④离子对（胺类）萃取剂，主要是叔胺和季铵盐。

5.1.3　液液萃取的操作流程

工业萃取设备主要分为两大类，即以各种混合澄清槽为代表的逐级式萃取设备和以各种类型的萃取塔为代表的微分式萃取设备。

级式萃取设备又有多种流程，包括：错流萃取、逆流萃取和分馏萃取等。

错流萃取是实验室常用的萃取流程，如图 5-1(a)所示。两液相在每一级上充分混合经一定时间达到平衡，然后将两相分离。通常，在每一级都加入溶剂，而新原料仅在第一级加入。萃取相从每一级引出，萃余相依次进入下一级，继续萃取过程。由于错流萃取流程需要使用大量溶剂，并且萃取相中溶质浓度低，故很少应用于工业生产。

逆流萃取是工业上广泛应用的流程，如图5-1(b)所示。溶剂S从串级的一端加入，原料F从另一端加入，两相在各级内逆流接触，溶剂从原料中萃取一个或多个组分。

分馏萃取为两个不互溶的溶剂相在萃取器中逆流接触，使原料混合物中至少有两个组分获得较完全的分离，如图5-1(c)所示。溶剂S从原料F中萃取一个或多个溶质组分，另一种溶剂W对萃取液进行洗涤，使之除去不希望有的溶质，实际上洗涤过程提浓了萃取液中溶质的浓度。洗涤段和提取段的作用类似于连续精馏塔的精馏段和提馏段。

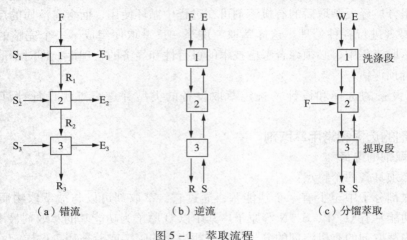

（a）错流　　　　　　　（b）逆流　　　　　　　（c）分馏萃取

图5-1　萃取流程

5.2　液液相平衡

5.2.1　三元体系相图表示法

三元体系相图通常用三角坐标法和直角坐标法来描述。

5.2.1.1　三角坐标法

三角坐标法中有等边三角形法和直角三角形法。直角三角形法（等边直角三角形法和不等边直角三角形法）由于能使所绘的曲线展开，故使用起来有方便之处，但最常用的还是等边三角形法。

（1）等边三角形法　如图5-2所示，三角形ABS的三个顶点分别表示"纯"的溶质A、原溶剂B和溶剂S组分。三角形的各条边都分为100等分，处于各条边上的点表示某个二元组分，如图中C点代表仅含A和B的一个混合物，其中B的含量为60%，A的含量为40%。三角形内部的任何一点都代表一个三元混合物，如图中的D点。当用三角形的高来表示时，通过D点向三角形各边作垂直线，分别交各边于E、F、G点，各点垂线的长度则分别代表了该混合物中各组分的百分含量，即 $\overline{DE}$、$\overline{DF}$ 和 $\overline{DG}$ 分别代表了A、B和S的含量，即

$$\overline{DE} + \overline{DF} + \overline{DG} = 50\% + 25\% + 25\% = 100\%$$

混合物的组成可以用体积百分数、质量百分数或摩尔百分数来表示。

（2）双结点曲线、结线和褶点　双结点曲线也称溶解度曲线。如图5-3所表示的是在一定温度条件下，形成一对部分互溶液相的三元体系的双结点曲线。

在溶质、原溶剂和溶剂所组成的三元体系中，若三组分混合形成一个均相溶液，则不能进行萃取操作，显然只有形成互不相溶的液相才有实际的意义。除了形成一对部分互溶液相的情形外，还有形成二对、三对部分互溶液相的，另外，还有形成固相的情形。但是最典型的是如图 5-3 所示的双结点曲线 $RR_1R_2R_3PE_3E_2E_1E$。

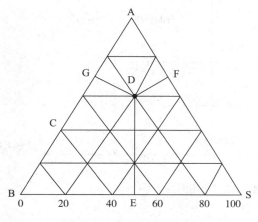

图 5-2　等边三角形相图

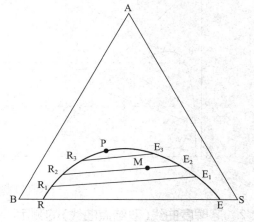

图 5-3　双结点曲线图

图 5-3 中位于曲线所包围区域外的点表示该混合物为均相，而曲线以内以及 RE 线上的点表示该混合物可形成两个组成不同的相。该曲线代表了饱和溶液的组成。例如一个组成为 M 的混合物，形成两个液相，其组成分别为 R_2 和 E_2，这两个液相称为共存相（或共轭相），在一定的温度条件下，两液相处于平衡状态。连接 R_2 和 E_2 的线称为结线（或平衡连结线）。由于在非均相区内任一混合物都可分成两个平衡液相，故原则上可以得到无数条结线，如图中的 R_1E_1、R_3E_3 等。

图 5-3 中的 P 点称为褶点（也称为临界混溶点），它位于溶解度曲线上。在该点上，两相消失而变为一相，即两个共轭相的组成相同。显然，褶点处的三元混合物已不能用萃取方法进行分离。褶点位置可以通过作图法来确定。见图 5-4，若溶解度曲线以及 R_1E_1、R_2E_2、R_3E_3 和 R_4E_4 四条结线为已知，通过 R_1、R_2、R_3、R_4、E_4、E_3、E_2 和

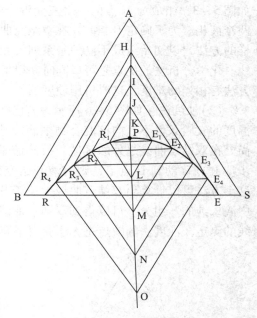

图 5-4　作图法求取褶点位置

E_1 分别作 AB 边和 AS 边的平行线，并分别交于点 H、I、J、K、L、M、N 和 O 点，连接这些交点，得到辅助曲线 HIJKLMNO，它与溶解度曲线的交点就是褶点 P 的位置。

5.2.1.2　直角坐标法

三元体系相平衡关系除了用三角形相图中的平衡连结线表示外，也可在直角坐标系中用分配曲线表示。在直角坐标系中，以萃余相 R 中溶质 A 的组成 x_A 为横坐标，以萃取相 E 中溶质 A 的组成 y_A 为纵坐标，每一对共轭相（R 相和 E 相）中组分 A 的组成 (x_A, y_A) 在直角坐标图上表示为一个坐标点，如图 5-5 所示。若将若干共轭相对应的组分 A 的组成均标于图

上，联接这些点便得到曲线 ONP，称为分配曲线。分配曲线的形状随不同体系和不同温度而变。

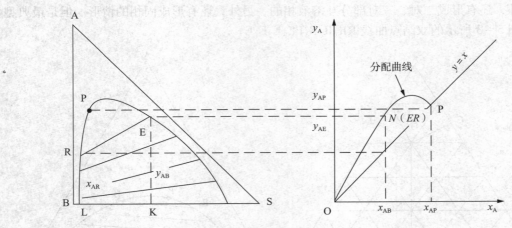

图 5-5　一般直角坐标相图与三角相图的关系

5.2.2　溶解度曲线(双结点曲线)的测定

（1）化学分析法　为了确定双结点曲线上的各点组成，需要用化学分析方法进行测定。如图5-3，组成为 M 点的一个三元混合物，当被充分混和并静置分层后，会分成 R_2 和 E_2 两个液相。为了确定 R_2 和 E_2 在双结点曲线上的位置，就必须对两相的组成进行分析。按同样的方法，以初始组成不同的一系列三元混合物出发，就可以最终描绘出该体系的双结点曲线。化学分析法的优点是可以同时获得平衡连结线。但是，有时对两个液相采用直接的分析方法有相当的难度，这时可用浊度法。

（2）浊度法　如图5-6所示，若已知一含 A 和 S 的二元混合物 F 的初始组成，在恒定温度的实验条件下，向该混合物中滴加纯的 B 组分。滴定开始时一段时间，三元混合组成尚处在双结点曲线之外的区域，故溶液是透明的。当 B 的加入达到一定量，若组成正好逐步从 F 点移动到 D 点上，则溶液开始变为混浊，根据 B 的加入量就可计算出 D 点的组成。这个方法可以计算出双结点曲线上位于 S 相一边的各点。再用同法，向含 A 和 B 的混合物中滴入纯的 S 组分，可以得到双结点曲线上位于 B 相一边的各点，从而完成整个双结点曲线的测定。浊度法的缺点是无法获得平衡连结线。

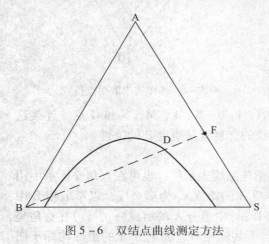

图 5-6　双结点曲线测定方法

5.2.3　结线关联

在三元相图中，通过实验的方法一般只能获得有限的平衡数据及相应的结线，而实际设计计算中，特别是在逐级接触萃取设备的计算中，往往需要相邻近的结线数据，为满足这一要求，单靠实验方法难以获得解决。当然，以前所述的采用添加辅助线的作图法可以内插或外推以获得所需数据，但更多的是采用各种结线关联的方法。有关结线关联的报道很多，有坎贝尔（Campbell）法、贝克门（Bachman）法、黑恩德（Hand）法、奥斯默（Othmer）法和特鲁贝尔（Treybal）法等。

下面以 Hand 法为例，介绍关联计算。

112

Hand 提出的关联式如下:

$$\lg(X_{AC}/X_{CC}) = n\lg(X_{AB}/X_{BB}) + \lg K \quad (5-1)$$

式中 X_{AC}——溶质 A 在 C 相中的浓度;

X_{AB}——溶质 A 在 B 相中的浓度;

X_{CC}——C 在 C 相中的浓度;

X_{BB}——B 在 B 相中的浓度。

X——质量分数。n 和 K 为常数。根据式(5-1)标绘,如图 5-7 所示,该图为双对数坐标。

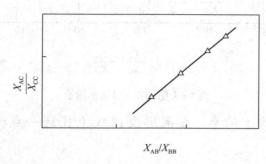

图 5-7　黑恩德关联法

【例 5-1】苯(B)-乙醇(A)-水(C)物系,在 25℃平衡时测得的双结点数据(质量分数)如下:

B 相溶液			C 相溶液		
X_{AB}	X_{BB}	X_{CB}	X_{AC}	X_{BC}	X_{CC}
0.0445	0.9525	0.0030	0.3600	0.0102	0.6298
0.1745	0.8000	0.0255	0.5215	0.2045	0.2740

根据以上数据,估算平衡数据并与测定值比较。

解:根据给定的双结点数据得:

$$\begin{cases} \dfrac{X_{AC}}{X_{CC}} = \dfrac{0.3600}{0.6298} = 0.5716 \\[2mm] \dfrac{X_{AB}}{X_{BB}} = \dfrac{0.0445}{0.9525} = 0.04672 \end{cases}$$
$$\begin{cases} \dfrac{X_{AC}}{X_{CC}} = \dfrac{0.5215}{0.2740} = 1.9033 \\[2mm] \dfrac{X_{AB}}{X_{BB}} = \dfrac{0.1745}{0.8000} = 0.2181 \end{cases}$$

B 相　　　　　　　　　　　　　C 相

$$\begin{cases} \dfrac{X_A}{X_C} = \dfrac{0.0445}{0.0030} = 14.83 \\[2mm] \dfrac{X_A}{X_B} = \dfrac{0.0445}{0.9525} = 0.04672 \end{cases}$$
$$\begin{cases} \dfrac{X_A}{X_C} = \dfrac{0.3600}{0.6298} = 0.5716 \\[2mm] \dfrac{X_A}{X_B} = \dfrac{0.3600}{0.0102} = 35.29 \end{cases}$$

$$\begin{cases} \dfrac{X_A}{X_C} = \dfrac{0.1745}{0.0255} = 6.84 \\[2mm] \dfrac{X_A}{X_B} = \dfrac{0.1745}{0.8000} = 0.2181 \end{cases}$$
$$\begin{cases} \dfrac{X_A}{X_C} = \dfrac{0.5215}{0.2740} = 1.9033 \\[2mm] \dfrac{X_A}{X_B} = \dfrac{0.5215}{0.2045} = 2.55 \end{cases}$$

113

根据上述数据，按 Hand 标绘，见例 5 – 1 附图 1。

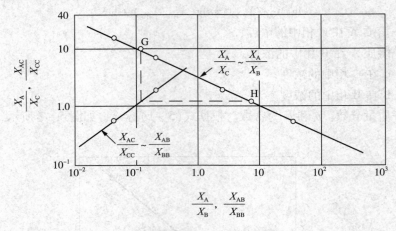

例 5 – 1 附图 1　黑恩德标绘

为估算双结点曲线上的点，在溶解度曲线上任选一点 G，其中 G 点的坐标

为：$\begin{cases} \dfrac{X_A}{X_C} = 9.2 \\ \dfrac{X_A}{X_B} = 0.12 \end{cases}$

因为，$X_A + X_B + X_C = 1$　　所以$\begin{cases} X_{AB} = 0.106 \\ X_{BB} = 0.883 \\ X_{CB} = 0.011 \end{cases}$

与之平衡的另一端 C 相组成在 H 点，读出 H 点的坐标$\left(\dfrac{X_A}{X_C},\ \dfrac{X_A}{X_B}\right)$，又因 $X_A + X_B + X_C = 1$

所以$\begin{cases} X_{AC} = 0.506 \\ X_{BC} = 0.072 \\ X_{CC} = 0.422 \end{cases}$

用同样方法估算出结线两端的组成如下：

B 相溶液			C 相溶液		
X_{AB}	X_{BB}	X_{CB}	X_{AC}	X_{BC}	X_{CC}
0.012	0.986	0.002	0.167	0.005	0.833
0.025	0.972	0.003	0.264	0.003	0.733
0.105	0.833	0.012	0.506	0.072	0.422
0.264	0.684	0.052	0.454	0.393	0.153
0.340	0.577	0.083	0.340	0.577	0.083

　　将上述数据在三角形相图上标绘，见例 5 – 1 附图 2。实验值与估算值见例 5 – 1 附图 3，表明两者吻合良好。

114

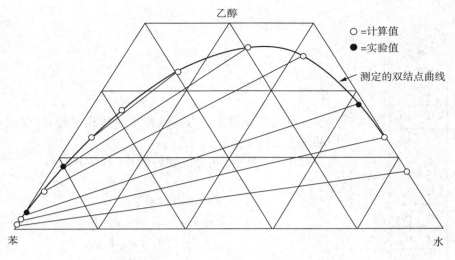

例 5 – 1 附图 2　乙醇 – 苯 – 水体系三元相图

5.2.4　活度系数法求萃取相平衡数据

相平衡时，溶质 A 在 B、S 两相中的化学位相等，即

$$(\mu_A)_S = (\mu_A)_B \qquad (5-2)$$

亦即

$$(\gamma_A)_S x_{AS} = (\gamma_A)_B x_{AB} \qquad (5-3)$$

分配系数

$$k_A = \frac{x_{AS}}{x_{AB}} = \frac{(\gamma_A)_B}{(\gamma_A)_S} \qquad (5-4)$$

显然，分配系数 k_A 可以由活度系数 γ 的值来求得，求算方法可详见本书第二章有关内容。

5.2.5　相平衡数据的检索

有关液液相平衡的实测性数据已有报道，读者可查阅有关专著和手册。

5.3　萃取过程计算

在化工原理中已对各种萃取过程的图解法进行了详细讨论。本节主要介绍多级逆流萃取和微分逆流萃取的计算方法。

5.3.1　多级逆流萃取的近似计算（简捷法）

图 5 – 8 为多级逆流萃取流程示意图。

图中，L_0，L_N，V_{N+1} 和 V_1 分别为原料液、萃余液、萃取剂和萃取液流率，kmol/h；l_i，v_i 分别为任一组分 i 在萃余相和萃取相中的流率，kmol/h；x_i，y_i 分别为任一组分 i 在萃余相和萃取相中的摩尔分数。

两相处于平衡时，

$$y_i = k_i x_i \qquad (5-5)$$

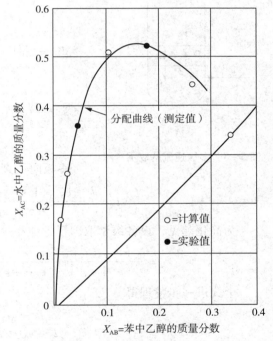

例 5 – 1 附图 3　乙醇在苯和水中的分配

115

所以
$$k_i = \frac{y_i}{x_i} = \frac{v_i/V}{l_i/L} \qquad (5-6)$$

令
$$\varepsilon_i = k_i \frac{V}{L} \qquad (5-7)$$

则
$$\frac{v_i}{l_i} = \varepsilon_i \qquad (5-8)$$

ε_i 称为萃取因子，为两液相接触达到平衡时，i 组分在两相中的流率之比。

对任一 j 级作 i 组分的物料衡算（省略下标 i）
$$v_j + l_j = l_{j-1} + v_{j+1} \qquad (5-9)$$

将 $v_j = \varepsilon_j l_j$ 代入式(5-9)得
$$l_j \varepsilon_j + l_j = l_{j-1} + \varepsilon_{j+1} l_{j+1}$$
$$l_j = \frac{l_{j-1} + \varepsilon_{j+1} l_{j+1}}{1 + \varepsilon_j} \qquad (5-10)$$

当 $j = 1$ 时，由上式得
$$l_1 = \frac{l_0 + \varepsilon_2 l_2}{1 + \varepsilon_1} = \frac{l_0 + v_2}{1 + \varepsilon_1} \qquad (5-11)$$

当 $j = 2$ 时
$$l_2 = \frac{l_1 + \varepsilon_3 l_3}{1 + \varepsilon_2} = \frac{l_0 + v_3 (1 + \varepsilon_1)}{1 + \varepsilon_1 + \varepsilon_1 \varepsilon_2} \qquad (5-12)$$

当 $j = 3$ 时
$$l_2 = \frac{l_0 + v_4 (1 + \varepsilon_1 + \varepsilon_1 \varepsilon_2)}{1 + \varepsilon_1 + \varepsilon_1 \varepsilon_2 + \varepsilon_1 \varepsilon_2 \varepsilon_3} \qquad (5-13)$$

图 5-8　多级逆流萃取示意图

逐板向下直到 N 级，得
$$l_N = \frac{l_0 + v_{N+1}(1 + \varepsilon_1 + \varepsilon_1 \varepsilon_2 + \cdots + \varepsilon_1 \varepsilon_2 \cdots \varepsilon_{N-1})}{1 + \varepsilon_1 + \varepsilon_1 \varepsilon_2 + \cdots + \varepsilon_1 \varepsilon_2 \cdots \varepsilon_N} \qquad (5-14)$$

为简化起见，设各级萃取因子近似相等，则
$$l_N = \frac{l_0 + v_{N+1}(1 + \varepsilon + \varepsilon^2 + \cdots + \varepsilon^{N-1})}{1 + \varepsilon + \varepsilon^2 + \cdots + \varepsilon^N} = \frac{l_0(\varepsilon - 1) + v_{N+1}(\varepsilon^N - 1)}{\varepsilon^{N+1} - 1} \qquad (5-15)$$

上式进一步整理得
$$\frac{l_0 - l_N}{l_0 - v_{N+1}/\varepsilon} = \frac{\varepsilon^{N+1} - \varepsilon}{\varepsilon^{N+1} - 1} = \rho \qquad (5-16)$$

上式称为克雷姆塞尔－休特(Kremser – Souder)方程。式(5-16)中，$l_0 - l_N$ 表示被萃组分通过萃取塔后被萃取的量；而 $l_0 - v_{N+1}/\varepsilon$ 是根据平衡关系计算的该组分最大可能萃取量，两者之比表示相对萃取率，当萃取剂不含溶质时，$v_{N+1} = 0$，相对萃取率等于萃取率。

由式(5-16)可得出：
$$N = \frac{\lg \dfrac{\varepsilon - \rho}{1 - \rho}}{\lg \varepsilon} - 1 \qquad (5-17)$$

式(5-17)所表达的是萃取率和萃取因子、理论级数之间的关系。利用式(5-17)，根据已知的 ρ 以及 ε 可以算出所需的理论级数 N，或规定了萃取率和理论级数时，可求出 ε，

从而求得 $\dfrac{V}{L}$。

5.3.2 多级逆流萃取过程的逐级计算

对任一 j 级的 i 组分（i 下标省略）作物料衡算

$$v_j + l_j = l_{j-1} + v_{j+1}$$

将 $l_j = \dfrac{v_j}{\varepsilon_j}$ 代入上式得

$$\frac{1}{\varepsilon_{j-1}}v_{j-1} - (1 + \frac{1}{\varepsilon_j})v_j + v_{j+1} = 0 \qquad (5-18)$$

当 $j = 1$ 时，由上式得

$$-(1 + \frac{1}{\varepsilon_1})v_1 + v_2 = -\frac{v_0}{\varepsilon_0} = -l_0 \qquad (5-19)$$

当 $j = 2$ 时

$$\frac{1}{\varepsilon_1}v_1 - (1 + \frac{1}{\varepsilon_2})v_2 + v_3 = 0 \qquad (5-20)$$

当 $j = 3$ 时

$$\frac{1}{\varepsilon_2}v_2 - (1 + \frac{1}{\varepsilon_3})v_3 + v_4 = 0 \qquad (5-21)$$

以此类推
当 $j = N-1$ 时

$$\frac{1}{\varepsilon_{N-2}}v_{N-2} - (1 + \frac{1}{\varepsilon_{N-1}})v_{N-1} + v_N = 0 \qquad (5-22)$$

当 $j = N$ 时

$$\frac{1}{\varepsilon_{N-1}}v_{N-1} - (1 + \frac{1}{\varepsilon_N})v_N = -v_{N+1} \qquad (5-23)$$

将上式方程组写成矩阵形式

$$\begin{bmatrix} -(1+1/\varepsilon_1) & 1 & & & & & \\ 1/\varepsilon_1 & -(1+1/\varepsilon_2) & 1 & & & & \\ & \cdots & \cdots & \cdots & & & \\ & & 1/\varepsilon_{j-1} & -(1+1/\varepsilon_j) & 1 & & \\ & \cdots & \cdots & \cdots & & & \\ & & & 1/\varepsilon_{N-2} & -(1+1/\varepsilon_{N-1}) & 1 \\ & & & & 1/\varepsilon_{N-1} & -(1+1/\varepsilon_N) \end{bmatrix} \begin{bmatrix} v_1 \\ v_2 \\ \cdots \\ v_j \\ \cdots \\ v_{N-1} \\ v_N \end{bmatrix} = \begin{bmatrix} -l_0 \\ 0 \\ \cdots \\ 0 \\ \cdots \\ 0 \\ -v_{N+1} \end{bmatrix} \qquad (5-24)$$

因为系数矩阵为三对角矩阵，可利用追赶法求解出各级萃取相的流率 v_j，然后利用 $l_j = \dfrac{v_j}{\varepsilon_j}$ 求出各级萃余相的流率 l_j。

【例 5-2】有一含钍的原料液中含钍量为 $1\mathrm{g/L}$。采用 30% TBP - 煤油溶液进行多级逆流萃取，溶剂与料液比为 1，操作条件下平均分配系数 $K = 2$，采用 3 级逆流萃取，求逐级浓度分布及钍的萃取率。

解：$\varepsilon = \dfrac{V}{L}k = 1 \times 2 = 2$

对各级进行物料衡算：

$$\begin{cases} Lx_0 + Vy_2 = Lx_1 + Vy_1 \\ Lx_1 + Vy_3 = Lx_2 + Vy_2 \\ Lx_2 + Vy_4 = Lx_3 + Vy_3 \end{cases} \Rightarrow \begin{cases} x_0 + \dfrac{V}{L}y_2 = x_1 + \dfrac{V}{L}y_1 \\ x_1 + \dfrac{V}{L}y_3 = x_2 + \dfrac{V}{L}y_2 \\ x_2 + \dfrac{V}{L}y_4 = x_3 + \dfrac{V}{L}y_3 \end{cases}$$

$\because \quad y_i = kx_i, \quad \varepsilon = \dfrac{V}{L}k$

$\therefore \begin{cases} \varepsilon x_2 - (1+\varepsilon)x_1 = -x_0 \\ \varepsilon x_3 - (1+\varepsilon)x_2 + x_1 = 0 \\ -(1+\varepsilon)x_3 + x_2 = 0 \end{cases}$

代入已知数，得

$$\begin{bmatrix} -3 & 2 & 0 \\ 1 & -3 & 2 \\ 0 & 1 & -3 \end{bmatrix} \begin{bmatrix} x_1 \\ x_2 \\ x_3 \end{bmatrix} = \begin{bmatrix} -1 \\ 0 \\ 0 \end{bmatrix}$$

解得：$x_1 = 0.466$ $y_1 = 0.932$

$\quad\quad\quad x_2 = 0.2$ $y_2 = 0.4$

$\quad\quad\quad x_3 = 0.067$ $y_3 = 0.134$

$$\rho = \frac{Vy_1}{Lx_0} = \frac{0.932}{1.0} = 0.932$$

5.3.3 连续微分接触萃取过程的计算

5.3.3.1 传质单元高度法

图 5-9 为一微分逆流萃取塔。假设两相在塔内作活塞流流动；轻相为萃取相，在自下而上的流动过程中溶质浓度不断上升；重相为萃余相，在自上而下的流动过程中溶质浓度不断下降；相间的传质只在水平方向上发生，而在轴向方向上，每一相内都不发生传质。

为简单起见，只考虑单个溶质 A 的情形。

设塔内萃取相和萃余相中溶质的浓度分别为 y 和 x，S 为塔截面积。

对微分段内的传质情况进行分析：

$$\mathrm{d}N = \mathrm{d}(Lx) = \mathrm{d}(Vy) \tag{5-25}$$

$$\mathrm{d}(Lx) = \mathrm{d}\left(L_A \frac{x}{1-x}\right) = L_A \frac{\mathrm{d}x}{(1-x)^2} = L \frac{\mathrm{d}x}{1-x} \tag{5-26}$$

式（5-26）中，L_A 为脱除溶质后萃余相的量，如同吸收中的惰性气体量，在塔内为一常数。

同理

$$\mathrm{d}(Vy) = \mathrm{d}\left(V_A \frac{y}{1-y}\right) = V_A \frac{\mathrm{d}y}{(1-y)^2} = V \frac{\mathrm{d}y}{1-y} \tag{5-27}$$

式（5-27）中，V_A 为脱除溶质后萃取相的量，即纯溶剂

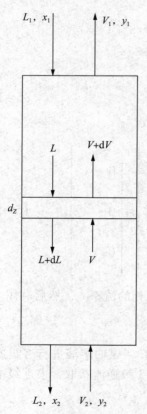

图 5-9　微分逆流萃取塔示意图

量，在塔内为一常数。

根据传质速率方程

$$dN = K_x a (x - x^*) S dz = K_y a (y^* - y) S dz \qquad (5-28)$$

式中，$K_x a$、$K_y a$——分别为萃余相、萃取相的体积传质系数；x^*、y^*——分别为两液相平衡时萃余相和萃取相的浓度。

由式(5-25)、(5-26)和(5-28)得

$$L \frac{dx}{1-x} = K_x a (x - x^*) S dz \qquad (5-29)$$

同理

$$V \frac{dy}{1-y} = K_y a (y^* - y) S dz \qquad (5-30)$$

将式(5-29)和(5-30)积分得

$$Z = \int_{x_2}^{x_1} \frac{L dx}{K_x a S (1-x)(x-x^*)} = \int_{x_2}^{x_1} \frac{L}{K_x a S (1-x)_m} \frac{(1-x)_m dx}{(1-x)(x-x^*)} \qquad (5-31)$$

$$Z = \int_{y_2}^{y_1} \frac{V dy}{K_y a S (1-y)(y^*-y)} = \int_{y_2}^{y_1} \frac{V}{K_y a S (1-y)_m} \frac{(1-y)_m dy}{(1-y)(y^*-y)} \qquad (5-32)$$

其中，

$$(1-x)_m = \frac{(1-x^*)-(1-x)}{\ln \frac{(1-x^*)}{(1-x)}} \qquad (5-33)$$

$$(1-y)_m = \frac{(1-y)-(1-y^*)}{\ln \frac{(1-y)}{(1-y^*)}} \qquad (5-34)$$

实验中发现，$\dfrac{L}{K_x a S (1-x)_m}$ 和 $\dfrac{V}{K_y a S (1-y)_m}$ 沿塔高变化不大。因此，式(5-31)和(5-32)可变为

$$Z = \frac{L}{K_x a S (1-x)_m} \int_{x_2}^{x_1} \frac{(1-x)_m dx}{(1-x)(x-x^*)} \qquad (5-35)$$

$$Z = \frac{V}{K_y a S (1-y)_m} \int_{x_2}^{x_1} \frac{(1-y)_m dy}{(1-y)(y^*-y)} \qquad (5-36)$$

令

$$H_{OR} = \frac{L}{K_x a S (1-x)_m}, \quad N_{OR} = \int_{x_2}^{x_1} \frac{(1-x)_m dx}{(1-x)(x-x^*)} \qquad (5-37)$$

及

$$H_{OE} = \frac{V}{K_y a S (1-y)_m}, \quad N_{OE} = \int_{x_2}^{x_1} \frac{(1-y)_m dy}{(1-y)(y^*-y)} \qquad (5-38)$$

则

$$Z = H_{OR} \cdot N_{OR} = H_{OE} \cdot N_{OE} \qquad (5-39)$$

式中 H_{OR} 和 H_{OE}——分别为以萃余相和萃取相为基准的传质单元高度；

N_{OR} 和 N_{OE}——分别为以萃余相和萃取相为基准的传质单元数。

传质单元数的计算：

(1) 对大多数实际情况，$(1-x^*)$ 和 $(1-x)$ 之间的差别不大于两倍，此时，对数平均值可近似用算术平均值代替，即 $(1-x)_m = \dfrac{(1-x^*)+(1-x)}{2}$，计算公式可简化为

$$N_{OR} = \int_{x_2}^{x_1} \frac{dx}{x-x^*} + \frac{1}{2} \ln \frac{1-x_2}{1-x_1} \qquad (5-40)$$

同理
$$N_{OE} = \int_{y_2}^{y_1} \frac{\mathrm{d}y}{y^* - y} + \frac{1}{2}\ln\frac{1 - y_1}{1 - y_2} \tag{5-41}$$

注意，式（5-40）和（5-41）中的浓度应以摩尔分数表示。

若两相浓度以质量分数表示，传质单元数的计算公式应为

$$N_{OR} = \int_{X_2}^{X_1} \frac{\mathrm{d}X}{X - X^*} + \frac{1}{2}\ln\frac{1 - X_2}{1 - X_1} + \frac{1}{2}\ln\frac{X_1(r-1)+1}{X_2(r-1)+1} \tag{5-42}$$

$$N_{OE} = \int_{Y_2}^{Y_1} \frac{\mathrm{d}Y}{Y^* - Y} + \frac{1}{2}\ln\frac{1 - Y_1}{1 - Y_2} + \frac{1}{2}\ln\frac{Y_2(r-1)+1}{Y_1(r-1)+1} \tag{5-43}$$

上式中，X 和 Y 为质量分数；r 为溶剂与溶质分子量之比。

（2）对于稀溶液，$(1-x)$ 和 $(1-y)$ 趋近于 1，这时

$$N_{OR} = \int_{x_2}^{x_1} \frac{\mathrm{d}x}{x - x^*} \tag{5-44}$$

$$N_{OE} = \int_{y_2}^{y_1} \frac{\mathrm{d}y}{y^* - y} \tag{5-45}$$

若平衡线接近于直线时，传质单元数的计算公式可进一步简化为：

$$N_{OR} = \frac{\ln\left[\left(\dfrac{x_1 - y_2/k}{x_2 - y_2/k}\right)\left(1 - \dfrac{1}{\varepsilon}\right) + \dfrac{1}{\varepsilon}\right]}{1 - \dfrac{1}{\varepsilon}} \tag{5-46}$$

$$N_{OE} = \frac{\ln\left[\left(\dfrac{y_1 - kx_2}{y_2 - kx_2}\right)(1 - \varepsilon) + \varepsilon\right]}{\varepsilon - 1} \tag{5-47}$$

上述计算均假设为活塞流模型（理想流动），实际上在萃取塔内，两相逆流流动的情况是相当复杂的，其型式与活塞流有显著的偏离，存在轴向混合现象。因此，传质单元高度的计算必须考虑轴向混合的影响。

【例5-3】用三氯乙烷萃取丙酮水溶液，平衡线如图所示。水溶液加料量 $L = 100\mathrm{kg/h}$，溶剂加料量 $V = 30\mathrm{kg/h}$，水相料液中丙酮浓度为 0.5（质量分数，下同），萃残液中丙酮浓度为 0.1，萃取相出口处丙酮的质量分数为 0.557，试求萃取塔所需的传质单元数（以萃余相为基准）。

解：由题可知，$X_1 = 0.5$，$X_2 = 0.1$，$Y_1 = 0.557$，$Y_2 = 0$

所以，$X_2^* = 0$

由图中读出，$X_1^* = 0.435$

$1 - X_2^* = 1 - 0 = 1$，$1 - X_2 = 1 - 0.1 = 0.9$

$1 - X_1^* = 1 - 0.435 = 0.565$，$1 - X_1 = 1 - 0.5 = 0.5$

由上述计算可知，$(1 - X^*)$ 和 $(1 - X)$ 之间的差别不大于两倍，所以

$$N_{OR} = \int_{X_2}^{X_1} \frac{\mathrm{d}X}{X - X^*} + \frac{1}{2}\ln\frac{1 - X_2}{1 - X_1} + \frac{1}{2}\ln\frac{X_1(r-1)+1}{X_2(r-1)+1}$$

$$r = \frac{18.02}{58.05} = 0.310$$

根据 $X_1 = 0.5$，$X_2 = 0.1$，$Y_1 = 0.557$ 和 $Y_2 = 0$，作出操作线（见附图），从图中可读出 $X - X^*$，将 $\dfrac{1}{X - X^*}$ 对 X 作图，图解积分得 $\displaystyle\int_{X_2}^{X_1} \frac{\mathrm{d}X}{X - X^*} = 4.98$

所以

$$N_{OR} = \int_{x_2}^{x_1} \frac{dX}{X - X^*} + \frac{1}{2}\ln\frac{1 - X_2}{1 - X_1} + \frac{1}{2}\ln\frac{X_1(r-1)+1}{X_2(r-1)+1}$$

$$= 4.98 + \frac{1}{2}\ln\frac{1 - 0.1}{1 - 0.5} + \frac{1}{2}\ln\frac{0.5(0.31-1)+1}{0.1(0.31-1)+1} = 5.10$$

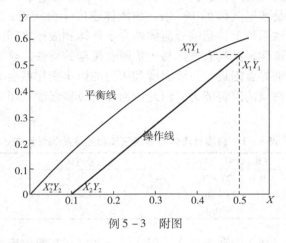

例 5 – 3　附图

5.3.3.2　理论级当量高度法

在工程上也有采用理论级和理论级当量高度的概念来处理萃取塔的设计计算问题，特别是在多组分复杂体系的计算中。萃取塔的高度 Z 可表示为

$$Z = N_T \cdot H_e \tag{5-48}$$

式中，N_T 为理论级数；H_e 为理论级当量高度，单位 m。

H_e 的概念是：当两相通过塔内某一段高度后，其分离效果相当于一个理论级所对应的分离效果，则这段高度称作理论级当量高度。显然，H_e 可反映传质效率的高低，其值越小则传质效率越高。而 N_T 与前文逐级萃取中的理论级数一样，反映了完成指定分离任务的难易程度。

必须指出，理论级和理论级当量高度基于平衡级概念，而实际上两相连续逆流中的传质不同于逐级接触过程，因此，在工程设计中应用理论级和理论级当量高度的可靠性还有待不断提高。

5.4　其他萃取技术

5.4.1　超临界流体萃取

早在 1879 年，Hannay 和 Hogarth 发现，在 $T > 516K$ 和 $p > 65atm$ 的超临界状态下，可用乙醇(此时为稠密气体)溶解碘化钾、溴化钾等固体，而通过降低压力则可将这些固体析出，该过程后来被称为"超临界流体萃取"(supercritical fluid extraction，简称 SFE)。到 20 世纪 40 年代，超临界流体萃取技术开始在专利和技术文献中出现，至 60 年代已有很多学者从各个方面研究这一特殊的溶解度增加现象，发现在超临界状态下的流体，可使有机物的溶解度增加几个数量级。美国在 20 世纪 50 年代已将 SFE 用于工业分离，1963 年德国首次申请 SFE 分离技术的专利，到 20 世纪 80 年代，SFE 已成为一门非常热门的学科与技术。

5.4.1.1 超临界流体萃取的原理及特性

当物质处于其临界温度(T_c)和临界压力(p_c)以上时,即便继续增加压力,它也不会液化。此时该流体的密度与液态接近,具有类似液体的性质,但同时又保留了气体的外观,具有良好的扩散性。这种状态的流体,称之为超临界流体(super critical fluid,缩写 SCF)。

表5-1列出了超临界流体物质与普通气体和液体物质的基本属性。从表中数据可以看出,超临界流体的密度是普通气体的 10^2 倍,与液体密度十分接近;而其黏度则比液体小,与气体黏度相当。在扩散系数上,超临界流体则介于气体和液体之间。因此,超临界流体既具有液体对物质的高溶解性,又具有气体易于扩散和流动的特性,这对于萃取和分离是十分有益的。更重要的是在临界点附近,只要温度和压力的微小变化就会引起超临界流体密度的显著变化,从而改变对物质的溶解能力。因此,通过对过程温度、压力的调节,可实现萃取分离的目的。

表5-1 超临界流体与普通气体和液体的物性比较

物性	气体(常温、常压)	超临界流体	液体(常温、常压)
密度/(g/cm^3)	$(0.6 \sim 2) \times 10^{-3}$	$0.2 \sim 0.5$	$0.6 \sim 1.6$
黏度/(Pa·s)	$(1 \sim 3) \times 10^{-5}$	$(1 \sim 3) \times 10^{-5}$	$(0.2 \sim 3) \times 10^{-3}$
扩散系数/(cm^2/s)	$0.1 \sim 0.4$	0.7×10^{-3}	$(0.2 \sim 2) \times 10^{-5}$

尽管超临界流体的溶剂效应普遍存在,但实际上考虑到其溶解度、选择性、临界值高低以及发生化学反应等因素,因此应用于工业分离有实用价值的超临界流体并不多。

表5-2列出了部分物质的临界点数据。一般说来,临界密度越大,其溶解能力越强;临界温度越接近室温,操作的条件就越温和;临界压力越低,越有利于降低设备装置的成本和提高使用安全性。超临界 CO_2 的密度较大,临界温度低、临界压力适中,而且便宜易得、无毒安全,也容易与萃取产物分离,故超临界二氧化碳(ScCO_2)是最常用、最有效的超临界流体。图5-10描绘了 CO_2 压力、温度和密度的变化关系。

表5-2 部分物质的沸点与临界点数据

物质名称	沸点/℃	临界温度/℃	临界压力/MPa	临界密度/(g/cm^3)
二氧化碳	-78.5	31.06	7.39	0.448
氨	-33.4	132.3	11.28	0.24
甲烷	-164	-83	4.6	0.16
乙烷	-88	32.4	4.9	0.203
丙烷	-44.5	97	4.26	0.22
正丁烷	-0.5	152	3.8	0.228
正戊烷	36.5	196.6	3.37	0.232
正己烷	69	234.2	2.97	0.234
乙烯	-103.7	9.5	5.07	0.20
丙烯	-47.7	92	4.67	0.23
二氯二氟甲烷	-29.8	111.7	3.99	0.558
一氯三氟甲烷	-81.4	28.8	3.95	0.58
六氟化硫 F_6S	-63.8	45	3.76	0.74
水	100	374.2	22.0	0.344

图 5 – 10 中左下方的 P 点为三相共存点，对于任何纯物质均存在三相点。PC 线则对应 CO_2 的气液平衡线，随着温度的升高，饱和蒸气压 p_S 随之增加，但较为缓慢。至临界点 C 时，气 – 液界面消失，进入"气 – 液混沌态"，此时 CO_2 性质呈现均一性。C 点处对应的压力、温度即为 CO_2 的超临界温度（$T_c = 304.2K$）和超临界压力（$p_c = 73.83 \times 10^5 Pa$）。

图 5 – 11 则描述了对碘氯苯在乙烯超临界状态下的溶解度变化规律。由表 5 – 2 知道乙烯的 $T_c = 282.5K$，$p_c = 5.07MPa$。在曲线拐点的左下方，乙烯处于非临界状态，溶解度随着压力的增加其增值很小，但当压力值超过 5.0 MPa 后，溶解度显著地增加。此时它已进入超临界状态。由图可清楚地看出，当压力由 5.0MPa 升至 6.0MPa，其对应的溶解度由 0.1g/L 提高至约 3.0g/L，增加 30 倍。这也是超临界流体萃取技术受到热切关注的主要原因。

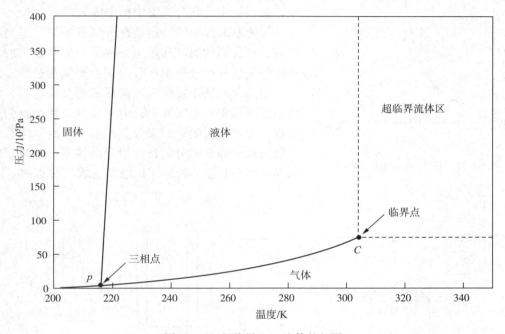

图 5 – 10　超临界 CO_2 流体的相图

SFE 的优点主要体现在：（1）选择的萃取剂在常温、常压下为气体，萃取后可方便地与萃取组分实现分离；（2）超临界流体的溶解能力，可通过调节温度、压力、夹带剂在很大范围内变化；（3）可以采用压力梯度和温度梯度来优化萃取条件。不过 SFE 也有其固有的缺陷，即萃取率较低，选择性不高，设备要求高。

5.4.1.2　超临界流体萃取过程与装置

实验室超临界流体萃取设备及基本工艺流程如图 5 – 12 所示。萃取剂气体经压缩机加压后送入储气罐，由储气罐经压力调节阀进入预热器，加热至工作温度的萃取剂即处于超临界状态。超临界萃取剂再经单向阀进入装有样品的萃取器，被萃取出的目标物质随超临界流体通过减压阀一起送入收集装置，此时，超临界流体回到常温、常压状态，从萃取物中挥发分离出来，同时留下被萃取产品。减压分离出的萃取气体回收后循环使用。

工业上使用的超临界流体萃取装置都是循环式的，又因原料、分离目标和技术路线的不同而有多种萃取工艺流程，但基本的流程都是类似的。其主要设备包括萃取釜和分离釜两部分，再配以适当的加压和加热部件。

对于固体原料的萃取过程，通常有等温法、等压法和吸附法三种工艺流程（见图 5 – 13）。

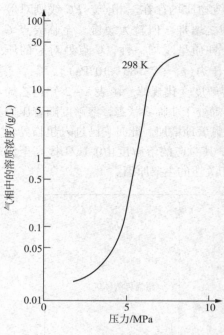

图 5-11 压力对溶解度的影响

等温萃取法的特点是萃取釜和分离釜处于相同的温度，而萃取釜压力则高于分离釜。利用此压差，将萃取的目标组分在分离釜中析出，而成为产品。降压操作采用减压阀，使超临界流体处于临界压力之下，随后，再通过压缩或高压泵，将降压后的超临界流体再升至萃取釜压力，循环使用。

等压萃取操作的特点是萃取釜与分离釜处于相同压力状态，利用不同温度实现超临界流体对组分的溶解和分离，即先在高温下萃取，再进入低温的分离釜中，使目标组分在分离釜中析出成为产品。

吸附萃取操作的特点是在分离釜中填充适当的吸附剂，在相同的温度和压力条件下，使萃取出的目标物质组分选择性地吸附在吸附剂上而实现分离。理论上，吸附萃取法不需要压缩能耗和热交换能耗，应是最节能的流程。但实际上，绝大多数天然产物的分离过程，很难通过吸附剂来收集产品，吸附萃取只适合于能选择性地吸附分离目标组分的体系，咖啡豆中脱除咖啡因是超临界吸附萃取法最为成功的实例。

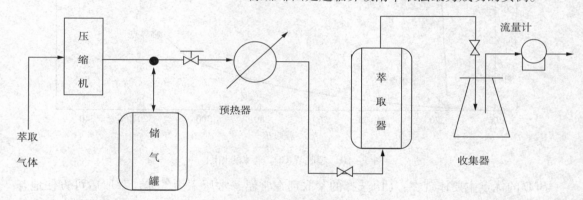

图 5-12 实验室中超临界流体萃取工艺流程图

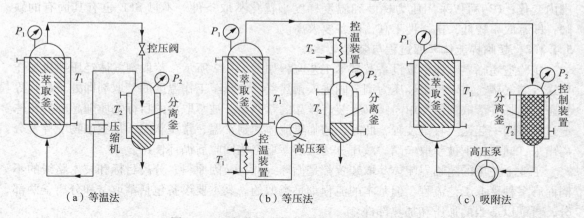

（a）等温法　　　　　（b）等压法　　　　　（c）吸附法

图 5-13 超临界流体萃取的三种工艺流程图

124

实验表明，温度对超临界流体溶解能力的影响远远小于压力的影响，因此通过改变温度的等压萃取工艺，虽可以节省压缩能耗，但实际的分离果则受到很多限制，应用价值不高。所以，通常超临界流体多采取改变压力的等温萃取工艺。

5.4.1.3 超临界流体萃取过程的影响因素

超临界流体萃取作为一种工艺，其分离效果受到了如压力、温度、流体密度、溶剂比、颗粒度、流体分子极性等诸多因素的影响。

(1)压力　压力是影响超临界流体萃取最为关键的因素之一。通常随压力增加，流体的溶解度显著地增加。这是因为超临界流体的溶解能力是随其密度的增加而增大的，而增加压力将提高超临界流体的密度，尤其在临界点附近，其影响最为显著。而超过一定压力后，相应的溶解度增加效应则变得较为缓慢(参见图 5 – 11)。

(2)温度　温度对超临界流体溶解能力的影响相对复杂。一般而言，温度升高，物质在超临界流体中的溶解度变化往往会出现一最低值。一方面随着温度升高，超临界流体的密度降低，导致其溶解度下降；另一方面当温度上升，被萃取组分的蒸汽压增大，从而使物质在超临界流体中的溶解度提高。在一定温度以下，前一因素呈主导地位；而温度达一定值后，则后一因素占主要作用。所以，超临界流体的溶解能力随温度的升高往往是呈现先降后升现象。

(3)流体密度　溶剂的溶解能力与其密度有关，密度大，溶解能力大。但密度大时，传质系数小。在恒温时，密度增加，萃取速率增加；在恒压时，密度增加，萃取速率下降。

(4)溶剂比　当萃取温度和压力确定后，溶剂比是一个重要参数。在低溶剂比时，经一定时间萃取后固体中残留量大。用非常高的溶剂比时，萃取后固体中的残留趋于低限。溶剂比的大小必须考虑经济性。

(5)颗粒度　一般情况下，萃取速率随固体物料颗粒尺寸减少而增加。颗粒过大时，固体相内受传质控制，萃取速率慢，即使提高压力、增加溶剂的溶解能力，也不能有效地提高溶剂中溶质浓度。另一方面，当颗粒过小时，会形成高密度的床层，使溶剂流动通道阻塞而造成传质速率下降。

(6)流体分子极性　非极性的超临界 CO_2 对极性组分的萃取能力明显不够。但如果在 CO_2 流体中加入极性溶剂(如甲醇)，则可显著地改变萃取效果。此时这种加入的极性溶剂，就称为提携剂(entrainer)或改性剂(modifier)。如氢醌在超临界 CO_2 流体中的溶解度极低，若加入少量的磷酸三丁酯后，就可使氢醌的溶解度增加两个数量级以上。提携剂一般选择其挥发性介于超临界流体物质和被萃取物质之间的溶剂，并以液体的形式少量加入(1% ~5%，质量分数)。实验表明，在非极性超临界流体中加入极性提携剂可提高对极性溶质的萃取，但对非极性溶质的作用不大；相反，如果加入与溶质的分子量相近的非极性提携剂，则对极性和非极性溶质都有提高溶解度的作用。关于提携剂的作用机理目前尚不清楚，有人认为提携剂分子与溶质分子之间存在氢键相互作用。

5.4.1.4 超临界流体萃取的应用

目前，采用 SFE 的绝大多数原料为固体物料，因为此时物质的选择性较为明确，SFE 的特点能很好地凸显出来。表 5 – 3 列出了 SFE 在各行业中的应用实例。

表 5-3 超临界流体萃取技术在各行业中的应用实例

工业类别	应用实例
医药工业	(1)酶、维生素等的精制、回收 (2)从动、植物中萃取有效药物成分(生物碱、维生素 E、芳香油等) (3)医药品原料的浓缩、精制 (4)脂质混合物的分离、精制(甘油脂、脂肪酸,卵磷脂) (5)酵母、菌体生成物的萃取
食品工业	(1)植物油的萃取(大豆、向日葵、棕榈、可可、咖啡等) (2)动物油的萃取(鱼油、肝油等) (3)食品的脱脂(马铃薯片、无脂淀粉、油炸食品) (4)从茶、咖啡中脱除咖啡因;啤酒花的萃取 (5)食用香料的萃取 (6)植物色素的萃取 (7)含酒精饮料的软化 (8)脱色、脱臭
化妆品、香料工业	(1)天然香料的萃取、合成香料的分离与精制 (2)烟草脱除烟碱 (3)化妆品原料的萃取、精制(表面活性剂、脂肪酸酯、单甘油酯等)
化学工业	(1)烃的分离(烷烃与芳烃、萘、α-烯烃的分离;正构烃与异构烃的分离) (2)有机合成原料的精制(羧酸、酯、酐等) (3)有机水溶液的脱水(醇、甲乙酮等) (4)共沸化合物的分离(水-乙醇等) (5)反应原料的回收(从低级脂肪酸盐的水溶浓中回收脂肪酸) (6)农林产品的萃取精制 (7)烷基铝的回收
能源工业	(1)煤中有效成分的萃取(烃、焦油、杂酚油等) (2)煤液的萃取和脱灰 (3)石油残渣油的脱沥青、重金属的除去 (4)原油或重质油的软化 (5)原油的三次回收 (6)生物质醇的浓缩、脱水
其他	(1)活性炭的再生、海水淡化 (2)润滑油的再生、污水处理 (3)分析应用(超临界流体色谱)

5.4.2 双水相萃取

前面所述及的各种萃取方法,几乎都是利用溶质在水油两相的溶解度不同而达到分离目的的。然而在某些情况下,特别是对生物样品的处理过程中,传统的有机溶剂萃取方法受到了限制。原因是多数蛋白质、核酸、各种细胞等在有机溶剂中易失活变性,而且大部分的蛋白质分子有良好的亲水性,难溶于有机溶剂中。以下介绍的双水相萃取方法是一种新型的液液萃取分离技术,主要目标就是解决生物活性物质的提取和分离问题。

5.4.2.1 双水相体系及双水相萃取原理

将两种不同的水溶性聚合物的水溶液混合时,当聚合物浓度达到一定值,体系会自然地分成互不相溶的两相。这一现象早在1896年就由贝杰林克(Beijerinck)观察到了，当明胶与琼脂(或可溶性淀粉)的水溶液混合时，就形成一个混浊的溶液，它随之分成两个液相，上相中富含明胶，而下相中则富含琼脂(或淀粉)，这就是双水相体系。双水相体系的形成主要是由于高聚物分子间的不相容性，即高聚物分子的空间阻碍作用，相互无法渗透，不能形成均一相，从而具有相分离倾向，在一定条件下即可分为两相。一般认为，只要两聚合物水溶液的憎水程度有所差异，混合时就可发生相分离，且憎水程度相差越大，相分离倾向也就越大。

乙二醇(PEG) - 葡聚糖(Dextran)是研究最多的双水相体系。然而这些高聚物价格比较昂贵，工业化的成本很高。目前，研究者多以变性淀粉、乙基羟基纤维素、糊精、麦芽糖糊精等廉价的天然高聚物来替代葡聚糖;用羟基纤维素、聚乙烯醇、聚乙烯吡咯烷酮等代替PEG。同时研究也发现，由这些廉价高聚物组成的双水相体系的相图与PEG - 葡聚糖双水相体系的相图极为相似，稳定性也较好，且具有蛋白质溶解度大、黏度小等优点。

聚合物 - 盐水溶液是另一大类双水相体系。研究表明，当PEG与磷酸盐、硫酸铵或硫酸镁等共存于水中时，同样由于盐的"盐析"作用，而形成双水相体系，使得高聚物和无机盐分别富集于两相中。

随着双水相萃取技术的不断发展，一些新的双水相体系也不断地涌现，如表面活性剂 - 表面活性剂双水相体系、亲和双水相体系、双水相胶束体系，且各有特点。表面活性剂双水相体系比高聚物双水相体系的含水率更高。另外，表面活性剂的增溶作用还可使双水相体系用于水不溶性生物大分子的萃取分离。亲和双水相萃取体系，是将一种配合基团(常与目标产物如蛋白质，具有良好亲和力)以共价键方式连接于一种成相高聚物(如PEG、葡聚糖)，从而大大提高目标物质的萃取分配系数，以提高萃取效率。目前在亲和双水相萃取体系中常用的配基有:(1)基团型亲和配基;(2)染料亲和配基;(3)生物亲和配基三类。近几年来，亲和双水相萃取技术的发展很快，如Kamihira等将亲和配基IgG(免疫球蛋白)偶联到高分子链上，并将其应用于重组蛋白A的提纯，结果显示产物纯度提高了26倍，萃取效率达到了80%。

双水相萃取分离的基本原理，就是生物物质在双水相体系中的选择性分配。当生物物质(如酶、核酸、病毒等)进入双水相体系后，在上相和下相间进行选择性分配，表现出一定的分配系数。在很大的浓度范围内，欲分离物质的分配系数与浓度无关，而与被分离物本身的性质及特定的双水相体系性质有关。不同的物质在特定的体系中有着不同的分配系数，如各种类型的细胞粒子、噬菌体的分配系数都大于100或小于0.01，酶、蛋白质等生物大分子的分配系数大致在0.1~10，而小分子盐的分配系数在1.0左右。由此可见，双水相体系对生物物质的分配具有很大的选择性。

5.4.2.2 双水相体系相图及分配系数

典型的双水相体系相图如图5 - 14所示。图中曲线TCB为双结点曲线(即平衡溶解度曲线)，当体系的总浓度位于该曲线的下方，则体系呈均一的单相，如组成为N点的水溶液体系。若组成点落在曲线TCB上方，则为双相体系。如总浓度组成位于M点处时，则体系为双相体系，并分离形成上相(轻相)B和下相(重相)T。直线TMB称为平衡联结线。当体系的总组成由M点变到M_1点，体系仍然为双水相体系，但此时两相的组成变为T'和B'。显然，T'、B'在组成上的差异要比T和B的差异要小。若继续改变体系的组成点至M_2，则所形成的两相差别进一步缩小，最后合并至C点，即临界共溶点。

同样，由 M 点分离形成的 T、B 两相量之间的关系也服从杠杆定理，即 T/B 的质量之比等于联结线上线段 MB 与 MT 的长度之比。由于 T、B 两相均为较稀的高聚物水溶液，其密度与纯水相当，这样在具体的计算时，就可用两相的体积之比来代替质量之比。

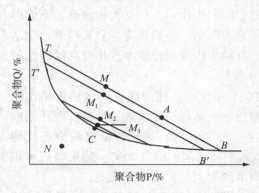

图 5 - 14　聚合物 - 聚合物双水相体系相图

根据以上分析可知，高聚物性质对双水相体系有着很大的影响。一般而言，高聚物的相对分子质量越大，其在水溶液中的浓度越小，形成相分离的浓度也越小。随着相对分子质量的增大，双结线向原点接近；两种高聚物的相对分子质量相差越大，双结线的不对称性（偏离45°斜线）越明显。实验发现，当高聚物浓度保持不变的情况下，降低某一高聚物的相对分子质量，被分配的可溶性生物大分子（如蛋白质、核酸）或颗粒（如细胞）将更多地分配于该相之中。

盐是影响体系分配系数的另一重要影响。由于盐的电荷性质不同，它在两相中的分配各不相同，会形成不同的电势差，继而影响带电生物大分子的分配。研究发现，当盐类浓度增加到一定程度时，由于盐析作用，蛋白质的分配系数几乎随盐浓度呈指数增加，且不同的蛋白质增大程度各不相同，利用此性质可使蛋白质相互分离。

磷酸盐在双水相体系中的作用非常特殊，它既可作为成盐相形成 PEG - 盐双水相体系，又可作为缓冲剂调节体系的 pH 值。通过控制不同的磷酸盐比例和浓度来调节两相间的电势差，以实现影响物质的不同分配系数。表 5 - 4 显示了不同盐浓度对物质分配系数的影响。

表 5 - 4　不同盐介质中一些蛋白质的分配系数 k

盐介质	分配系数 k			
	溶菌酶	核糖核酸酶	胃蛋白酶	血清白蛋白
0.01mol/L 磷酸钠，pH = 7	0.5	0.6	6.5	0.7
0.01mol/L 磷酸钠 + 0.05mol/L 氟化钠，pH = 7	1.3	0.75	2	0.2

由上表数据可看出，盐的种类对蛋白质分子在两相中的分配有很大的影响。除了核糖核酸酶外，其余的三个品种在不同的盐环境下，其分配系数值上下相差 3 倍。

另外，体系的 pH 值、黏度、表面张力等对双水相体系的萃取分离均有一定的影响。pH 值的变化会影响蛋白质分子的解离度与电荷性质，同时也会影响无机盐的电离程度，继而影响相间的电势差，最终改变蛋白质的分配系数。

5.4.2.3　双水相萃取技术的应用

双水相萃取技术主要应用于生化工程领域。表 5 - 5 给出了一些双水相萃取体系对生物酶的萃取实例。

表 5 - 5　双水相体系提取各种酶的实例

酶	双水相体系	分配系数	单次萃取率/%
延胡索酸酶	PEG - 无机盐	3.3	83
天冬氨酸酶	PEG - 无机盐	5.7	96
青霉素酰基转移酶	PEG - 无机盐	2.5	90

酶	双水相体系	分配系数	单次萃取率/%
β – 半乳糖苷酶	PEG – 无机盐	62	87
亮氨酸脱氢酶	PEG – 粗葡聚糖	9.5	98
葡糖 – 6 – 磷酸脱氢酶	PEG – 无机盐	6.2	94
乙醇脱氢酶	PEG – 无机盐	8.2	96
甲醛脱氢酶	PEG – 粗葡聚糖	11	94
葡糖异构酶	PEG – 无机盐	3.0	86
L – 2 – 羟基 – 异己酸脱氢酶	PEG – 无机盐	6.5	93

从表中结果可以看出，PEG – 无机盐双水相体系占绝大多数，且酶的分配系数多在 3.0 以上，说明酶具有明显的进入上相（PEG 相）的趋势，而多数体系的单次萃取率也都在 90% 以上。除此之外，双水相体系在其它领域中的应用也得以拓展，下面我们举 2 个例子来说明双水相萃取体系的优势与特点。

1. 双水相体系萃取分离青霉素 G

青霉素的生产历史已十分悠久，但在具体生产工艺中仍有改良的空间，如在过滤和提取阶段，产物的分解损耗较大。传统的有机溶剂提取法多采用乙酸丁酯，再用碳酸氢钠水溶液反萃。由于萃取是在低 pH 值的条件下进行，此时青霉素的降解损失严重，溶剂的损失很大，而且乙酸丁酯易挥发、易燃、易爆，对操作环境有较高的要求。

双水相萃取体系由于均为水相，两相间界面的张力较低，可以提高青霉素的传质速率，故被认为特别适用于从全发酵中提取青霉素。研究发现，用 PEG – K_2HPO_4 双水相提取全发酵液内青霉素 G 时，其分配系数与纯青霉素溶液十分接近，表明青霉素 G 的分配系数几乎不受发酵液中其它组分的干扰。采用双水相方法的另一优点是，提取是在中性 pH 值下进行的，青霉素的分解现象得到了明显的改善，且一步提取就能使青霉素 G 与苯乙酸明显分离。青霉素 G 的盐溶液、发酵滤液和全发酵液在 PEG – 盐双水相体系中的分配系数见表 5 – 6。

表 5 – 6　青霉素 G 盐溶液、发酵滤液和全发酵液在 PEG – 盐双水相体系中的分配系数

PEG – 盐组成	青霉素体系	相体积比（上/下相）	分配系数
20.3% PEG3350 – 12.2% K_2HPO_4	纯青霉素钾溶液	0.86	15.2
19.9% PEG3350 – 6.34 % Na_2SO_4	纯青霉素钾溶液	1.75	10.4
10.8% PEG6000 – 13.0 % $(NH_4)_2SO_4$	澄清的发酵滤液	0.34	18.7
14.5% PEG3350 – 8.67% K_2HPO_4	全发酵滤液（含菌丝）	47/1/31/21（上/界面/下/固体相）	13
8.0% PEG2000 – 20% $(NH_4)_2SO_4$	全发酵滤液（含菌丝）	0.24	58.4

由表中数据可知，青霉素 G 在两相中的的分配系数均大于 10，说明采用双水相体系提取法是十分有效的。只是对全发酵液的双水相提取时，发现过程中会有上相、界面相、下相和固相四个不同的相。界面相、固相由特定物料组成，相中几乎没有青霉素 G。但多相的产生对后续的分离处理比较复杂，且损失会增加。图 5 – 15 为双水相体系提取纯化青霉素 G 的工艺流程。它的优点是经过滤的发酵液无需酸化处理即可直接提取得到青霉素盐，且纯化过程消耗的有机溶剂量大大减少，产品的活性也得到了提高。

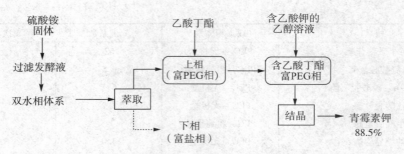

图 5 – 15　青霉素过滤液的双水相萃取分离流程图

2. 双水相体系萃取分离贵金属

虽然传统的溶剂萃取方法分离稀有金属或贵金属的历史非常悠久，体系也极其丰富，但缺点是需使用大量的有机溶剂，工艺复杂，运行成本高，且有环境污染之危害。近些年来，随着双水相萃取体系的研究深入，利用双水相体系提取分离贵金属（离子）的方法也得到了广泛的应用。

在传统的水－有机溶剂萃取体系中，萃取剂多为溶剂型，而在双水相体系中，使用的有机萃取剂往往是水溶性的，如冠醚、甲基百里酚蓝（MTB）、二甲酚橙（XO）和铬菁 R 等。另外，除使用有机萃取剂外，在双水相萃取金属离子中还经常使用一些无机阴离子来实现萃取功能。SCN^- 是一个典型的例子，它能够打破水中的常规氢键结构，增加非极性物质在水中的溶解度，影响聚合物的二级结构（分子间的排序）和它们在水溶液中溶解度。有文献报道 SCN^- 和卤素 X^- 在 $PEG - (NH_4)_2SO_4$ 双水相中（pH = 4 时）的分配系数分别为 10 和 5.0。正是这些水溶性有机萃取剂和无机阴离子在双水相中具有较高的分配系数，使它们与金属阳离子形成的配合物可被分配到富 PEG 的上相，从而达到对金属离子的富集与分离。

表 5 – 7 列出了常用的有机萃取剂在 $PEG - K_2CO_3$ 双水相体系中的分配系数。可以看出当体系中没有萃取剂时，Eu^{3+}（镧系元素）和 Am^{3+}（锕系元素）的分配系数极小，此时的萃取率还不到 1.0%。而当加入络合萃取剂后，两者在体系中的分配明显发生变化，尤其是表 5 – 7 中的前三个络合剂，其分配系数在 4.8 ~ 32.7 范围。而除了对苯二酚亚胺二甲基膦酸（HMIDPA）外，其余的萃取剂加入后，Eu^{3+} 和 Am^{3+} 对应的分配系数均约有 10 倍的增加。

表 5 – 7　Eu^{3+} 和 Am^{3+} 在 $PEG - K_2CO_3$ 双水相体系中的分配系数

萃取剂	分配系数	
	Eu^{3+}	Am^{3+}
无	0.002	0.006
二甲酚橙（XO）	16.7	32.7
茜素络合酮（AC）	32.7	57.8
羟苯亚胺 – N，N' – 二乙酸（HPIDAA）	6.0	4.8
甲基百里酚蓝（MTB）	1.0	2.5
羟乙基二甲基膦酸（HEDMPA）	0.01	0.0003
对苯二酚络合酮（HMIDA）	0.04	0.15
对苯二酚亚胺二甲基膦酸（HMIDPA）	0.006	0.004
1，3 – 二羟基苯基甲基亚胺二乙酸（DHPMIAA）	0.07	0.1
百里酚酞（氨酸）配合剂（TP）	0.09	0.05
乙二胺四乙酸二钠盐（EDTA）	0.06	0.04
二亚乙基三胺五乙酸（DTPA）	0.21	0.3

迄今利用 PEG – 盐双水相体系所研究的金属离子几乎包括了元素周期表中所有的金属离子，即主族金属、过渡金属、镧系和锕系元素。相信随着双水相体系研究的不断深入，利用双水相体系提取或分离金属离子还将得到更进一步的发展。

习　题

1. 某化工过程中需用正丁醇萃取间苯二酚水溶液中的间苯二酚，原料中含间苯二酚 0.85（质量分数），溶剂与料液比为 1.2，操作条件下平均分配系数 $k = 2$，采用 4 级逆流萃取，求逐级浓度分布及间苯二酚的萃取率。

2. 100kmol/h 等摩尔的苯、甲苯、正己烷与正庚烷组成的混合物，用三甘醇（DEG）在一具有 5 个平衡级的逆流萃取塔中进行萃取分离，三甘醇用量为 300kmol/h。试计算萃取液与萃余液的流率及组成。已知苯、甲苯、正己烷与正庚烷的分配系数分别为 0.33、0.29、0.05 和 0.043，假定三甘醇的分配系数 $k_D = 1.2x_{DEG}$。

3. 以二甲基甲酰胺的水溶液作溶剂，从苯和正庚烷的混合液中萃取苯，萃取分离在有 5 个平衡级的逆流萃取塔中进行，已知在操作条件下，正庚烷、苯、二甲基甲酰胺和水的平均分配系数分别为 0.264、0.514、12.0 和 449，试估算萃取液与萃余液的流率及组成。

4. 用微分萃取工艺从植物细胞培养液中分离一种类固醇。培养液流量为 0.1 m^3/h，从直径为 0.25m、高 2.5m 的萃取塔底进入。萃取剂二氯甲烷从塔顶进入，流量为 0.05m^3/h，已从实验中测得平衡常数 $k = 11$，且二氯甲烷与水溶液不互溶。求：（1）类固醇的萃取率达 60% 时，传质速率常数与传质比表面积的乘积；（2）类固醇萃取率为 92% 时所需的萃取塔高度。

5. 简述超临界流体和超临界萃取的特点。

6 吸附分离

6.1 概述

6.1.1 吸附现象及吸附分离

当流体(气体或液体)与多孔的固体表面接触时,由于气体或液体分子与固体表面分子之间的相互作用,流体分子会停留在固体表面上,这种使流体分子在固体表面上浓度增大的现象称为固体表面的吸附现象。

吸附操作,就是利用多孔性固体对流体混合物中各组分的选择性吸附。当流体与固体表面接触时,流体中一种或几种组分被选择性地吸附在固体表面上,这样就达到了被吸附组分与流体中其他组分分离的目的。通常被吸附的物质称为吸附质,吸附吸附质的固体称为吸附剂。

用木炭或骨炭使气体或液体脱湿、除臭已有悠久的历史,过去一直把吸附操作作为辅助的分离操作。近年来,由于吸附剂种类的增多、选择性及其他性能的改善、吸附设备及工艺流程的不断改进、能耗的下降,又由于目前工业上对深度加工、精制的进一步需求,使吸附分离在化工、冶金、石油炼制和轻工业等部门获得了广泛的应用。吸附剂具有较高的比表面积,能脱除痕量的物质,这对实行环境保护、控制污染方面也起着重大的作用。因此,目前吸附分离已成为必不可少的单元操作。以气体分离为例,吸附可用于空气或裂解气的干燥、天然气的脱硫以及气体混合物中有价值溶剂蒸气的回收。对液体而言,可用于丙酮、丁酮、二氯乙烷等有机合成产品的去湿、混合二甲苯的分离以及废水、废液净化处理等方面。

6.1.2 吸附过程的特点

吸附操作的主要优点是选择性高。由于不同的固体表面具有不同的特性,其吸附力也不同。因此,不同的吸附剂对不同吸附质的吸附效果往往有很大差别。这样,吸附可用以分离其它分离过程难以分离的流体混合物。又因多孔的固体吸附剂具有巨大的表面积,吸附速度极快,吸附作用可以进行得相当完全。用它可有效地回收浓度很低的溶质,其分离效果往往是其他分离操作(如蒸馏、吸收、干燥等过程)难以达到的。吸附操作还避开了高压、深冷,不需要大型的机械设备和昂贵的合金材料。吸附操作不足之处是固体吸附剂的吸附容量小,当处理量大时,需耗用大量的吸附剂,使分离设备体积庞大;同时,由于吸附剂是固体,在工业装置上固体的装料、卸料、运输及处理均较为不利,从而使设备结构复杂,给大型生产过程的连续化、自动化带来一定的困难。近年来,针对上述问题做了大量的工作,在某些方面已有突破性的进展,如性能优良的新型吸附剂——分子筛的出现及应用,以及模拟移动床在工业装置上成功连续运转,过程实现连续吸附与脱附,为装置的大型化、生产的自动化创造了条件。

吸附质从流体相吸附至固体表面,从吸附开始直至吸附平衡,意味着系统的自由能降低,同时表示系统混乱程度的熵也是降低的。按照热力学定律,自由能变化 ΔG、熵变 ΔH

及熵变化 ΔS 应满足如下关系：

$$\Delta G = \Delta H - T\Delta S$$

式中，ΔG、ΔS 均为负值，由此可知，ΔH 必为负值。故吸附过程为一放热过程，吸附宜在低温下操作，其所放出的热称为吸附热。

6.1.3 吸附过程的分类

根据吸附剂表面与被吸附物质之间的作用力的不同，吸附可分为物理吸附与化学吸附。

物理吸附是由分子间引力，即范德华力引起的。物理吸附的特征是吸附质与吸附剂不发生化学作用；在吸附剂表面能形成多分子或单分子吸附层；吸附速度很快，吸附平衡一般在瞬间即可达到；吸附过程类似气体凝聚的物理过程，放出的热量相当于气体的凝聚热。这类吸附，当气体压力降低或系统温度升高时，被吸附的气体可以很容易地从固体表面逸出，而不改变气体原来的性状，这种现象称为脱附。吸附和脱附为可逆过程，工业上利用这种可逆性，借以改变操作条件使吸附的物质脱附，达到使吸附剂再生、回收吸附质的目的。

化学吸附类似于化学反应。吸附时，吸附剂表面的未饱和化学键与吸附质之间发生电子的转移及重新分布，在吸附剂的表面形成一个单分子层的表面化合物。它的吸附热与化学反应热有同样的数量级。化学吸附具有选择性，它仅发生在吸附剂表面某些活性中心，且吸附速度较慢。因要发生一个化学反应必须先有一个高的活化能，故化学吸附又称活化吸附。这种吸附往往是不可逆的，要很高的温度才能把吸附分子逐出，且所释放出的气体往往已发生化学变化，不复是原有的性状。为了提高化学吸附的速率，常常采用升高温度的办法。

在实际过程中，有时物理吸附与化学吸附可相伴发生，同一物质在低温时以物理吸附为主，在高温时以化学吸附为主。

在通常的吸附操作中，主要是物理吸附。化学吸附在多相催化中有重要意义。本章主要讨论物理吸附。

6.1.4 吸附剂

6.1.4.1 对工业吸附剂的要求

吸附剂的性能对吸附操作极为重要，工业用吸附剂需满足如下要求：

(1) 有高的选择性　不同的吸附剂对不同的溶质具有选择性的吸附作用。一般而言，吸附剂对各种溶质的吸附能力随溶质沸点的升高而增大。如用活性炭回收空气中有机溶剂苯的吸附操作，首先吸附的是混合气体中的苯（苯的沸点为 80.2℃，液态空气的沸点为 −194℃）。不同的吸附剂由于其结构、吸附机理的差异，对不同溶质的吸附选择性有显著的区别，例如 10X 分子筛吸附水和硫化氢的能力远远大于吸附乙烯、丙烯和丙烷的能力。因此，当裂解气与 10X 分子筛接触时，吸附的只是水和硫化氢，这样使裂解气得以脱水和脱硫。

(2) 有巨大的内表面积　吸附剂的吸附作用主要发生在与流体相通的固体空穴的内表面上，内表面积越大，吸附量就越多，如硅胶的内表面积高达 $500m^2/g$ 以上，活性炭则可达 $1000m^2/g$，X 型分子筛也有 $1030m^2/g$ 的内表面积。

(3) 有高的吸附活性　吸附活性即吸附容量。吸附活性以单位体积（或重量）吸附剂所能吸附的物质量来衡量。

(4) 有一定的机械强度和物理特性（如颗粒的几何形状、大小、重量等）　吸附剂颗粒大小应均一。如果颗物太大，且不均一，则床层不易填充紧密，空隙率大，空隙分布不均匀，当流体流过时流速分布亦不均匀，容易造成短路、返混等现象，从而会降低吸附分离效果。反之，颗粒太小则床层填充紧密，流体流过床层阻力降相应增大，且小颗粒易被流体带出器外。吸附剂颗粒应有一定的机械强度，以免在装卸及使用过程中磨损与压碎。

（5）有良好的化学稳定性、热稳定性以及制备简单、生产成本低、价格便宜、原料充足等。

6.1.4.2 吸附剂的种类

吸附剂的种类很多，常用的吸附剂有：

（1）各种特性的活性炭 将骨头、煤、椰子壳、木材（或木屑）在低于873K温度下进行炭化，所得的残炭再用水蒸气或热空气进行活化处理后，即可制得活性炭。其吸附性能取决于原始成炭的物质以及碳化、活化等操作条件。活性炭可用于溶剂蒸气的回收、各种油品和糖液的脱色、水的净化等。其比表面积约为 $1000 m^2/g$。

（2）硅胶 是一种亲水性的吸附剂，它是粒状无定形氧化硅，分子式为 $SiO_2 \cdot nH_2O$。它由硅酸钠溶液用酸处理、沉淀后得到硅酸凝胶，再经约633K温度下加热，老化，水洗、干燥而得。硅胶常用于气体的干燥脱水，其吸水量很大，可达自身重量的50%，吸水后的硅胶可加热至300℃放出水分而再生，其表面积可达 $300 m^2/g$。

（3）活性氧化铝 将含水的氧化铝在严格控制的加热速率下，在673K温度下加热制成。它主要用于气体干燥、液体脱水及焦炉气或炼厂气的精制等，其表面积达 $250\ m^2/g$。

以上三种常用的吸附剂，其微孔直径在 1~1000nm。

（4）各种活性土（如漂白土、酸性白土、硅藻土等） 漂白土是一种天然黏土，其主要成分是铝硅酸盐。这种黏土经加热、干燥后形成多孔结构的物质，再经研碎，过筛取一定大小的颗粒即可应用。它对各种油类脱色、除臭很有效。有的白土含有的 SiO_2 与 Al_2O_3 的比例较天然漂白土低，只有经过硫酸或盐酸处理后才具有吸附能力，故酸性白土是白土经过酸处理、洗涤、干燥、研碎后得到的成品，可用于石油产品脱色，其脱色效率比天然漂白土高。漂白土及酸性白土的比表面积约为 $950m^2/g$，使用后的漂白土或酸性白土经洗涤，灼烧除去吸附在表面和空腔内的有机物后，可重复使用，但白土价格便宜，一般使用一次失效后，不再再生使用。

（5）合成树脂 它为带有巨型网状结构的树脂（如聚苯乙烯、聚丙烯酸酯和聚丙烯酰胺等），这些合成树脂从非极性到极性有很多种类。它们除了价格较贵外，其物理、化学性能都较活性炭好，品种亦多，可根据不同要求选择使用。合成树脂容易再生，用水、稀酸、稀碱或有机溶剂如低级醇、丙酮就可再生。

（6）分子筛 分子筛是一种人工合成的泡沸石，与天然的泡沸石一样是水合铝硅酸的晶体，其化学通式为 $Me_{x/n}[(AlO_2)_x(SiO_2)_y] \cdot mH_2O$，

式中 x/n——价数为 n 的金属阳离子 Me 的数目；

m——结晶水的分子数。

分子筛是一种新型、具有高吸附选择性的吸附剂，与其他吸附剂相比，它的优点是：

（1）分子筛能根据分子大小和构型进行选择性地吸附。因分子筛晶体内具有许多孔径均匀的孔道与排列整齐的孔穴，它不仅提供了很大的比表面积（ $800~1000m^2/g$ ），而且限制了比孔穴大的分子进入，起到了筛选分子的选择性吸附作用。

（2）对于不饱和分子、极性分子和易极化分子具有较强的吸附作用。那些小于分子筛孔径的分子，虽然都能进入其小孔内，但是由于这些分子的极性、不饱和度与空间结构不同，因而出现吸附强弱和扩散速率的差异，分子筛优先吸附的是不饱和分子、极性分子和易极化分子，这样就达到了分离的目的。

134

（3）在吸附质浓度很低或较高温度的情况下，分子筛仍有很强的吸附能力。例如，在气体干燥过程中，当气体的相对湿度较高、温度较低时，硅胶和活性氧化铝均有较大的吸附容量，而当气体中水分含量较低、温度较高时，这两种吸附剂的吸附能力急剧下降，而此时分子筛仍保持着很高的吸附能力。因此，分子筛常用于深度干燥。

综上所述，分子筛是一种优良的吸附剂，在吸附分离过程中具有精馏、吸收等分离操作所没有的优越性，在催化方面也有重要的地位。目前，分子筛吸附工艺已广泛应用于化工、天然气、石油化工、环境保护、冶金等工业部门。

目前广泛应用的分子筛有 3A（钾 A 型）、4A（钠 A 型）、5A（钙 A 型）、13X（钠 X 型）、10X（钙 X 型）、Y（钠 Y 型）和丝光沸石。不同型号的分子筛，具有不同的分子结构、不同的 SiO_2/Al_2O_3 比、不同的孔径及化学组成，见表 6-1。

表 6-1　常用分子筛的型号

型　号	SiO_2/Al_2O_3 分子比	孔径/nm	典型化学组成
3A（钾 A 型）	2	0.30 ~ 0.33	$2/3K_2O \cdot 1/3N_2O \cdot 2SiO_2 . 4.5H_2O$
4A（钠 A 型）	2	0.42 ~ 0.47	$Na_2O \cdot Al_2O_3 \cdot 2SiO_2 \cdot 4.5H_2O$
5A（钙 A 型）	2	0.49 ~ 0.56	$0.7CaO \cdot 0.3Na_2O \cdot Al_2O_3 \cdot 2SiO_2 \cdot 4.5H_2O$
10X（钙 X 型）	2.3 – 3.3	0.8 ~ 0.9	$0.8CaO \cdot 0.2Na_2O \cdot Al_2O_3 \cdot 2.5SiO_2 \cdot 6H_2O$
13X（钠 X 型）	2.3 – 3.3	0.9 ~ 1	$Na_2O \cdot Al_2O_3 \cdot 2.5SiO_2 \cdot 6H_2O$
Y（钠 Y 型）	3.3 – 6	0.9 ~ 1	$Na_2O \cdot Al_2O_3 \cdot 5.0SiO_2 \cdot 8H_2O$
钠丝光沸石	3.3 – 6	~ 0.5	$Na_2O \cdot Al_2O_3 \cdot 10SiO_2 \cdot 6 ~ 7H_2O$

合成分子筛为了适应某些特定的需要，还可以用 Be、Mg、Cr 等金属取代合成分子筛中的硅和铝，改变分子筛晶体内的硅铝比。用不同的阳离子交换取代合成分子筛内原有的阳离子，不同的交换度对分子筛的性能都会发生很大的影响。也可通过改变分子筛的脱水条件等方法，调整合成分子筛的性能，以提高其特定的吸附选择性。

6.1.4.3　吸附剂的再生

吸附分离能否在工业上实施，除了取决于所选用的吸附剂是否具有良好的吸附性能外，选择一个经济适宜的吸附剂的再生方法也是一个关键。再生的目的主要有两个：（1）回收被吸附的吸附质；（2）使吸附剂恢复吸附能力，从而可重复使用。所以，吸附剂的再生操作（也称脱附操作）对吸附分离过程的实现是必不可少的，在许多情况下，再生的费用大大超过吸附的费用。再生过程是吸附的逆过程。

工业上使用的再生操作方式主要有以下四种：

（1）变温脱附　在被吸附的物质分压一定的情况下，吸附剂对吸附质的吸附容量随温度升高而减少。反之，吸附温度降低，吸附容量增加。因此，在低温下吸附剂吸附吸附质，升高温度吸附质可从吸附剂表面解吸出来，使吸附剂循环使用。

（2）变压脱附　在恒温下，吸附剂对被吸附组分的吸附容量随其分压升高而增加，随其分压的下降而减少。因此，吸附剂在加压时吸附，减压抽真空时解吸出被吸附的组分，使吸附剂再生，循环应用。

（3）变浓度脱附（溶剂置换）　当吸附质为某些热敏性的组分时，不宜采用高温脱附。此时可用溶剂置换，即用大量的吸附能力与吸附质相当的脱附剂把吸附质从吸附剂上置换下来。然后，再加热除去吸附剂上的溶剂，使吸附剂再生。应选取与吸附质的沸点相差较大的脱附剂，以便于脱附剂与吸附质的分离。一般宜选取沸点较高的组分作脱附剂，使其精馏时留在塔底，这样可节省精馏能量的消耗。

(4)冲洗脱附 此法用惰性气体冲洗吸附剂床层，使吸附剂再生。冲洗脱附可与变温或变压相结合，在高温及低压下对冲洗脱附均有利。

6.1.4.4 吸附分离的操作方法及设备

吸附分离的操作方法一般可分为以下三种：

间歇操作：即将流体与固体吸附剂同时置于容器内，使其充分进行吸附，然后将吸附剂和流体分离。这种吸附操作主要用于实验室或小规模工业生产中。

半连续操作：采用固定床吸附器进行吸附。吸附剂经一定时间后进行再生，一般采用两柱，一柱吸附，另一柱脱附再生。

连续操作：吸附剂和流体连续逆流或并流通过吸附器，使它们相互接触进行吸附。吸附后的流体和吸附剂连续流出设备，如移动床吸附器。

用固定床吸附操作，其设备结构简单，造价低，吸附剂的磨损少。但是它是半连续操作，一柱吸附，一柱再生，生产能力低，总吸附剂耗用量多。而且静止吸附剂床层导热性差，再生时升温不容易，吸附时放热也不易冷却，易导致局部过热，同时再生时间也过长，因此，目前对固定床操作常采用变压脱附。

用移动床吸附操作，其吸附效率较高，但设备结构复杂，吸附剂磨损严重，且动力消耗大，因此，目前采用静止床层的模拟移动床操作以克服移动床的缺点。

6.2 吸附理论

6.2.1 吸附平衡

吸附平衡是指在一定温度和压力下，气固或液固两相经充分接触，最后吸附质在两相中浓度不再变化，达到了吸附速率与脱附速率相等的动态平衡。吸附平衡关系决定了吸附过程的方向和极限，是吸附过程的基础。

吸附平衡关系可用不同的方法表示，通常用等温下吸附质的含量与流体相中的浓度或分压间的关系表示，称为吸附等温线。

6.2.1.1 单组分气体在固体表面上的吸附

单一气体在固体表面上的吸附，其吸附等温线是根据实验数据，以吸附量对恒温下气体的平衡压力 p（或相对压力 p/p_0）绘制的。Brunauer 等人将纯气体实验的物理吸附等温线分为五类，如图 6－1 所示。类型Ⅰ表示吸附剂毛细孔的孔径比吸附质分子尺寸略大时的单层分子吸附，如 －193℃下 N_2 在活性炭上的吸附。类型Ⅱ为完成单层吸附以后，再形成多分子层吸附的等温线，例如 －195℃下 N_2 在硅胶上的吸附。类型Ⅲ是吸附气体量不断随组分分压的增加直至相对饱和值趋于 1 为止，曲线下凹是因单分子层内分子互相作用，使第一层的吸附热比冷凝热小所引起的，如在 78℃下，溴在硅胶上的吸附。类型Ⅳ是类型Ⅱ的变型，能形成有限的多层吸附，如水蒸气在 30℃下吸附于活性炭，在吸附剂的表面和比吸附质分子直径大得多的毛细孔壁上形成两种表面分子层。类型Ⅴ偶见于分子互相吸引效应很大的情况，如水蒸气于 100℃下吸附于活性炭。较常见的是Ⅰ类、Ⅱ类、Ⅳ类吸附等温线。

不同类型的吸附等温线反映了不同的吸附机理，因此提出了多种吸附理论和表达吸附平

136

衡关系的吸附等温式。常用的有 Freundlich 方程、Langmuir 吸附等温方程和 BET(Brunauer – Emmett – Teller)方程。

Freundlich 方程是最早提出解释吸附现象的经验式，它虽然能解释不少实验结果，却不能应用于气体在较高压力情况下的吸附。Langmuir 方程是以分子运动学说为基础导出的理论公式，它适用的压力范围较广，但仅适用于固体表面很均匀的单分子层吸附。由 Langmuir 理论基础上提出的多分子层吸附理论导出了 BET 公式，BET 方程只能用于多分子层吸附。

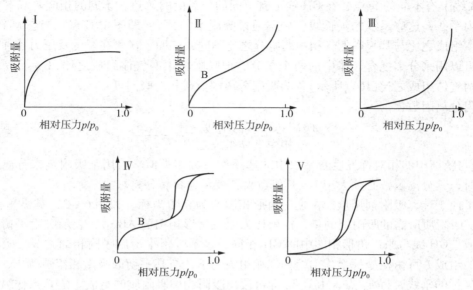

图 6 - 1　五种类型的吸附等温线

6.2.1.2　双组分气体在固体表面上的吸附

若气体混合物中两个组分吸附程度大致相同，则任何一个组分从混合物中被吸附的量将因另一组分存在而受影响。这种系统包括吸附剂在内共有三个组分，所以平衡数据采用三角形相图表示较为方便。因温度和压力对吸附量的影响很大，故平衡相图是在恒温恒压下标绘的。图 6 - 2 是活性炭吸附双组分气体氮和氧系统的等边三角形及直角三角形相图。对气体而言，虽以摩尔分数表示浓度较为方便，但由于吸附剂分子量难以确定，因此，相图中的浓度一般以质量分数表示。

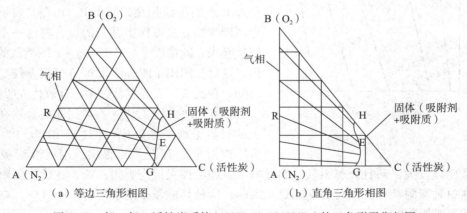

图 6 - 2　氧 - 氮 - 活性炭系统(123K，0.1013MPa)的三角形平衡相图

三角形相图的三个顶点 A、B、C 分别代表纯氮、纯氧和纯的活性炭，AB 边表示氮氧共存，AC 边表示氮和活性炭共存，BC 边表示氧和活性炭共存。G 点及 H 点分别表示单组分氮或氧在活性炭上的吸附平衡浓度。因固体吸附剂是不挥发的，不出现在气相中，故平衡时气相组成均落在三角形的 AB 边上，固相平衡浓度则落在 HG 曲线上。如：图中 R 点即表示平衡的气相组成，E 点则表示平衡的固体吸附相组成，其联线 RE 称为系线，系线的两端即代表平衡两相的组成。随着气体混合物浓度不同，与之相平衡的固体吸附相浓度亦不同，这样在 AB 线上有不同的 R 点，在 GH 线上有不同的相对应的 E 点。不同的相应 E 和 R 连线构成一系列系线，这些系线的延长线，并不通过吸附剂的顶点（即图中 C 点），这说明吸附相中两气体组成之比与其平衡的气相中两组分之比不同，表明了在所在温度及压力条件下，该吸附剂可以用来分离混合气体中的两个组分。把吸附相中两气体组成之比（E 点所示）除以气相中两气体组成之比（R 点所示）称为吸附分离因数或相对吸附度：

吸附分离因数：

$$\alpha_{AB} = \frac{\text{吸附相中气体组成之比}}{\text{气相中气体组成之比}} = \frac{x_A/x_B}{y_A/y_B} \qquad (6-1)$$

α_{AB} 与精馏中的相对挥发度及萃取中的选择性系数相类似。若用某吸附剂来分离某气体混合物时，其分离因数必须大于 1，其值愈大，表示愈容易分离。

为了便于计算吸附剂用量，常把三角形相图改为直角坐标，如图 6-3，其纵坐标 m 为吸附 1kg 吸附质所需的吸附剂的量；横坐标为原三角形相图的 AB 边，表示吸附平衡后气相中的组成。GH 线与原三角形相图中的 GH 相同，表示吸附平衡后吸附相的组成。吸附相中吸附质的组成亦可由横坐标上读出，如气相组成为 R，与其平衡的吸附相组成为 E，则自 E 点作横坐标的垂线，得 E_1 点，由 E_1 点即可读出吸附相中吸附质的组成。由 E 点作纵坐标的垂线得 m_1 点，可读出吸附相中每吸附 1kg 吸附质所需的吸附剂的量。和三角形相图一样，在 GH 和横坐标之间有许多系线，系线两端分别表示平衡两相的组成。

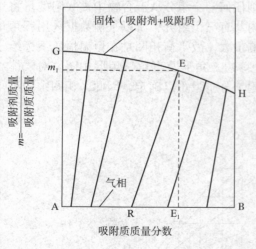

图 6-3　直角坐标相图

为了方便起见，相图有时也可用类似于精馏中的 $x-y$ 图表示。现以乙炔、乙烯两组分气体混合物在硅胶上的吸附为例，其相平衡图示于图 6-4(a)，图的上半部用直角坐标表示，图的下半部是通过上图中系线的两个端点（如 E，R）作垂线，过 E 点的垂线和对角线相交，再过此交点作横坐标的平行线，与过 R 点的垂线相交，即得 E、R 点。自系线两端点用同样的方法可作出其余的点，将这一系列的点连接起来，就构成了与精馏的 $y-x$ 图类似的平衡相图。这种相图用于图解法求理论板很方便。从该图可知，在乙炔-乙烯混合物中，硅胶优先吸附乙炔。

图 6-4(b) 为乙炔-乙烯气体混合物在活性炭上的吸附平衡关系。比较图 (a) 和 (b) 可以看出，吸附剂对平衡有很大的影响，用活性炭吸附时不仅吸附量比硅胶大，而且分离因数也倒过来了，即活性炭优先吸附乙烯，这优先吸附的特性与它们在单独吸附某种气体时的性能是一致的，即凡是能较多地吸附的一种气体，在混合气体中则优先被吸附。

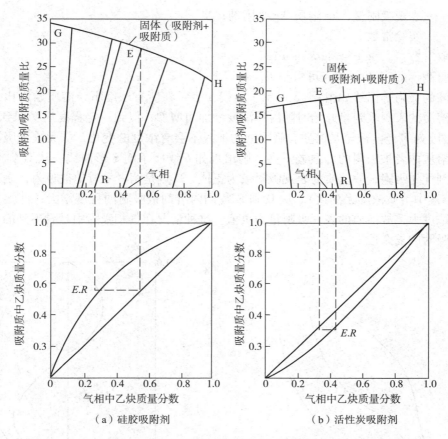

图 6 - 4　乙炔 - 乙烯在硅胶(a)和活性炭(b)上的吸附(298K, 0.1013MPa)

6.2.1.3　溶液在固体上的吸附

溶液吸附比气体吸附复杂,因影响溶液吸附速度的因素是多方面的,如溶液的粘度、溶质分子的大小、扩散速率的快慢以及固体小孔的大小等均有影响。而且液固间的相平衡目前尚不能从理论上推导,用实验方法测定也有困难。因为从溶液中取出吸附剂称重时无法区分被吸附的液体和夹带的液体量,故以溶质的相对吸附量或表观吸附量 q 来代替,其定义为:将重量为 m 的吸附剂投入到体积为 V 的溶液中,溶液原来的浓度为 c_0,吸附达到平衡后溶液的浓度为 c^*,则表观吸附量 q 为

$$q = \frac{V}{m}(c_0 - c^*) \qquad (6-2)$$

这种计算假定溶剂不被吸附,即忽略溶液体积的变化。因此,所得的结果只是相对的或近似的吸附量,对于稀溶液这种计算误差不大,但对浓溶液就不可靠了。

对稀溶液,影响吸附的因素很多,如溶质的浓度、温度、溶剂及吸附剂的类型都对吸附平衡有影响。一般而言,吸附量是随温度的升高而降低的,溶解度越小的溶质越容易被吸附。此外,对同一吸附剂和吸附质,若溶剂不同,其吸附等温线的形状也不同,常见的固体吸附剂对稀溶液的吸附等温线如图 6 -5 所示。

稀溶液的吸附等温线,在一个小范围内可用 Freundlich 方程式表示。

$$c^* = K q^n \qquad (6-3)$$

式中　c^* ——吸附达到平衡后溶液中溶质的浓度, kg 溶质/m³ 溶液;

q——表观吸附量，kg 溶质/kg 吸附剂；

K，n——实验常数。

上式取对数： $\lg c^* = \lg K + n \lg q$ （6-4）

把实验测得的 c^* 和 q 代入可求得 K，n。

浓溶液的吸附等温线如图 6-6 所示。曲线 a 表示在所有浓度下，溶质始终比溶剂优先被吸附。溶质的表观吸附量开始时随溶质浓度增加而增加，但到一定程度后又回到 E 点(零点)，这是因为 E 点溶液全是溶质，吸附剂的加入不会有浓度的变化，故无表观吸附量。如果溶剂与溶质两者被吸附的分数差不多，则出现如 b 线所示的 S 形曲线。从 C 到 D 范围内溶质比溶剂优先吸附，故溶质的表观吸附量为正值，D 点是两者等量地被吸附，表观吸附量为零(即溶液中溶质浓度无变化)。从 D 到 E 范围内溶剂被吸附的程度增大，使溶质浓度反而比初始浓度大，故溶质的表现吸附量为负值。这种情况在气相吸附中是看不到的，由此可看出溶液吸附的复杂性。

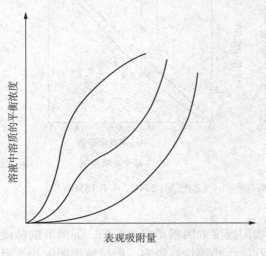

图 6-5 稀溶液中溶质的吸附等温线

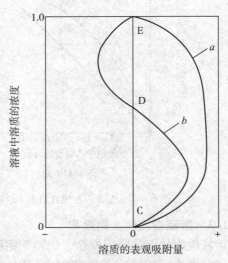

图 6-6 浓溶液中的表现吸附量

和气相吸附一样，吸附剂对二元溶液的分离系数也可定义为：

$$\alpha_{AB} = \frac{x_A / x_B}{y_A / y_B} = \frac{x_A (1 - y_A)}{x_B (1 - y_B)}$$ （6-5）

α_{AB} 值不仅与温度、压力、吸附剂的性质有关，还随平衡组成的变化而变化。

6.2.2 吸附速率及传质系数

吸附平衡表达了吸附过程进行的极限，但要达到平衡，两相必经过长时间接触才能建立。在实际吸附操作中，相际接触时间是有限的，因此，吸附量决定于吸附速率，而吸附速率又随吸附剂、被吸附组分的性质不同而有很大差异。一般来说，溶液的吸附要比气体的吸附慢得多，而且在开始过程进行较快，随即变慢。由于吸附的复杂性，吸附速率数据从理论上推导往往有困难，故目前吸附器的设计主要是凭经验或在模拟情况下通过实验来解决的。

吸附过程和其它传质过程类似，被吸附组分首先由流体主体通过固体颗粒周围的液(气)膜扩散到固体颗粒的外表面，即组分的外扩散；再由固体颗粒外表面沿固体内部微孔扩散至固体的内表面，即组分的内扩散；然后被固体吸收剂吸附。脱附过程与吸附过程相反。因此，吸附过程的速率方程可用类似于吸收过程的方法来处理。

吸附质 A 的外扩散速率为

$$\frac{dq_A}{d\tau} = k_Y a_p (Y_A - Y_{Ai}) \tag{6-6}$$

吸附质 A 的内扩散速率为

$$\frac{dq_A}{d\tau} = k_X a_p (X_{Ai} - X_A) \tag{6-7}$$

式中　k_Y, k_X——分别为外扩散及内扩散传质分系数，单位分别为 kg/(h·m²·Δy)，kg/(h·m²·Δx)；

　　　　a_p——吸附剂颗粒的外表面积，m²/m³；

　　Y_A, Y_{Ai}——分别为吸附质 A 在流体主体及吸附剂外表面的浓度，kg 吸附质/kg 无吸附质的流体；

　　X_A, X_{Ai}——分别为吸附质 A 在吸附剂内表面及吸附剂外表面的浓度，kg 吸附质/kg 无吸附质的净吸附剂；

由于固体吸附本身的速率要比扩散速率快得多，故吸附本身的阻力可以忽略。

由于表面浓度不易测定，吸附速率也可用吸附总系数来表示，对于定态吸附：

$$\frac{dq_A}{d\tau} = K_Y a_p (Y_A - Y_A^*) = K_X a_p (X_A^* - X_A) \tag{6-8}$$

式中　K_Y, K_X——分别为液体相及吸附相侧的传质总系数，单位分别为 kg/(h·m²·ΔY)，kg/(h·m²·ΔX)；

　　Y_A^*, X_A^*——分别为组分 A 在流体相及吸附相的平衡浓度，单位分别为 kg 吸附质/kg 无吸附质流体及 kg 吸附质/kg 净吸附剂；

设吸附平衡时流动相中的浓度与吸附量成简单关系

$$Y_A^* = m X_A \tag{6-9}$$

式中：m 为平衡常数(即平衡曲线的斜率)。

由此可得

$$\frac{1}{K_Y a_p} = \frac{1}{k_Y a_p} + \frac{m}{k_X a_p} \tag{6-10}$$

或

$$\frac{1}{K_X a_p} = \frac{1}{k_X a_p} + \frac{1}{m k_Y a_p} \tag{6-11}$$

两传质总系数的关系

$$m K_Y = K_X \tag{6-12}$$

当 $k_Y \gg \dfrac{k_X}{m}$ 时，即外扩散阻力可忽略不计，则

$$K_Y \approx \frac{k_X}{m} \tag{6-13}$$

当 $k_Y \ll \dfrac{k_X}{m}$ 时，即内扩散阻力可忽略不计，则

$$K_Y \approx k_Y \tag{6-14}$$

传质总系数之值可用经验式计算：

$$K_Y a_p = 1.6 \frac{D u^{0.54}}{v^{0.54} d^{1.46}} \tag{6-15}$$

式中　D——扩散系数，m²/s；

141

u——气体混合物流速，m/s；

ν——运动黏度，m^2/s；

d——吸附剂颗粒的直径，m。

由于吸附机理复杂，所以吸附传质系数大多从经验式或由实验求得。

6.3 固定床吸附分离

固定床吸附器是最常用的一种间歇操作的吸附分离设备。工业上一般采用两台吸附器轮流进行吸附及再生操作。低温、高压对吸附有利，高温、低压对脱附有利。目前，吸附分离有两种方法：一种是变温操作，即低温吸附，高温脱附；另一种是变压操作，即高压吸附，低压脱附。变压操作比变温操作更有利。

6.3.1 吸附剂的活性、吸附负荷曲线与透过曲线

6.3.1.1 吸附剂的活性

活性是吸附剂吸附能力的标志，吸附剂的活性是指单位质量（或体积）吸附剂所吸附吸附质能力的大小。活性分静活性和动活性两种。

静活性：在一定温度下，当出吸附器流体中吸附质浓度与进吸附器的流体中吸附质浓度相等时，床层内单位吸附剂所吸附的吸附质的量称为静活性。此时，床层内吸附剂上的吸附质与流体中吸附质的初始浓度达到平衡，吸附剂完全被吸附质饱和，吸附剂达到最大吸附量。

动活性：当出吸附器流体中开始出现吸附质时，床层内单位吸附剂所吸附的吸附质的量称为动活性。此时，吸附床层认为已失效，但吸附剂未达到完全饱和。

6.3.1.2 吸附负荷曲线

将流体以等速通入床层，在流动相中吸附质浓度沿床层不同高度的变化，或吸附剂上所吸附的吸附质浓度沿床层不同高度的变化曲线，称为吸附负荷曲线。

由于吸附相中吸附质的浓度不易测定，故目前负荷曲线一般以流体相中吸附质浓度 c 表示，横坐标表示床层高度，纵坐标表示流体相中吸附质的浓度。

在床层吸附剂完全没有传质阻力，即吸附速率为无限大时，吸附负荷曲线为一垂线，如图 6-7(a) 所示，长方形内面积为吸附剂的吸附量，又称饱和吸附量。

但实际吸附有传质阻力，吸附速率不可能是无限大，故吸附负荷曲线不是一垂线，而应是一条曲线。如果采用的是新鲜吸附剂，当初始浓度为 c_0 的流体以等速流过吸附剂床层并经时间 τ_1 后，形成了 S 形的吸附负荷曲线，此曲线称为传质前沿、传质波或吸附波。随着流体不断通入，传质前沿平行向前移动。在时间为 τ_2 时，传质前沿移到另一位置。时间达 τ_3 时，传质前沿的前端到达床层的出口，此时应停止进料，以免吸附质溢出床层，达不到预期的分离效果，如图 6-7(b) 所示。

S 形传质波的床层长度 $Z_a = Z - Z_e$ 为传质区，传质区 Z_a 愈小，表示传质阻力愈小，床层利用率愈高。在传质波末端离开床层时，进、出口处流体中的吸附质浓度相等，吸附剂已饱和不再吸附。实际操作中为了安全起见，在传质波的前端未到达床层出口前就停止进料。

综上所述，当传质波到达床层某一位置时，床层内分为三个区域，如图 6-8 所示。左边为饱和区，吸附达到饱和，床层的浓度不变；中间为传质区域或称吸附区，床层浓度从接近饱和到接近零之间剧烈变化；右边为未用区，此区内未发生吸附。

142

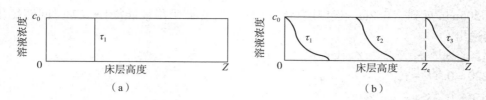

图 6-7 传质前沿的形成和移动

设流过床层流体的初始浓度为 c_0(kg 吸附质/m^3 流体)，流速为 u（m/s），床层内流型是活塞流，没有返混现象，床层横截面积为 A（m^2），经过时间 τ_0(s) 后，流入床层的吸附质量为 q(kg)，则

$$q = uAc_0\tau_0 \qquad\qquad (6-16)$$

当床层传质阻力为零，即吸附速率无限大时，传质区 $Z_a = 0$，意味着浓度为 c_0 的流体通入床层入口端后，立刻形成饱和的平衡区。随着流体的不断加入，吸附负荷曲线不断前移，直至床层出口为止。若床层长度为 Z(m)，单位体积吸附剂的饱和吸附量为 a_m(kg 吸附质/m^3 吸附剂），则床层吸附的吸附质量为：

$$q = a_m AZ \qquad\qquad (6-17)$$

式(6-16)和(6-17)相等：$\qquad uAc_0\tau_0 = amAZ$

$$\tau_0 = \frac{a_m}{uc_0}Z = KZ \qquad\qquad (6-18)$$

式中，$K = \dfrac{a_m}{uc_0}$ 称吸附床层的 K 值。

由式(6-18)可知，在床层长度 Z 一定的情况下，流体的浓度 c_0 及流速 u 越大，床层内单位体积吸附剂的饱和吸附量 a_m 越小，则此床层允许操作的时间越短。反之，若 K 值一定，床层长度越长，则允许操作的时间也越长。

在实际操作中，由于传质过程存在阻力，吸附速率有一定大小，传质区形成需要一段时间，然后向前移动，因此真正能够操作的时间 τ 要比无传质阻力时的 τ_0 小，否则，传质前沿就会伸至床层出口外，造成吸附质的损失，其差值为损失时间，用 τ_m 表示，

$$\tau_m = \tau_0 - \tau \qquad\qquad (6-19)$$

设 $\tau_m = KZ_m$，同时将式(6-18)代入上式，得真正吸附的操作时间：

$$\tau = KZ - \tau_m \qquad\qquad (6-20)$$

$$\tau = K(Z - Z_m) \qquad\qquad (6-21)$$

式中，Z_m 为床层内与损失时间 τ_m 相应的，被看作是完全没有吸附的一段高度，如图 6-9 所示。

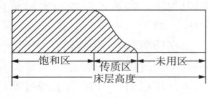

图 6-8 固定床操作的三个区

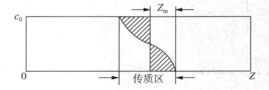

图 6-9 与 τ_m 相应的完全没有吸附的一段

【例 6-1】用活性炭填充的固体床吸附床层，活性炭颗粒直径为 3mm，通入床层的四氯化碳蒸气浓度 c_0 为 0.015kg/m^2，气流速度为 5m/s，在气流通入 220min 后吸附质达到床层

0.1m，505min 后到达 0.2m，设床层高度为 1m，计算此吸附柱能操作多少时间四氯化碳蒸气不会逸出？

解：将 τ_1、τ_2 及 Z_1、Z_2 代入式(6-20)

$$\begin{cases} 220 = 0.1K - \tau_m \\ 550 = 0.2K - \tau_m \end{cases}$$

解得 $\qquad K = 2850 \ min/m$ 和 $\tau_m = 65 min$

把 $Z = 1m$ 代入式(6-20)，得

允许操作时间 $\tau = 1 \times 2850 - 65 = 2785 min$。

6.3.1.3　透过曲线

吸附负荷曲线表达了床层内浓度分布的情况，并可直观地了解床层内操作状况，但实验测定困难。因为若在实验过程中取样分析床层不同位置的流体浓度时，取样过程会破坏流体的流速和浓度分布；若以吸附相浓度作为基准，逐次取出一小薄层吸附剂以分析吸附剂中吸附质浓度，十分麻烦。因此，目前常用透过曲线代替吸附曲线的传质波进行各项计算。透过曲线表示了流出床层流体中吸附质的浓度随时间的变化关系。

图 6-10 所示为固定床吸附柱，浓度为 c_0 的流体自上而下等速通过床层，吸附剂原来不含吸附质。流体进入后，开始最上层吸附剂对吸附质进行吸附，从床层底出来的流体中不含有吸附质，如图 6-10(a) 所示，吸附主要发生在一个不很厚的传质区内。当流体继续流过床层，传质区便不断下移。经过一段时间后大约有一半的吸附层已被吸附质饱和，如图 6-10(b) 所示，但流出物的浓度基本上仍为零。在图 6-10(c) 中，传质区的下部刚到达床层的底面，流出物中吸附质浓度突然升高到一定值 c_c，此时，系统达到了"破点"。随着传质区逐步通过床层底面，流出物中吸附质浓度迅速上升，到图 6-10(d) 时，已基本达到了初始值 c_0，在(c)与(d)之间，那段流出物浓度随时间变化的曲线称为"透过曲线"。若流体继续流出，流出物浓度不再变化，整个床层的吸附剂达到饱和。

物料不断通入床层时负荷曲线的传质波与透过曲线变化的情况如图 6-11 所示。

透过曲线与吸附负荷曲线的传质波一样，传质阻力愈大，传质区愈大，透过曲线 S 形的波幅也越大；传质阻力愈小，则情况相反。在极端的情况下传质阻力为零，则透过曲线与吸附负荷曲线一样，均为一垂线。

在传质波的前端到达床层出口时，相当于透过曲线的破点；当传质波的末端离开床层时，又相当于透过曲线的最上端。因此，床层内传质波曲线与透过曲线成镜面对称，如图6-12 所示。

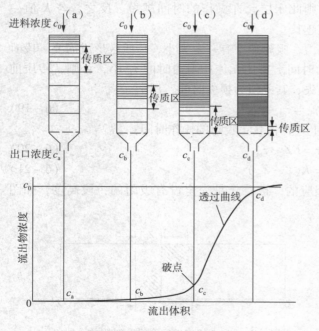

图 6-10　透过曲线

在图 6-12(a) 中 abcd 面积表示传质区可能吸附的总吸附容量，其中 abc 面积是床层已

吸附的容量，acd 面积是床层末吸附的容量，此区还具有吸附能力。这样，传质区内吸附剂仍具有吸附能力的面积分率为 f，而 $1-f$ 则为已吸附了吸附质的面积分率

$$f = \frac{\text{acd 面积}}{\text{abcd 面积}} \qquad (6-22)$$

$$1-f = \frac{\text{abc 面积}}{\text{abcd 面积}} \qquad (6-23)$$

在图 6-12(b)中，同样 abcd 面积表示传质区可能吸附的总吸附量。当流出物中刚出现吸附质(破点)时，传质区内的吸附剂仍具有吸附能力，面积 acd 表示已吸附的容量，面积 abc 是未吸附的容量，则

$$f = \frac{\text{abc 面积}}{\text{abcd 面积}} \qquad (6-24)$$

$$1-f = \frac{\text{acd 面积}}{\text{abcd 面积}} \qquad (6-25)$$

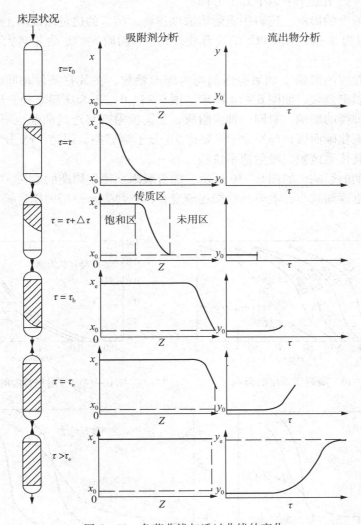

图 6-11　负荷曲线与透过曲线的变化

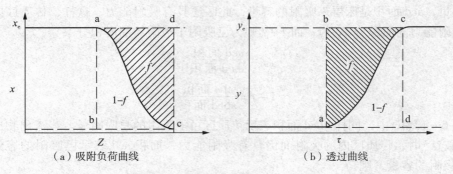

（a）吸附负荷曲线　　　　　　　　（b）透过曲线

图 6-12　负荷曲线与透过曲线

f 的数值在 0~1 之间，一般为 0.4~0.5 左右，透过曲线的形状及破点出现的时间，对固定床吸附器的操作影响很大，有的情况破点出现非常明显，有的则不明显，影响透过曲线形状的因素很多，归纳起来有以下几个方面：

（1）吸附质浓度的影响　进料中吸附质浓度越高，相应的透过曲线向上凸度越大。如图 6-13 所示，进料为 $n-C_5$ 与 $n-C_6$ 的混合液，其中吸附质 $n-C_6$ 含量越大，曲线越陡，凸度越大。

（2）吸附剂粒度的影响　如果吸附剂均为球形颗粒，在其它条件相同时，颗粒粒度愈小，透过曲线的斜率愈大，如图 6-14 所示。图 6-14 中，L 为床层直径，R 为颗粒直径。

（3）吸附剂种类的影响　对同一种吸附质，不同吸附剂其透过曲线也不一样。图 6-15 表明，对吸附二氧化碳而言，13X 分子筛要比 5A 分子筛好些，因为 13X 分子筛的透过曲线的斜率较大，故其传质区短，吸附速率快些。

（4）使用周期的影响　如图 6-16 所示，随着吸附剂使用周期的增长，其透过曲线形状逐渐改变，斜率也逐渐减小，吸附剂性能逐渐变差，点线表示使用周期过长需要更新的吸附剂的透过曲线。

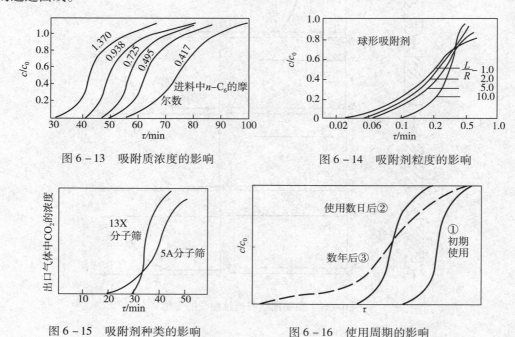

图 6-13　吸附质浓度的影响　　　　　　图 6-14　吸附剂粒度的影响

图 6-15　吸附剂种类的影响　　　　　　图 6-16　使用周期的影响

6.3.1.4 吸附等温线对固定床传质区和吸附波的影响

根据吸附床层性能不同吸附等温线可分为三种类型，如图 6 – 17 所示。

（1）优惠型吸附等温线 吸附等温线的斜率随流体相中吸附质浓度 c 的增加而减少。此时，吸附质分子和固体吸附剂分子之间的亲和力随吸附质浓度增加而降低。

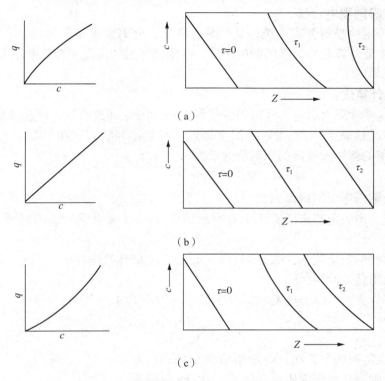

图 6 – 17 三种不同吸附等温线对吸附波的影响
(a)优惠型等温线；(b)线性等温线；(c)非优惠型等温线

（2）线性吸附等温线 吸附等温线的斜率不随流体相中吸附质浓度而改变，吸附等温线为一直线。此时，吸附质分子与固体吸附剂分子之间的亲和力不随吸附质浓度而变化，保持恒定。

（3）非优惠型吸附等温线 吸附等温线的斜率随流体相中吸附质浓度 c 的增加而增加，此时，吸附质分子与固体吸附剂分子之间的亲和力随吸附质浓度增加而增加。

如前所述，流体通过固定床层时，在床层内形成传质前沿，即吸附波。吸附波的宽度表示传质区的大小，吸附波宽度小则传质区短，床层操作状况佳，吸附剂的性能好。所以吸附波的形状、吸附区大小是固定床操作好坏的标志。现讨论三种类型的吸附等温线对吸附波和传质区的影响，见图 6 – 17。若吸附等温线为优惠型等温线时，随着吸附质浓度的增加，吸附等温线的斜率 $f'(c)$ 减少，这时，吸附波高浓度一端比低浓度一端移动速度要快。随着流体不断地通入，时间 τ 的增加，吸附波不断向前移动，传质区变得愈来愈狭小，即发生传质波波幅"缩短"现象。传质区的缩短对吸附操作非常有利，使床层的有效利用率增加，如图 6 – 17(a)所示。对于非优惠型等温线的情况，正好相反。随着吸附质浓度的增加，吸附等温线的斜率 $f'(c)$ 亦随之增加，吸附波高浓度一端比低浓度一端移动的速度慢。随着操作时间 τ 的增加，物料不断地流入，吸附波在向前移动的同时变得愈来愈长，即发生传质波"延长"现象，相应的传质区也随之增长，造成床层有效利用率降低，对吸附操作不利，如图 6 – 17(c)所示。只有吸附等温线是线性情况下，吸附等温线的斜率 $f'(c)$ 和吸附质的浓度无关，如图 6 – 17(b)所示，传质波保持开始的形状向前移动，不发生变化。因此，在选择固定床吸附剂时，尽可能选取其吸附等温线为优惠型等温线的吸附剂。

6.3.2 固定床吸附器的计算

通常对于一定的吸附分离系统，处理量、浓度、分离要求是已知的，在工艺条件确定后，吸附器的主要计算是决定吸附剂的用量、吸附剂床层的高度和直径等。下面介绍两种计算方法。

6.3.2.1 近似计算法

假定吸附速率无限大，进入吸附剂的吸附质在瞬间全部被吸附，即传质区的高度为零。因此，吸附转效(达破点)时，吸附剂层全部处于吸附饱和状态。在 τ 时间内以质量流率 G 通过吸附剂床层的流体所给出的吸附质的量为 m。

则
$$m = G \cdot S(Y_e - Y_0)\tau \tag{6-26}$$

式中 S——吸附剂床层的截面积，m^2；

Y_e、Y_0——进、出吸附剂床层流体中吸附质的浓度，kg 吸附质/ kg 原料或 kg 吸附质/ kg 惰性气体；

G——原料的质量流率，kg 原料/($h \cdot m^2$)或 kg 惰性气体/($h \cdot m^2$)；

τ——吸附转效时间，h。

$$m = (X_e - X_0)S \cdot L \cdot \rho_b = G \cdot S(Y_e - Y_0)\tau$$

$$\tau = \frac{(X_e - X_0)\rho_b}{G(Y_e - Y_0)}L \tag{6-27}$$

式中 X_e——吸附剂的静活性，kg 吸附质/kg 吸附剂；

X_0——吸附剂初始吸附质量，kg 吸附质/kg 吸附剂；

ρ_b——吸附剂的堆密度，kg/m^3；

L——吸附剂床的高度，m。

对于一定的吸附系统及操作条件

$$\frac{(X_e - X_0)\rho_b}{G(Y_e - Y_0)}L = 常数 = K \tag{6-28}$$

故
$$\tau = KL \tag{6-29}$$

式(6 – 29)表示吸附转效时间与吸附剂床层高度的关系。若对一定的吸附系统及操作条件，实验测得吸附转效时间 τ，即可求出所需的吸附剂床层高度。

吸附层高度确定后，根据实验条件下测得的单位吸附剂吸附量及已知的原料处理量，原料中吸附质的浓度、分离要求、循环周期等数据可计算出吸附剂的需要量及设备的直径。

6.3.2.2 传质区(即工作区)概念计算法

上述计算方法是假定传质速率为无穷大，忽略了吸附过程中存在的传质阻力。而实际吸附过程中，传质波形状不是垂线而是 S 形的。实际的固定床吸附器在操作时，在传质波形成后，传质波所在的传质区逐渐向前推移，后面形成饱和区，前面尚有一段未用床层区。当到达破点时，就必须考虑停止操作，否则，吸附质就会从吸附器泄漏出来，失去了吸附分离的作用，使产品质量变差。所以，在设计一个固定床吸附器、制定吸附操作周期时，必须考虑透过曲线的形状、到达破点的时间以及破点出现时床层所达到的饱和度。

所有实际传质波可以用当量计算前沿来分析，一个稳定传质区通过吸附剂床层的过程，如图6-18所示。

在图6-18所示的$Y-\tau$图中，矩形abcd的面积大小表示传质区可吸附的总吸附容量。当流出物中刚出现吸附质（破点）时，传质区内有的吸附剂仍具有吸附能力，如曲线上部表示的面积agcfda，曲线下部的面积agcbea表示传质区中已吸附吸附质的床层。

在任何传质波图形中，取g点并作一垂线使aeg面积等于cfg面积（即A面积=B面积），这样，可把实际上由一饱和段和一传质段所组成的吸附床层假想为由一当量饱和段和当量未用床层所组成，这和理想传质波的计算前沿的床层相同。因此，总的床层高度为当量饱和段高度（LES）与当量未用床层高度（LUB）之和。

该简化模型的几个重要假设是：（1）吸附操作在等温下进行；（2）流动相中吸附质浓度是稀的；（3）传质区通过吸附剂床层时其高度不变；（4）吸附为优惠型吸附等温线；（5）床层长度比传质区长度大。

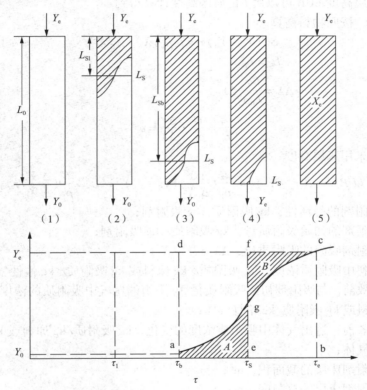

图6-18 一个稳定传质区通过吸附床层的过程

设L_S为当量饱和段的吸附面的位置，当原料的流量一定，床层均一时，L_S面的移动速度为u。

在图6-18中，吸附时间为τ_1时，当量饱和段吸附面L_S的位置为

$$L_{S1} = u\tau_1 \qquad\qquad (6-30)$$

在突破点τ_b时

$$L_{Sb} = u\tau_b \qquad\qquad (6-31)$$

在τ_S（即当量饱和段吸附面移到吸附柱的出口）时

$$L_S = L_0 = u\tau_S$$

149

$$u = \frac{L_0}{\tau_S} \tag{6-32}$$

若设当量未用床层高度为 $\frac{1}{2}$ 传质区高度时，

则
$$L_0 - L_{Sb} = u\tau_S - u\tau_b = \frac{L_0}{\tau_S}(\tau_S - \tau_b) \tag{6-33}$$

即
$$\frac{1}{2}\text{传质区高度} = \frac{L_0}{\tau_S}(\tau_S - \tau_b) \tag{6-34}$$

由于 τ_S 在实验中较难测定，当传质波比较对称时
$$\tau_S = \tau_b + (\tau_e - \tau_b)f$$

f 取 $0.4 \sim 0.6$，常取 0.5。f 亦可按 aefd 与 abcd 的面积之比计算。

当量未用床层高度 LUB 可以用 f 传质区高度计算得到。

在时间 τ 时，按照物料衡算
$$SG(Y_e - Y_0)\tau = L_S\rho_b(X_e - X_0)S \tag{6-35}$$

当 $\tau = \tau_S$ 时
$$L_S = L_0$$

则
$$\Delta X = \frac{G\tau_S}{L_0\rho_b}\Delta Y \tag{6-36}$$

$$\frac{L_0}{\tau_S} = \frac{G}{\rho_b} \cdot \frac{\Delta Y}{\Delta X} = u \tag{6-37}$$

所以，当量未用床层高度
$$LUB = u(\tau_s - \tau_b) = \frac{G}{\rho_b}\left(\frac{\Delta Y}{\Delta X}\right)(\tau_S - \tau_b) = L_0 - \frac{G}{\rho_b}\left(\frac{\Delta Y}{\Delta X}\right)\tau_b \tag{6-38}$$

式中　X_e——吸附剂的静活性，kg 吸附质/ kg 吸附剂；

X_0——吸附剂的初始吸附质量，kg 吸附质/ kg 吸附剂；

ΔX——吸附剂吸附的吸附质量，$\Delta X = X_e - X_0$；

Y_e——原料中吸附质浓度，kg 吸附质/ kg 原料或 kg 吸附质/ kg 惰性气体；

Y_0——转效前，与吸附剂初始吸附质量 X_0 平衡的尾气中吸附质的浓度，kg 吸附质/kg 原料或 kg 吸附质/kg 惰性气体；

ΔY——转效前，进出气体中吸附质浓度的变化，kg 吸附质/kg 原料或 kg 吸附质/kg 惰性气体；

S——吸附剂床层的截面积，m^2；

L_0——吸附剂床层的总高度，m；

ρ_b——吸附剂的堆密度，kg/m^3；

τ_b——吸附转效时间，h；

τ_S——吸附计算时间，h；

G——原料的质量流率，kg 原料/$(h \cdot m^2)$ 或 kg 惰性气体/$(h \cdot m^2)$；

L_S——当量饱和段吸附面位置，m。

6.4　移动床吸附分离

固定床吸附器是间歇操作，设备结构简单，操作灵活，处理能力弹性大，一般用于中、

小型生产装置。但固定床切换频繁，是不稳定操作，产品质量会受到一定的影响，且生产能力小，吸附剂用量大。为了稳定产品质量，大型生产装置应使用连续操作，移动床吸附器就是连续操作的吸附装置。

6.4.1 移动床吸附过程及设备

移动床吸附器中，由于固体吸附剂连续运动，流体及吸附剂两相均以恒定的流速通过设备，其任一断面上的组成不随时间而变，操作达到了连续与稳定状态。由于连续式吸附器属多级分离装置，故采用逆流操作。如用并流操作，最好的结果是流出的两相之间达到平衡，只相当于一块理论板。

现工业上常使用的典型移动床吸附器（又称超吸附器）如图6-19所示。此设备高度通常达20~30m，分若干段。最上段为冷却段，它是垂直列管式的热交换器，用以冷却固体吸附剂。往下是吸附段，增浓段（精馏段）及汽提段，它们彼此之间用分配板分开。最下部为脱附段，脱附段亦是一列管式的热交换器。脱附段的下部还装有控制吸附剂颗粒流动的装置、颗粒料面高度控制器、封闭装置及出料阀门等。

移动床吸附器的工作原理是：经脱附后的吸附剂从设备顶部连续进入冷却器，温度降低后，经分配板进入吸附段，在颗粒本身重力的作用下，不断下降通过整个吸附器。待分离的气体（或液体）混合物从第二块分配板下部进入，自下而上通过吸附段与自上而下的吸附剂逆流接触，流体混合物中易吸附的重组分优先被吸附，难吸附的组分从吸附段的顶部引出，此即为塔顶产品或轻馏分。吸附了吸附质的吸附剂从吸附段进入增浓段，然后再进入汽提段。在增浓段和汽提段中，由于吸附剂中还含有难吸附的组分（轻组分），经从塔下部上来的流体混合物中的重组分置换后，固体吸附剂吸附的重组分物质就增加，这样吸附剂更富有易吸附的组分，而较轻的组分便从吸附剂中被置换出来，这与精馏过程的逐级提浓分离过程相似，从汽提段的顶部可以分出中间产品。最后，吸附剂进入脱附段，用加热的方法使吸附质从吸附剂上脱附出来，被脱附出来的物质作为底部产品取出，部分上升到汽提段和增浓段作为回流。脱附后的吸附剂进入风动输送系统，用气体提升器送回顶部，经冷却器冷却后再进入吸附器重新吸附。

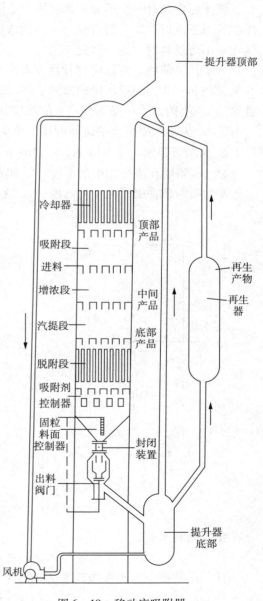

图6-19　移动床吸附器

151

由上可知，超吸附器的吸附和脱附过程是连续完成的，理论上一次装入吸附剂可无限长时间连续工作，但实际上由于有磨损损失，必须补充新的吸附剂。此外，被分离的流体可能含有难于脱附的物质，这种物质在脱附器内不足以使其释放出来，这样就会降低吸附剂的活性。因比，必须设法将一部分吸附剂导入加热温度更高的再生器中进行再生。再生器的设置可使吸附剂长期操作，而活性不降低。

6.4.2 移动床吸附器的计算

移动床吸附器的计算，主要决定吸附段的高度及吸附剂的用量。

6.4.2.1 单组分吸附

流体相中只有一个组分可被吸附剂吸附的过程称为单组分吸附。为简化计算，设吸附操作在等温下进行，这一假设仅对吸附质浓度很小或吸附热效应很小的稀溶液才适用。而吸附热效应不可忽略时，这一假定不适用。

为了计算简便，可以将这种操作看作与气体吸收一样，只是以固体吸附剂来代替液体吸收剂。图 6-20 为一逆流吸附器示意图。由于在吸附过程中吸附剂和不可吸附的流体(即惰性物质)在吸附过程中是不变的，故浓度和流量的单位均以无吸附质作为计算基准。

设 G_S 为不含吸附质的流体的质量流率，kg 无吸附质流体/(h·m²)；

L_S 为净吸附剂的质量流率，kg 净吸附剂/(h·m²)；

Y 为吸附质在流体相中的浓度，kg 吸附质/kg 无吸附质流体；

X 为吸附质在吸附相中的浓度，kg 吸附质/kg 净吸附剂。

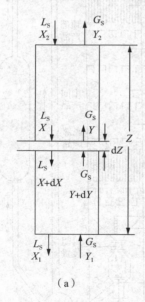

(a)

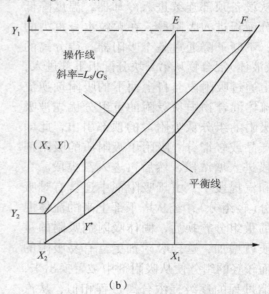

(b)

图 6-20 单组分连续逆流吸附

全塔物料平衡：

$$G_S(Y_1 - Y_2) = L_S(X_1 - X_2) \qquad (6-39)$$

任一塔截面与塔顶作物料平衡，则为：

$$G_S(Y - Y_2) = L_S(X - X_2) \qquad (6-40)$$

$$Y = \frac{L_S}{G_S}X + \left(Y_2 - \frac{L_S}{G_S}X_2\right) \qquad (6-41)$$

在稳定操作条件下，G_S 与 L_S 是定值，故上式为通过点 (X_2, Y_2) 的直线，其斜率为 L_S/G_S，称为固流比。

式（6-41）为一直线，通过点 (X_1, Y_1) 和 (X_2, Y_2)，如图 6-20(b) 所示。D 点 (X_2, Y_2) 和 E 点 (X_1, Y_1) 分别代表吸附器顶部和底部的组成，在此线上任一点代表着吸附器内某一截面上的操作状况（对应的 Y 和 X 的关系），该直线称为吸附操作线，其对应的方程称为操作线方程。对于吸附，此线在平衡线（吸附等温线）之上，对于脱附，此线在平衡线之下。和吸收操作一样，操作线偏离平衡线程度越大，吸附推动力也就越大。固流比的最小值，即吸附剂最小用量是由与平衡线相交（或相切）的操作线的最大斜率来决定，如图 6-20(b) 中的 DF 即为吸附剂为最小用量时的操作线。

在图 6-20(a) 中微分截面 dZ 上的物料衡算式为

$$L_S dX = G_S dY \tag{6-42}$$

由吸附速率方程，可得

$$L_S dX = G_S dY = K_Y a_p (Y - Y^*) dZ \tag{6-43}$$

式中　Y^*——与吸附相浓度 X 相对应的流体相平衡组成。因此，推动力 $Y-Y^*$ 可以用平衡线与操作线间的垂直距离来代表。

将式（6-43）积分得

吸附段的有效高度：$Z = N_{OG} \cdot H_{OG}$ \hfill (6-44)

其中，传质单元高度 $H_{OG} = \dfrac{G_S}{K_Y \cdot a_p}$ \hfill (6-45)

传质单元数 $N_{OG} = \displaystyle\int_{Y_2}^{Y_1} \dfrac{dY}{Y - Y^*}$ \hfill (6-46)

由上式知，欲求吸附段高度必先求出传质单元数和传质单元高度。由式（6-46）知，传质单元数 N_{OG} 可用图解积分求出。而求传质单元高度 H_{OG} 又需知移动床的传质总系数，目前移动床的传质总系数是采用固定床的数据及其关联式进行估算的。移动床中固体颗粒处在运动状态，其传质阻力与固定床是有差别的，故用这种方式来处理移动床，严格说来是有一定问题的，仅作近似估算用。

【例 6-2】拟采用连续逆流吸附器来干燥空气中的水分，加入的吸附剂硅胶是干的，其通过床层的流量为 2441kg/(m²·h)，湿空气中含水为 0.004kg/kg 干空气，以 4570kg 干空气/(m²·h) 的速率通过床层，吸附后空气含水为 0.0001kg/kg 干空气，吸附等温线为：$Y^* = 0.018X$，$k_Y \cdot a_p = 1259 G_s^{0.55}$ kgH$_2$O/(m³·h·ΔY)（G_s 为干空气质量流速，kg/m²·h），$k_X \cdot a_p = 3485$ kgH$_2$O/(m³·h·ΔX)，试求：吸附段的有效高度。

解：已知 $G_s = 4570$ kg 干空气/(m²·h)；$L_S = 2441$ kg/(m²·h)；

$Y_1 = 0.004$；$Y_2 = 0.0001$；$X_2 = 0$；

由物料衡算求出 X_1

$$X_1 = \frac{G_S(Y_1 - Y_2)}{L_S} + X_2 = 0.0073$$

$Y_1^* = 0.018X_1 = 0.0001314$

$Y_2^* = 0$

由于操作线及平衡线均为直线，平均推动力取对数平均值。

$\Delta Y_1 = Y_1 - Y_1^* = 0.00387$

$$\Delta Y_2 = Y_2 - Y_2^* = 0.0001$$

$$\Delta Y_m = \frac{\Delta Y_1 - \Delta Y_2}{\ln \dfrac{\Delta Y_1}{\Delta Y_2}} = 0.001031$$

$$N_{OG} = \frac{Y_1 - Y_2}{\Delta Y_m} = 3.78$$

$$\frac{1}{K_Y a_p} = \frac{1}{k_Y a_p} + \frac{m}{k_X a_p} = \frac{1}{1259 G_s^{0.55}} + \frac{0.018}{3485}$$

$$K_Y a_p = 77673.6 \text{kgH}_2\text{O}/(\text{m}^3 \cdot \text{h} \cdot \triangle Y)$$

$$H_{OG} = \frac{G_s}{K_Y a_p} = \frac{4570}{77673.6} = 0.0588 \text{m}$$

吸附段高度 $Z = H_{OG} N_{OG} = 0.22 \text{m}$

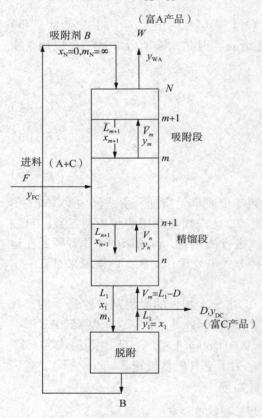

图 6 – 21　移动床物料平衡示意图

6.4.2.2　双组分的吸附分离

若气体混合物中有几个组分都明显地被吸附，则需用移动床吸附器进行逐步提浓的方法进行分离，现讨论二元气体混合物的分离。

图 6 – 21 为移动床吸附器物料平衡示意图，固体吸附剂从吸附器顶部加入，含有 A 和 C 两组分的进料气体则从中间送入，进料以上为吸附段，以下为精馏段，A、C 两组分中 C 为易吸附组分，精馏段的工作目的是为了提高易吸附组分 C 的浓度，塔底引出富 C 产品，吸附段提高不易吸附组分 A 的浓度，塔顶采出富 A 产品。两个分离段的分离效果取决于两段的高度、吸附剂用量、回流比大小及其他因素。若将吸附塔倒过来看，吸附段类似于精馏塔中的提馏段。

为了简化计算，作如下假设：即吸附操作是在恒温下进行的；塔中下降的吸附剂上吸附质（A + C）的含量是恒定的，不因浓度或吸附塔内的位置而变化；塔中上升的气体混合物的流量也是固定的。以上假定相当于精馏塔计算中的恒摩尔流。然而，事实上吸附剂的吸附容量受吸附组成及其浓度的影响很大，故精确计算时，不能按恒定值来计算。

图 6 – 21 中的符号说明：

　　　　F——气相进料的质量流量（含 A + C 两组分），kg/(h · m²)；

　　　　B——吸附器顶部加入的净吸收剂质量流率，kg/(h · m²)；

　　　　D——吸附器底部富 C 产品的质量流率，kg/(h · m²)；

　　　　W——吸附器顶部富 A 产品的质量流率，kg/(h · m²)；

L_{n+1}, $\overline{L}_{m+1}$——分别为精馏段与吸附段下降的吸附剂上的吸附质的量（不包括吸附剂），

　　　　　　　　kg/(h · m²)；

154

V_n，$\bar{V}_m$——分别为精馏段与吸附段上升的气体量，$kg/(h \cdot m^2)$；

x——吸附相中以脱吸附剂为基准的 C 组分的浓度(质)，%；

y——气相中 C 组分浓度(质)，%；

m——吸附剂与吸附质(A + C)的质量比，kg 净吸附剂/kg 吸附质。

因移动床吸附器倒过来相似于一般精馏塔，故可采用图解法进行计算。

(1) 按恒回流计算 固体吸附剂在吸附器中因不挥发故不会转移到气相中去。这样，它在下降的吸附相中的量不变，故按脱吸附剂计算较为简便。

因恒回流，所以 V_n、$\bar{V}_m$、L_{n+1} 和 $\bar{L}_{m+1}$ 均为常数。

精馏段物料平衡：

总的物料平衡 $\quad L_{n+1} = V_n + D$

C 组分的物料平衡 $\quad L_{n+1}x_{n+1} = V_n y_n + D y_D$

因 $L_{n+1} = L_n = \cdots L_1 = L$(常数)；$V_{n+1} = V_n = \cdots V_1 = V$(常数)

所以 $Lx_{n+1} = Vy_n + Dy_D$

$$x_{n+1} = \frac{V}{L}y_n + \frac{D}{L}y_D = \frac{R}{R+1}y_n + \frac{1}{R+1}y_D \qquad (6-47)$$

其中，$R = \dfrac{V_0}{D} = \dfrac{V}{D}$

故精馏段操作线是一直线方程，斜率为 $R/(R+1)$，并通过 (y_D, y_D) 点。

同样，可作吸附段物料平衡

总的物料平衡： $\quad \bar{V}_m = \bar{L}_{m+1} + W$

C 组分的物料平衡 $\quad \bar{V}_m y_m = \bar{L}_{m+1} x_{m+1} + W y_W$

因恒回流，$\bar{L}_{m+1} = \bar{L}_m = \cdots = \bar{L}_1 = \bar{L}$(常数)；$\bar{V}_{m+1} = \bar{V}_m = \cdots = \bar{V}_1 = \bar{V}$(常数)

所以 $\quad \bar{V}y_m = \bar{L}x_{m+1} + Wy_W$

$$x_{m+1} = \frac{\bar{V}}{\bar{L}}y_m - \frac{W}{\bar{L}}y_W \qquad (6-48)$$

吸附段操作线是一直线方程，斜率为 $\bar{V}/\bar{L}$，并通过 (y_W, y_W) 点。

由于进料是气相，故 $\bar{V} = V + F$ ；$\bar{L} = L$

利用式 (6-47) 和 (6-48)，可以在 $x-y$ 平衡线图上作出两条操作线。由于进料是气相，并且横坐标表示气相组成，故 q 线是一条垂线。然后在平衡线与操作线之间求出传质推动力 $(y - y^*)$，进而求出传质单元数 N_{OG}。再由传质单元高度 H_{OG} 和传质单元数求出吸附段和精馏段的高度，见图 6-22。

(2) 按非恒回流计算 此时 L、$\bar{L}$、V 和 $\bar{V}$ 不是常数，因此，两根操作线不是直线。

精馏段：

$$L_{n+1} = V_n + D \qquad (6-49)$$

$$L_{n+1}x_{n+1} = V_n y_n + D y_D \qquad (6-50)$$

吸附段：

$$\bar{L}_{m+1} = \bar{V}_m - W \qquad (6-51)$$

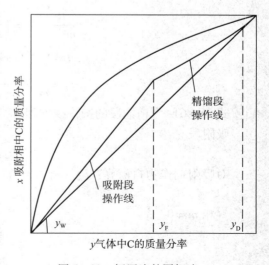

图 6-22 恒回流的图解法

$$\overline{L}_{m+1}x_{m+1} = \overline{V}_m y_m - W y_{\mathrm{W}} \tag{6-52}$$

只有知道了 L_{n+1} 和 V_n 的变化规律才能对上述方程进行求解。

L_{n+1} 值的变化是由于吸附剂上的吸附容量随吸附组分的浓度变化而引起的，若能知道吸附组分浓度与吸附容量的关系，即 $x-m$ 的关系就可以求出各断面上的 L_{n+1} 值。

$$B = L_{n+1}m_{n+1} \tag{6-53}$$

$$L_{n+1} = B/m_{n+1} \tag{6-54}$$

式中 B——加入的净吸附剂的量，$\mathrm{kg/(h \cdot m^2)}$;

m_{n+1}——某 $n+1$ 断面上吸附剂与吸附质的质量比，kg 吸附剂/kg 吸附质。

由于下降的净吸附剂量 B 是一常数，所以只要知道了吸附组分浓度下的 m_{n+1} 值，即可求得 L_{n+1} 或 $\overline{L}_{m+1}$ 值。

$m-x$ 关系可由实验求得。

又因

$$V_n = L_{n+1} - D \tag{6-55}$$

$$\overline{V}_m = \overline{L}_{m+1} + W \tag{6-56}$$

所以，知道了 L_{n+1} 和 $\overline{L}_{m+1}$，即可求出 V_n 和 $\overline{V}_m$。

有了 $\overline{L}_{m+1}$、V_n、$\overline{L}_{m+1}$ 和 $\overline{V}_m$ 值，即可对非恒回流吸附器进行计算。同样，对二元非恒回流吸附也可采用图解法求解。

精馏段：

$$L_{n+1} = V_n + D$$

对吸附剂作物料衡算：$L_{n+1} \cdot m_{n+1} = V_n \cdot m + D \cdot m_{\mathrm{D}}$

$$L_{n+1} \cdot m_{n+1} = B$$

由于气相无吸附剂，所以 $m = 0$

所以

$$D \cdot m_{\mathrm{D}} = B \tag{6-57}$$

$$D = B/m_{\mathrm{D}} \tag{6-58}$$

上式中的 m_{D} 仅是假设的，其值等于 B/D，由于 B、D 是定值，所以 m_{D} 亦是定值，但它不在 $m-x$ 曲线上。

将式(6-54)、(6-58)和 $V_n = L_{n+1} - D = \dfrac{B}{m_{n+1}} - \dfrac{B}{m_{\mathrm{D}}}$ 代入式(6-50)得

$$\frac{B}{m_{n+1}}x_{n+1} = \left(\frac{B}{m_{n+1}} - \frac{B}{m_{\mathrm{D}}}\right)y_n + \frac{B}{m_{\mathrm{D}}}y_{\mathrm{D}} \tag{6-59}$$

$$m_{\mathrm{D}}(y_n - x_{n+1}) = m_{n+1}(y_n - y_{\mathrm{D}}) \tag{6-60}$$

$$y_n = \frac{m_{\mathrm{D}}}{m_{\mathrm{D}} - m_{n+1}}x_{n+1} - \frac{m_{n+1}}{m_{\mathrm{D}} - m_{n+1}}y_{\mathrm{D}} \tag{6-61}$$

式(6-61)为精馏段的操作线方程。

吸附段：

$$\overline{L}_{m+1} = \overline{V}_m - W$$

对吸附剂作物料衡算：$\overline{L}_{m+1}m_{m+1} = \overline{V}_m m - W m_{\mathrm{W}}$

$$\overline{L}_{m+1} \cdot m_{m+1} = B$$

气相 $m = 0$，故

$$-W \cdot m_{\mathrm{W}} = B \tag{6-62}$$

$$W = -\frac{B}{m_{\mathrm{W}}} \tag{6-63}$$

上式中 m_W 也是假设的，它的值等于 $-B/W$，由于 B、W 是定值，且为正值，故 m_W 为负的定值，但它不在 $m-x$ 曲线上。

将 $L_{m+1} = \dfrac{B}{m_{m+1}}$，$W = -\dfrac{B}{m_W}$，$\overline{V}_m = \overline{L}_{m+1} + W = \dfrac{B}{m_{m+1}} - \dfrac{B}{m_W}$，代入式(6-52)得

$$\frac{B}{m_{m+1}}x_{m+1} = \left(\frac{B}{m_{m+1}} - \frac{B}{m_W}\right)y_m + \frac{B}{m_W}y_W \qquad (6-64)$$

$$-m_W(x_{m+1} - y_m) = m_{m+1}(y_m - y_W) \qquad (6-65)$$

$$y_m = \frac{m_W}{m_W - m_{m+1}}x_{m+1} - \frac{m_{m+1}}{m_W - m_{m+1}}y_W \qquad (6-66)$$

式(6-66)为吸附段的操作线方程式。

可以证明，在 $m-x$，y 坐标上，精馏段的 L_{n+1}，V_n，D 三点在一条直线上；吸附段的 $\overline{L}_{m+1}$，$\overline{V}_m$，W 三点也共线。

全塔物料衡算 $F = D + W$ (6-67)

C 组分物料衡算 $Fx_F = Dy_D + Wy_W$ (6-68)

吸附剂物料衡算 $Fm_F = Dm_D + Wm_W$ (6-69)

式中，由于 F 是气相进料，无吸附剂，故 $m_F = 0$，$D \cdot m_D = B$，而 $W \cdot m_W = -B$，$B - B = 0$，故上式成立。因此，F，D，W 三点在 $m-x$，y 坐标上也是一直线。

移动床吸附器(见图 6-21)的 回流比为

$$R = \frac{V_0}{D} = \frac{L_1 - D}{D} = \frac{B/m_1}{B/m_D} - 1 = \frac{m_D}{m_1} - 1 \qquad (6-70)$$

有了 R 值及 D 值即可算出 V_0 和 L_1 值。然后，利用式(6-61)及式(6-66)，在 $m-x$，y 坐标上绘出操作线和平衡线(绘作方法见例 6-3)后，即可求得传质推动力，再用下式求传质单元数。

$$N_{OG} = \frac{Z}{H_{OG}} = \int_{p_W}^{p_D} \frac{\mathrm{d}p}{p - p^*} = \int_{y_W}^{y_D} \frac{\mathrm{d}y}{y - y^*} - \ln\frac{1 + (\gamma - 1)y_D}{1 + (\gamma - 1)y_W} \qquad (6-71)$$

式中 p——易吸附组分 C 在气相中的分压；

      γ——组分 A 与 C 的相对分子质量之比($\gamma = M_A/M_C$)；

     H_{OG}——传质单元高度。

又 $H_{OG} = \dfrac{G}{K_y a_p p}$

式中 G——气体质量流率，kg/(h·m²)；

     K_y——气相总传质系数，kg/(h·m²·MPa)；

      p——总压，MPa；

     a_p——床层中固体颗粒的表面积，m²/m³。

【例 6-3】某气体混合物含 60%(摩尔分数)乙烯和 40%(摩尔分数)丙烷，要求用活性炭为吸附剂在 0.228MPa 及 298K 下进行等温吸附分离，分离成为乙烯 5% 及 95%(摩尔分数)的两种产品，回流比取为最小回流比的两倍，试求所需的传质单元数和吸附剂的循环速率。

解：乙烯及丙烷的混合气体用活性炭吸附时，丙烷为易吸附组分。0.228MPa 及 298K 温度下平衡数据均可查得。并标绘出 $m-x$，y 平衡线于例 6-3 附图上(见例 6-3 附图上半部)，通过系线换算为 $y-x$ 坐标，得到的平衡线绘于例 6-3 附图下半部。为了清晰起见，

省略了图上部系线。

将进料、塔顶、塔底组成换算成质量分数。乙烯的相对分子质量为 28.0，丙烷的相对分子质量为 44.1，进料气体的组成为

$$y_f = \frac{0.4 \times 44.1}{0.4 \times 44.1 + 0.6 \times 28.0} = 0.512$$

同样可得，$y_D = 0.967$，$y_W = 0.0763$。以 $F = 100\text{kg/h}$ 进料气体为基准，按式（6 - 67）及式（6 - 68）得

$$100 = D + W$$

$$100 \times 0.512 = 0.967D + 0.0763W$$

解得 $W = 51.1\text{kg/h}$，$D = 48.9\text{kg/h}$。在 $x - y$ 图中 y 轴上按 y_W，y_f，y_D 三数值作三根垂直线交 $m = 0$ 的 y 轴上，分别获得 $\overline{V}$、F、V_0 三点。继续延长 y_D 垂线与 $m - x$ 相交于 L'_1 点，并由图读出与 L'_1 点相对应的纵坐标 m_1 值，$m_1 = 4.57\text{kg}$ 活性炭/kg 吸附质。在 $y - x$ 图上最小回流比时，两条操作线应交于 y_f 处的平衡线上，该点的坐标为 (y_f, x_f^*)。该坐标 y_f 与 x_f^* 就是例 6 - 3 附图的上图中通过 F 点的系线 FL' 所代表的关系，因此系线 FL' 应为最小回流比下的操作线，延长 FL' 线与 y_D 的垂线交于 $D_{\min}$。因 D 的坐标为 y_D，故 D 在 y_D 垂线上。由 FL' 线延长求得的 $D_{\min}$ 即为最小回流比下的 D 坐标。

由 $D_{\min}$ 点可读得 $m_{D\min} = 5.80$ kg 吸附剂/kg 吸附质

由式（6 - 70）得最小回流比值为

$$R_{\min} = \left(\frac{V_0}{D}\right)_{\min} = \frac{m_{D\min}}{m_1} - 1 = \frac{5.80}{4.57} - 1 = 0.269$$

所以 $(V_0)_{\min} = D \times R_{\min} = 0.269 \times 48.9 = 13.15\text{kg/h}$

$$(L'_1)_{\min} = (V_0)_{\min} + D = 13.15 + 48.9 = 62.1\text{kg/h}$$

最小吸附剂量

$$(B)_{\min} = m_1 (L'_1)_{\min} = 4.57 \times 62.1 = 284\text{kg 活性炭/h}$$

当实际回流比为最小回流比的两倍时

$$R = 2R_{\min} = 2 \times 0.269 = 0.538$$

由式（6 - 70）可得

$$0.538 = \frac{m_D}{m_1} - 1 = \frac{m_D}{4.57} - 1$$

所以，$m_D = 7.03\text{kg}$ 活性炭/kg 吸附质

有了后 m_D，就可以由坐标 (m_D, y_D) 在图上找出 D 点，同时得：

$$V_0 = 0.583D = 0.583 \times 48.9 = 26.3\text{kg/h} \qquad L' = V_0 + D = 75.2\text{kg/h}$$

实际吸附剂量，$B = m_1 L'_1 = 4.57 \times 75.2 = 344\text{kg}$ 活性炭/h

由前知，F、D、W 三点在一直线上，并知 W 在 y_W 的垂线上，所以，连接 DF 直线并延长与 y_W 垂线相交获得 W 点。

作精馏段操作线：

由 D 点在 DFW 线的右边向 $m = 0$ 的 y 轴任意作直线，它与 $m - x$ 曲线的交点为 L_{n+1}，与 $m = 0$ 的 y 轴相交于 V_n。因为 L_{n+1} 的坐标为 (m_{n+1}, x_{n+1})，V_n 的坐标为 $(0, y_n)$，并且 L_{n+1}，V_n，D 在一条直线上，所以这任意一条直线均为一根操作线。任意一条直线上的 L_{n+1} 和 V_n 点所分别对应的坐标值 x_{n+1} 和 y_n，即为 $x - y$ 图中精馏段操作线上的一点的坐标，将所有的点连起来即为精馏段的操作线。

作吸附段操作线：

由 W 点在 DFW 线的左边向 $m=0$ 的 y 轴任意作直线，这任何一条直线同样均为操作线。它与 $m-x$ 线的交点为 $\overline{L}_{m+1}$，与 $m=0$ 的 y 轴相交于 $\overline{V}_m$。$\overline{L}_{m+1}$ 和 $\overline{V}_m$ 点分别对应的 x_{m+1} 和 y_m 值，即为 $x-y$ 图中吸附段操作线上任一点的坐标，同样连接所有点即得吸附段的操作线。

例 6-3 附图下半部上的操作线与平衡线之间的水平距离便是式（6-71）中的推动力 $(y-y^*)$，由此图得出的有关数据列于例 6-3 附表。

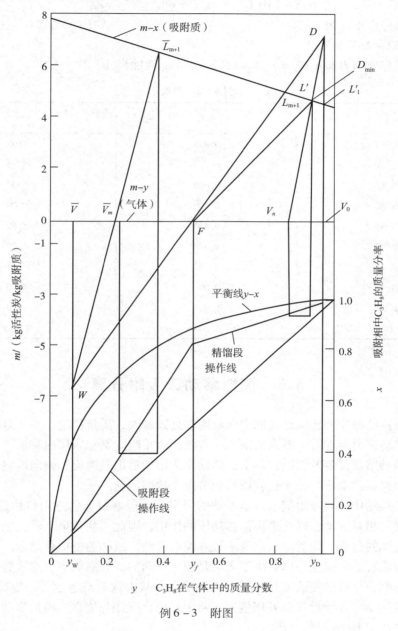

例 6-3　附图

以表中 $\dfrac{1}{y-y^*}$ 为纵坐标，y 为横坐标进行标绘，得曲线下面 y_D 与 y_f 之间的面积为 2.65，y_f 与 y_W 之间面积为 2.67。

159

又知 $r = 28.0/44.1 = 0.635$ 代入式（6-71）得

精馏段的传质单元数

$$N_{OG} = 2.65 - \ln \frac{1 + (0.635 - 1)0.967}{1 + (0.635 - 1)0.512} = 2.52$$

吸附段的传质单元数

$$N_{OG} = 2.67 - \ln \frac{1 + (0.635 - 1)0.512}{1 + (0.635 - 1)0.0763} = 2.53$$

所需的总传质单元数

$$N_{OG} = 2.52 + 2.53 = 5.05$$

吸附剂循环速率 $B = m_1 L'_1 = 4.57 \times 75.2 = 344 kg$ 活性炭/h

例 6-3 附表

y	y^*	$\dfrac{1}{y - y^*}$
0.967	0.825	7.05
0.90	0.710	5.26
0.80	0.600	5.00
0.70	0.500	5.00
0.60	0.430	5.89
0.512	0.390	8.20
0.40	0.193	4.83
0.30	0.090	4.76
0.20	0.041	6.29
0.0763	0.003	13.65

6.5 模拟移动床吸附分离

移动床为连续操作，比间歇式固定床吸附器处理量大，质量稳定，易于自动控制，生产效率高。但移动床也存在着一系列的问题。首先，由于吸附剂在床层内移动，产生严重的磨损，被带出后易堵塞设备及管道；其次，移动床床层中易出现沟流和轴向返混现象。近年来工业上出现的模拟移动床新技术比较成功地解决了这些问题。

所谓模拟移动床，对吸附剂来说是不动的固定床，但通过流体进出口位置不断的改变，使流体与吸附剂相对运动，以此来模拟移动床的作用。因此，从效果上看，它达到了移动床的效果，是连续的过程，但对床层本身来说并没有移动，故称为模拟移动床。

模拟移动床有许多优点：（1）由于床层是固定不动的，吸附剂不会造成磨损；（2）能仔细地填充吸附剂，尽可能使液流在床层中均匀分布，减少沟流与返混等，提高了分离效果；（3）同时具有移动床连续操作、处理量大、便于自动化操作等优点。模拟移动床已成功应用于有机化工生产中 C_8 芳烃的分离。

模拟移动床吸附分离的基本原理与置换脱附移动床相似。图 6-23 是置换脱附移动床示意图和床层内各组分沿床层不同高度的浓度分布曲线。设进料液里只含 A、C 两个组分，用固体吸附剂和液体脱附剂 D 来分离它们。固体吸附剂在塔内自上而下移动，从塔底出去后，经塔外提升器提升至塔顶循环入塔。液体用循环泵压送，自下而上流动，与固体物料逆流接触。整个吸附塔按不同物料的进出口位置，分成四个作用不同的区域。

1 区——A 吸附区，由 2 区来的液体中含有 A、C、D 与加入的原料（A + C）相混，同来自 4 区的吸附剂接触，因吸附剂对 A 的吸附能力大于 C，所以 A 被吸附，不含 A 的吸余液 C + D 排出。吸附剂则吸附着 A、C、D。

2 区——C 脱附区（第一精馏区），由 3 区来的液体含有 A + D，与来自 1 区的吸附剂接触，吸附剂对 C 的吸附能力较弱，因此首先被解吸出来，随液相进入 1 区。

3 区——A 的脱附区，来自 4 区的液体只含 D，与加入的脱附剂 D 相混合，来自 2 区的吸附剂中 C 已全部在 2 区脱附，故只含 A + D，当与大量的脱附剂 D 接触后，吸附剂中 A 被 D 置换，而转移到液相并排出，其余的进入 2 区，吸附相中 A 全部脱附后进入 4 区。

4 区——C 吸附区（第二精馏区），来自 1 区的液体含有 C + D，来自 3 区的固体吸附剂只含有 D，两相接触后，吸附剂则将液相中的 C 全部吸附掉。液相中只含有 D 进入 3 区，固体吸附剂则进入 1 区。

由图 6 - 23 可知，如果固体吸附剂在床层内不动，而将各段相应的液体进出口在同一时间连续地由下向上移动，这样的作用是和沿相反的方向移动吸附剂是一样的，造成流体与吸附剂间的相对运动，这就是用脱附剂置换脱附的模拟移动床的基本原理。

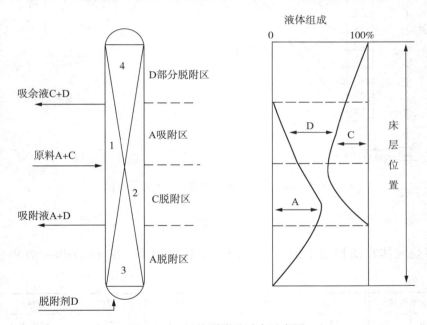

图 6 - 23　置换脱附移动床示意图

模拟移动床是在固定床塔体上开很多进出口，每 4 个为一组，每一组操作相当于一个置换脱附移动床操作。一般在塔上开 24 个等距的口，同接于一个 24 通旋转阀上（图 6 - 24）。通过这一旋转阀，使进出的液体与另外四个主管道相连：进料（A + C）管；吸取液（A + D）管；吸余液（C + D）管和脱附剂（D）管。每隔一段时间，4 个进出料口同时向上移动一个口，这样就相当于沿相反方向移动吸附剂的作用一样。对每一个小的塔段来说，其吸附、脱附、精馏等过程是间歇的、周期进行的，而对整个吸附塔来说，原料与脱附剂的进料、吸取液与吸余液的抽出均可视作是连续进行的。

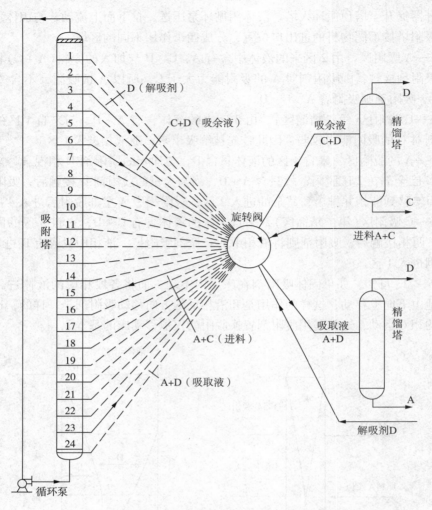

图 6-24　模拟移动床吸附分离操作示意图

习　题

1. 纯甲烷气体在活性炭上的吸附平衡实验数据如下，求 Freundlich 方程（$q = Kp^{1/n}$）常数。

$q/(\mathrm{cm^3\,CH_4/g\,活性炭})$	45.5	91.5	113	121	125	126
p/kPa	275.8	1137.6	2413.2	3757.6	5240.0	6274.2

2. 用活性炭吸附氯化氢蒸气，其操作条件如下：氯化氢含量 $c_0 = 6.6\mathrm{g/m^3}$，吸附床高 $Z = 0.05\mathrm{m}$，床层截面积 $A = 0.01\mathrm{m^2}$，气体流量为 $0.03\mathrm{m^2/min}$，吸附周期 $\tau = 336\mathrm{min}$，活性炭活性 $a_\mathrm{m} = 222\mathrm{kg/m^3}$。根据上述数据求：（1）床层的 K 值。（2）床层损失时间 τ_m。

3. 在内径为 $D = 0.4$ 的立式吸附器中，装填堆积比重为 $220\mathrm{kg/m^3}$ 的活性炭，其床层高度为 $1.1\mathrm{m}$。今有含苯蒸气的空气以 $14\mathrm{m/min}$ 的流速通过床层。苯的初始浓度为 $39\mathrm{g/m^3}$。假设苯蒸气通过床层后完全被活性炭吸附其出口浓度为零。活性炭对苯的动活性为 7%（质量分数），床层中苯的残余为 0.5%（质量分数）。

试求：（1）每一使用周期可吸附的苯量；（2）吸附器每一周期使用的时间；（3）每一周期该吸附器所处理的苯–空气混合物的体积。

4. 今从空气混合物中吸收石油气，空气混合气的流量为 $3450\text{m}^3/\text{h}$，石油气原始含量为 $C_0 = 0.02\text{kg/m}^3$，混合气的线速为 $u = 0.23\text{m/s}$。活性炭对石油气的动活性为 0.07（质量分数），吸附剂残余吸附量为 0.08（质量分数），活性炭的堆密度为 500kg/m^3，吸附剂的吸附、吹扫及冷却的时间为 $1.45\ \text{h}$。求所需填充的活性炭量、吸附床层的直径和高度。

5. 现拟采用连续逆流吸附器来干燥空气中的水分，吸附剂为硅胶，硅胶球连续通过床层的流率为 $2250\text{kg/(m}^2 \cdot \text{h})$，硅胶球吸附剂的堆密度为 672kg/m^3。湿空气含水量为 0.00387 $\text{kgH}_2\text{O/kg}$ 干空气，密度为 $1.18\ \text{kg/m}^3$，以 $4560\ \text{kg/(m}^2 \cdot \text{h})$ 的流率通过床层，空气温度为 $27℃$。吸附干燥后空气含水量为 $0.0001\ \text{kgH}_2\text{O/kg}$ 干空气，吸附等温线为：$Y^* = 0.032X$，$k_Y \cdot a_p = 1260G^{0.55}\ \text{kgH}_2\text{O/(m}^3 \cdot \text{h} \cdot \Delta Y)$ [G 为空气质量流速，$\text{kg/(m}^2 \cdot \text{h})$]，$k_X \cdot a_p = 3485$ $\text{kgH}_2\text{O/(m}^3 \cdot \text{h} \cdot \Delta X)$，试求：吸附段的有效高度。

7 新型分离方法

随着化工生产与技术的发展，对分离技术要求越来越高，分离难度也越来越大。为了适应这些要求，新的分离流程和方法正在不断被开发出来。本章主要介绍膜分离（包括固膜、液膜）、泡沫分离、亲合膜分离、分子蒸馏和超分子分离等新型分离技术。

7.1 膜分离技术

7.1.1 膜分离概述

膜分离技术是指在某种推动力的作用下，利用膜对混合物中各组分的选择透过性能的差异，实现物质分离的技术。膜分离方法的推动力可以是膜两侧的压力差、电位差或浓度差。

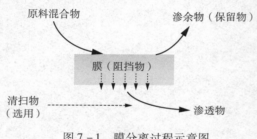

图 7 - 1 膜分离过程示意图

典型的膜分离过程如图 7 - 1 所示。原料混合物经过膜后被分离成渗余物（原料中未渗透过膜的部分，即保留部分）和渗透物（原料中透过膜的部分）。多数的原料混合物、渗余物和渗透物为液体或气体，但也可以是固体。膜可以是无孔聚合物薄膜，也可以是多孔性聚合物、陶瓷或金属材料膜，甚至还可以是液膜和气膜。图 7 - 1 中所示的清扫物是液体或气体，用来帮助移开渗透物。

相比蒸馏、吸附、吸收、萃取等传统分离技术，膜分离具有以下特点：

①分离效率较高。如以重力为基础的分离技术其分离最小极限为微米，而膜分离则可以分离出纳米级的颗粒；又如乙醇浓度超过 90% 的水溶液已接近恒沸点，蒸馏法很难分离，但采用膜的渗透汽化时，其分离系数则高达几百。

②能耗低。因为大多数膜分离过程都不发生相变化，所以能耗低。

③膜分离的操作一般在近室温条件下进行，因此它特别适用于热敏性物质的分离，这在食品、医药、生物技术等领域极有应用价值。

④膜分离因为分离效率高，设备体积通常比较小，可以直接插入已有的生产工艺流程，而不需要对生产线进行大的改变。

⑤ 膜分离的处理能力具有较大的弹性，因为膜分离的处理能力可通过单元并联的形式来加以调节。

绪论中的表 1 - 2 对几种主要的膜分离过程作了简单描述。

7.1.1.1 膜

1. 膜的种类和结构

用于分离的膜按其物态分，有固膜、液膜及气膜三类。目前大规模工业应用多为固膜，液膜已有中试规模的工业应用，主要用在废水处理中。气膜分离尚处于实验室研究阶段。

根据膜的性质、来源、相态、材料、用途、形状、分离机理、结构、制备方法等的不同，膜有不同的分类方法。按膜的形状分为平板膜、管式膜和中空纤维膜(见图7-2)。按膜孔径的大小分为多孔膜和致密膜(无孔膜)。按膜的结构分为对称膜、非对称膜和复合膜。

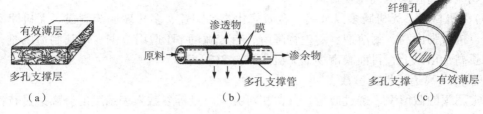

图7-2 各种膜形式的示意图

(a)片型；(b)管状；(c)中空纤维状

(1)对称膜　膜两侧截面的结构及形态相同，且孔径与孔径分布也基本一致的膜称为对称膜。对称膜可以是疏松的微孔膜或致密的均相膜，膜的厚度大致在 $10 \sim 200 \mu m$ 范围内。致密的均相膜由于膜较厚而导致渗透通量低，目前已很少在工业过程中应用。

(2)非对称膜　由于此类膜的断面呈各向异性，故称之为非对称膜。它由同种材料制成的表面活性层与支撑层两层构成，分离作用则主要取决于表面活性层[见图7-3(a)]。由于表面活性层很薄(通常仅 $0.1 \sim 1.5 \mu m$)，故对分离小分子物质而言，该膜层不但渗透性高，而且分离的选择性好。支撑层为大孔状，仅起支撑作用。

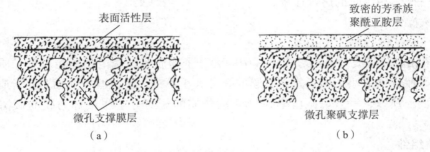

图7-3 非对称膜(a)、复合膜(b)的结构示意图

(3)复合膜　它是在非对称膜表面加一层 $25 \sim 50 nm$ 的均质活性层而构成，膜的分离效果即取决于该均质活性层[见图7-3(b)]。与非对称膜相比，复合膜的均质活性层可根据不同需要，选择多种材料。

2. 膜材料

膜分离过程对材料的要求主要有：具有良好的成膜性能和物化稳定性，耐酸、碱、微生物侵蚀和耐氧化等。反渗透、纳滤、超滤、微滤用膜最好为亲水性，以得到高水通量和抗污染能力。气体分离，尤其是渗透蒸发，要求膜材料对透过组分优先吸附溶解和优先扩散。电渗析用膜则特别强调膜的耐酸、碱性和热稳定性。膜萃取等过程要求膜耐有机溶剂。

按材料的性质分，膜分离材料主要有高分子材料和无机材料两大类。

(1)天然高分子材料　主要是纤维素的衍生物，有醋酸纤维、硝酸纤维和再生纤维等。纤维素酯类膜是应用最早、截留能力强、目前应用最多的膜，主要用于反渗透、超滤和微滤等。

(2)合成高分子材料　合成高分子膜的种类很多，如聚砜、聚丙烯腈、聚酰亚胺、聚酰胺、聚烯烃、含氟聚合物和硅橡胶类等。芳香聚酰胺类膜材料目前主要用于反渗透。聚砜是超滤、微滤膜的重要材料。聚酰亚胺是近年开发应用的耐高温、化学稳定性好的膜材料，目前已用于超滤、反渗透、气体分离膜的制造。硅橡胶类、聚烯烃、聚丙烯腈、含氟高分子等多用于气体分离和渗透气化膜材料。

（3）无机材料　无机膜多以金属、金属氧化物、陶瓷、多孔玻璃等制成。无机膜耐高温和腐蚀、机械强度高、耐溶剂、耐生物降解，有较宽的 pH 适用范围。但其制造困难，成本比有机膜高十倍以上，目前膜市场上无机膜只占 2%～3%。

3. 膜的分离透过性能参数

通常用膜的截留率、透过通量、截留相对分子质量等参数来表示膜的分离透过特性。不同的膜分离过程习惯上使用不同的参数以表示膜的分离透过特性。

（1）截留率 R 其定义为：

$$R = \frac{c_b - c_p}{c_b} \times 100\% \qquad (7-1)$$

式中　c_b、c_p——分别表示料液主体和渗透液中被分离物质的浓度。

（2）透过速率（通量）J　指单位时间、单位膜面积的透过物量，常用的单位为 $kmol/(m^2 \cdot s)$。由于操作过程中膜的压密、堵塞等多种原因，膜的透过速率将随时间而衰减。透过速率与时间的关系一般为：

$$J = J_0 t^m \qquad (7-2)$$

式中　J_0——操作初始时的透过速率；

　　　t——操作时间；

　　　m——衰减指数。

（3）截留相对分子质量　当分离溶液中的大分子物质时，截留物的相对分子质量在一定程度上反映了膜孔的大小。但通常多孔膜的孔径大小不一，被截留物的相对分子质量将分布在某一范围内。所以，一般取截留率为 90% 的物质的相对分子质量称为膜的截留相对分子质量。

7.1.1.2　膜组件

将膜、固定膜的支撑材料、间隔物或管式外壳等组装成的一个单元称为膜组件。膜组件的结构及形式取决于膜的形状，工业上应用的膜组件主要有中空纤维式、管式、螺旋卷式、板框式等四种形式。管式和中空纤维式组件也可以分为内压式和外压式。

1. 板框式膜组件

板框式膜组件与板框式压滤机的结构十分相似［见图 7-4(a)，图中为圆盘形片膜］。片状薄膜放置于多孔支撑板上，膜间通常夹有间隔板，多层交替重叠压紧，中间则留有形成 1mm 左右的料液流道。层与层之间的流体流动可并联或串联连接，隔板上常开有沟槽用作液流通道，而支撑板上的连通孔可作为渗透液的通道。

板式膜组件的优点是组装方便，膜的清洗更换比较容易，料液流通截面较大，不易堵塞。缺点是对密封要求高，结构不紧凑。

2. 卷式膜组件

卷式膜组件是在 20 世纪 60 年代开发成功的，它是用平板膜制成的，其结构与螺旋板式换热器类似。如图 7-4(b)，支撑材料插入三边密封的信封状膜袋，袋口与中心集水管相接，然后衬上起导流作用的料液隔网，两者一起在中心管外缠绕成筒，装入耐压的圆筒中即构成膜组件。使用时料液沿隔网流动,与膜接触,透过液透过膜,沿膜袋内的多孔支撑流向中心管,然后由中心管导出。

目前卷式膜组件应用比较广泛,与板框式相比,卷式膜组件的设备比较紧凑、单位体积内的膜面积大。其缺点是清洗不方便,膜有损坏时不易更换,尤其是易堵塞,因而限制了其发展。近年来,预处理技术的发展克服了这一困难,因此卷式膜组件的应用将更为扩大。

3. 管式膜组件

管式膜组件由管式膜制成,它的结构原理与管式换热器类似,管内与管外分别走料液与透过液,如图 7-4(c)所示。管式膜的排列形式有列管、排管或盘管等。管式膜组件分为外压和内压式两种。外压式即为膜在支撑管的外侧,因外压管需有耐高压的外壳,应用较少;膜在管内侧则为内压管式膜。

管式膜组件的缺点是单位体积膜组件的膜面积小,一般仅为 $33 \sim 330 m^2/m^3$,因此,除特殊场合外,一般较少使用。

4. 中空纤维膜组件

图 7-4(d)为中空纤维式膜组件,1973 年由美国 Romicon 公司发明。它是由成千上万根内径为 $40 \sim 1200 \mu m$,外径为 $80 \sim 2000 \mu m$ 的中空纤维膜组成,两端用环氧树脂浇铸成管板或封头,装入圆柱形耐压容器内,即构成膜组件。料液进入中心管,并经中心管上下孔均匀地流入管内,渗透液沿纤维管内从左端流出,渗余液从中空纤维间隙流出后,沿纤维束与外壳间的环隙从右端流出。

中空纤维膜组件的主要优点是设备紧凑,单位设备体积内膜的有效面积大(高达 $16000 \sim 30000 m^2/m^3$)。缺点是膜易堵塞,清洗困难,膜更换也较困难。

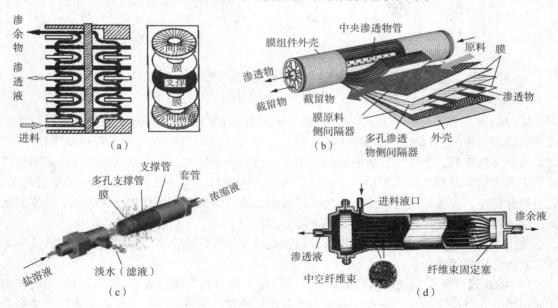

图 7-4 各种膜组件的结构示意图
(a)板框式;(b)卷式;(c)管状式;(d)中空纤维式

7.1.2 固膜分离

含有两个或两个以上组分的流体在容器中通过一固体膜,借该膜的选择性以及膜两侧的能量差(例如静压差、浓度差、电位差等)将某种成分或一组分子大小相接近的成分和流体中其它组分(溶剂)分离，以达浓缩溶质或净化溶剂的技术，通称为固膜分离技术。对气体系统有压力扩散、质量扩散等；对液体系统来说，有反渗透、超过滤、渗析、电渗析等。

7.1.2.1 微滤和超滤

微滤(micro - filtration，MF)和超滤(ultra - filtration，UF)均为以压力差为推动力的膜分离过程，二者在原理上无本质差别。MF 膜的孔径通常为 $1 \sim 10 \mu m$；而 UF 膜的最小孔径可达到纳米级，一般在 $0.01 \sim 0.2 \mu m$ 之间。当含有大小尺寸不同的分子混合溶液流过膜表面并在压力差作用下，小于膜孔的小分子透过薄膜，形成渗透液(或滤液)；而粒子尺寸大于膜孔的物质则被膜截留，作为浓缩液(或渗余液)回收。

微滤和超滤是膜分离中开发最早，应用最广的滤膜技术，基于膜孔径的尺寸，微滤主要截留气、液混合物中微米和亚微米级的物质粒子；而超滤拦截的分子尺寸则在 $10 \sim 100nm$，对悬浮物、细菌、部分病毒、酵母、红细胞及大尺寸胶体等均有良好的截留效果。

1. 分离机理与传质模型

微滤和超滤的分离均为筛分机理。根据细粒被拦截的位置不同，一般分为膜的"表面截留"和膜内部的"深层截留"。图 7 - 5 表示了筛分过程中膜分离的各种形式。当粒子尺寸大于或相当于孔道直径时，细粒即被拦截在膜的外表面，通常称此形式为机械截留；有时虽然粒子小于膜的孔径而能进入孔道，但由于"架桥"和吸附作用，也能被截留在膜的表面或孔道之内，后者即称为深层截留[参见图 7 - 5(d)]。实际分离过程中，也往往是这些机理的共同作用的结果。

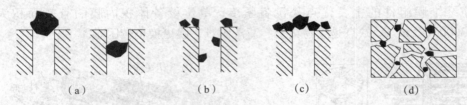

图 7 - 5　微(超)滤膜的分离机理
(a)机械截留；(b)表面吸附；(c)架桥作用；(d)深层截留

微(超)滤的操作有两种方式，即常规过滤与错流过滤(见图 7 - 6)。显然，常规过滤形式中，随着过程的进行滤饼的厚度不断增加，流体通过的阻力相应增大。若推动压差不变，则流通量必然降低，否则需增加两端的压差，以提高传质推动力。错流过滤因流体流动与渗透呈垂直方向，膜表面的大颗粒可通过剪切力被不断地移去，使滤饼保持在一定厚度范围，阻力相对稳定，流通量也可以维持恒定。但需指出的是由于实际过程中滤饼的压实和膜的污染，膜的孔道也会变窄，导致流通量的下降。

鉴于上述筛膜分离过程的不同机理，描述此过程的传质模型有滤饼过滤模型、孔流模型和浓差极化模型等数种。

(1)滤饼过滤模型　该模型与传统的过滤相似，假定膜表面形成滤饼层，料液以层流形式通过膜孔，且存在着浓差极化，总阻力为各层的叠加。根据 Darcy 定律，流体通过滤膜的速率，即通量为：

$$J = \frac{1}{S} \cdot \frac{dV}{dt} = \frac{\Delta p}{\mu R} \tag{7 - 3}$$

式中　S——滤饼的表面积；
　　　　V——滤饼的体积；

168

Δp——滤饼两端的压力差；

μ——料液的动力学黏度；

R——传质的总阻力。

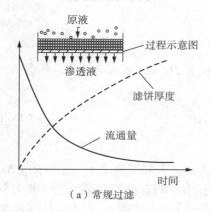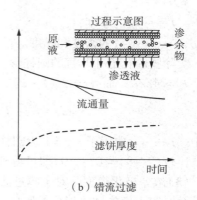

（a）常规过滤 （b）错流过滤

图7-6 两种微（超）滤形式下流通量、滤饼厚度的变化过程

根据该模型假设，总阻力 R 由膜层过滤阻力 ΔR_m 和滤饼层过滤阻力 R_s 组成，膜层过滤阻力 ΔR_m 包含三项，即表面吸附阻力（R_m）、入口吸附阻力（R_p）和膜孔内吸附阻力（R_a）；而滤饼层过滤阻力也由两项组成，即浓差极化过滤阻力（R_b）与溶质沉积阻力（R_c）。即有：

$$R = \Delta R_m + R_s；\overline{而}\ \Delta R_m = R_m + R_p + R_a；\ R_s = R_b + R_c \qquad (7-4)$$

在无浓差极化下，滤饼层阻力：

$$R_s = \alpha \cdot (c_b - c_p) \cdot \frac{V}{S} \qquad (7-5)$$

式中 α——滤饼层比阻力；

c_b——主体溶液浓度；

c_p——透过溶液浓度；

V/S——滤饼的厚度。

当存在浓差极化时，发生流体由膜表面向主体的反向扩散 J_{sR}，此时对应滤饼层阻力以 R_{sR} 表示，则总的有效滤饼层阻力为：

$$R_s（有效）= R_s - R_{sR} = \alpha(c_b - c_p)\left(\frac{V}{S} - J_{sR} \cdot t\right) \qquad (7-6)$$

将所得的阻力 ΔR_m、R_s 代入式（7-3）、（7-4）后，即可得到微滤的流通量 J：

$$J = \frac{\Delta p}{\Delta R_m + \alpha(c_b - c_p)\left(\frac{V}{S} - J_{sR}t\right)} \qquad (7-7)$$

（2）孔流模型 该模型假设膜具有均一的毛细孔结构，无膜污染，无浓差极化，料液以层流形式穿过膜。根据 Darcy 定律，滤液（渗透液）穿过膜的流率 J 可表示为：

$$J = K \cdot \Delta p \qquad (7-8)$$

式中 K——渗透系数，它与孔穴率、孔径分布、流体的黏度等有关；

Δp——滤饼两端的压力差。

另外，由于膜中的流动为层流，且先假定孔道为直圆柱形，运用哈根-柏谡叶方程可得：

$$J = \left(\frac{\varepsilon \rho D^2}{32 \mu L}\right)\Delta p \qquad\qquad (7-9)$$

式中　ε——滤饼的孔穴率；

　　　D——孔径；

　　　L——膜的厚度；

　　ρ、μ——料液的密度和黏度。

实际膜的孔道并非直的圆柱形，若以当量直径 d_e 代替 D；$L\tau$（通道弯曲率）代替 L，则有：$d_e = 4\varepsilon/\alpha$；而 $\alpha_v = \alpha/(1-\varepsilon)$，代入式（7-9）后有：

$$J = \frac{\varepsilon^3 \rho}{2(1-\varepsilon)^2 \tau \alpha_Y^2 \mu L} \cdot \Delta P \qquad\qquad (7-10)$$

式中　τ——弯曲因子，$\tau = 1$ 为圆柱状孔道。

比较（7-8）与（7-10）即可得到渗透系数 K。另一方面，若知道流率 J，则可求得 Δp。

（3）浓差极化模型　对于膜过滤，尤其是超滤膜过程中，随着过程的延续，一些大分子溶质会在膜表面集结，形成凝胶层，此时膜表面的（大分子）溶质浓度 c_m 大于主体溶液的浓度 c_b，存在着浓度差。当膜面浓度 c_m 增大至某一值后，便出现大分子溶质从膜面凝胶层向流体主体的反向迁移，即发生浓差极化现象，直至达到一个动态平衡。鉴于双向扩散特征，膜的过滤速率可表示为：

$$Jc_p = Jc - D \cdot \frac{\mathrm{d}c}{\mathrm{d}x} \qquad\qquad (7-11)$$

由边界条件：$x=0$，$c=c_b$；$x=\delta$，$c=c_m$，在极化层内积分有（参见图7-7）：

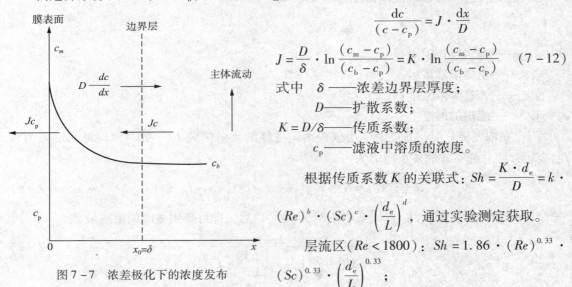

$$\frac{\mathrm{d}c}{(c-c_p)} = J \cdot \frac{\mathrm{d}x}{D}$$

$$J = \frac{D}{\delta} \cdot \ln\frac{(c_m-c_p)}{(c_b-c_p)} = K \cdot \ln\frac{(c_m-c_p)}{(c_b-c_p)} \quad (7-12)$$

式中　δ——浓差边界层厚度；

　　　D——扩散系数；

　　$K = D/\delta$——传质系数；

　　　c_p——滤液中溶质的浓度。

根据传质系数 K 的关联式：$Sh = \frac{K \cdot d_e}{D} = k \cdot$

$(Re)^b \cdot (Sc)^c \cdot \left(\frac{d_e}{L}\right)^d$，通过实验测定获取。

层流区（$Re < 1800$）：$Sh = 1.86 \cdot (Re)^{0.33} \cdot$

$(Sc)^{0.33} \cdot \left(\frac{d_e}{L}\right)^{0.33}$；

图7-7　浓差极化下的浓度发布

湍流区（$Re > 4000$）：$Sh = 0.023 \cdot (Re)^{0.8} \cdot (Sc)^{0.33}$。

2. 微滤与超滤的应用

微滤或超滤的主要应用之一就是对水的处理。微滤膜主要用于纯水、饮用水生产中颗粒和细菌的去除，可以去除水中98%以上的颗粒物和细菌。而超滤膜因为孔径更小，能更彻底地清除水中的细菌、病毒，其灭菌效力比蒸汽法还高。目前，市场上推出的一种超滤直饮机就是利用超滤膜的特性而生产的一种终端纯水设备。另外，超滤还可以作为反渗透的预处理设备，与反渗透组合生产电子、医药等行业的高级超纯水。

在生物与食品行业，由于涉及的物质具有热敏性，而膜分离操作多在室温下进行，因此利用微（超）滤膜的特性，对浓缩富集生物质或消毒澄清食品饮料显示出很大的优势。如糖汁的澄清、脱盐和浓缩，传统工艺一般需分三步进行，即澄清用碳酸法，设备繁多，费用很高；脱盐用离子交换法，树脂再生时酸、碱消耗量大，废液污染大；浓缩用蒸发法，能耗大且会发生糖的热分解现象。而应用膜分离技术则克服上述传统工艺的缺点，一步实现澄清（见图7-8）。

图 7 - 8　膜分离法糖汁澄清、浓缩工艺流程

此外，微/超滤膜分离还广泛应用于化工、电子、冶金、医疗、医药、废水处理等行业。如丁二烯、PVC胶乳、染料的回收，抗生素、干扰素的提纯精制，人工血液的制造，中草药的精制分离，染料废水的脱色，皮革废水中铬的回收，微量油的去除，汽车、仪表工业的涂漆废水处理，冶金废水的处理等。

7.1.2.2　纳滤

纳滤（nano - filtration，NF），因膜孔径在1nm左右而得名。纳滤膜最早始于20世纪70年代，当时 J. E. Cadotte 通过界面缩聚方法制备出一系列具有高通量的超薄层复合膜，它的流通量接近超滤膜，但截留的相对分子质量却比超滤膜小得多，对二价的硫酸根离子具有很好的截留性能。1980年，将其商品化并予以 NF - 40、NF - 50 等系列名称。以后随膜材料和制膜方法的不断开发，各种不对称纳滤膜、芳族聚酰胺界面缩聚复合纳滤膜和涂层复合纳滤膜等相继出现（参见表7-1）。由于纳滤膜孔径十分细小，能截留相对分子质量较小的粒子，如 Na^+、K^+、SO_4^{2-}、Cl^- 等离子，在低相对分子质量有机物的除盐等方面显示出其独特的优势，使得它在超纯水制备、食品、化工、医药、生化、环保、海洋等多个领域得到了广泛应用。

表 7 - 1　主要纳滤膜材料及性能

型号	公司	材质	脱除率/%		纯水通量①/ (L/m²·h)	最高使用温度/ ℃	最高操作压力 /MPa
			NaCl	MgSO₄			
NF - 40HF	Film Tec	芳烃聚酰胺	4	95	4.3(0.8)	45	4.1
NF - 50	Film Tec	芳烃聚酰胺	50	> 95	72(1.0)	45	4.1
NF - 70	Film Tec	芳烃聚酰胺	80	> 95	36(0.48)	45	1.7
NS - 300	Film Tec	聚哌嗪酰胺	50	97.7	53(1.38)	45	
NTR - 7410	Nitto	磺化聚醚砜	15	9	500(1.0)	80	3.0
NTR - 7250	Nitto	PVA 缩合	60	99	60(2.0)	40	3.0
SU - 500	Toray	芳烃聚酰胺	97	99	20(1.0)	45	4.2
HC - 50	DDS	—	60	—	80(4.0)	60	6.0
Trisep	Trisep	芳烃聚酰胺	85	99	58(0.7)	43	—
DRC - 100	Celfa	—	10	—	50(1.0)	40	4.0

①( ) 中数据为操作压强（MPa）。

1. 分离机理与传质模型

研究纳滤膜的分离过程发现，纳滤膜对物质的分离主要有两种途径：①对离子的截留主要通过离子与膜之间的Donnan效应或电荷效应，使膜对不同离子具有选择性透过能力，从而实现物质的分离；②对中性不带电荷的物质（如葡萄糖、抗生素、合成药物等）的截留是依据膜纳米级微孔的筛分作用来实现的。

由于静电作用，当电解质溶液中的离子（如正离子）与纳滤膜（带负电荷）接触且达到平衡时，膜相中的电解质正离子浓度要比主体溶液中的正离子浓度高，而负离子的浓度则较低，这样在主体溶液与膜之间就形成了Donnan电势梯度，其作用就是阻止了正离子从主体溶液向膜相的扩散和负离子由膜相向主体溶液的扩散，这就称为Donnan平衡。

在使用纳滤膜对物质进行分离时，当达到Donnan平衡时，反离子（与膜所带电荷相反）进入膜孔受到限制，同时膜相中保持电中性，这样同电荷离子也被排斥，因此，宏观上表现为脱盐（离子化合物）现象，即Donna效应。Donnan效应对稀电解质溶液中离子的截留尤其明显，另一方面，由于电解质离子的电荷强度不同，故膜对离子的截留率也存在差异。

描述纳滤的过程有空间电荷模型、固定电荷模型、细孔模型等。

（1）空间电荷模型 最早由Osferle等提出，该模型假定：①孔径均一且电荷均匀分布在通道的内表面；②离子浓度和电势在径向分布是不均匀的；③离子被看作是点电荷，忽略离子的空间尺寸[见图7-9（a）]。通过空间电荷模型可以预测膜的通量和截留率等参数。

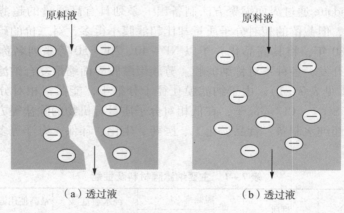

图7-9 空间电荷模型（a）和固定电荷模型（b）

（2）固定电荷模型 最早由Teorell、Meyer和Sievers提出，故也被人们称之为TMS模型。它是将膜假设为一凝胶相，电荷则均匀分布与其中且是"固定"的，并假定离子浓度和电势梯度在传质方向上具有一定的梯度[见图7-9（b）]。根据固定电荷可计算电解质溶液中溶剂在膜中的渗透系数与溶质的透过系数，继而得到截留率随流速的变化关系。

（3）细孔模型 细孔模型是在Stokes-Maxwell摩擦模型的基础上而提出的。它认为通过膜微孔内的溶质传递包含扩散流动与对流流动两种类型，并考虑溶质的空位阻效应和溶质与孔壁之间的相互作用，而在方程中引入立体阻碍因子。

2. 分离指标及过程设计

根据Fick定律，纳滤膜操作过程中溶剂的流通量可表示为：

$$J_v = A(\Delta p - \sigma \cdot \Delta \pi) \qquad (7-13)$$

式中 A——溶剂的渗透系数；

σ——膜对特定溶质的截留系数，表示膜的选择性，当$\sigma = 0$表示膜无选择性，$\sigma = 1$，为理想膜，无溶质通过，一般 σ 值取 $0 \sim 1$ 之间；

$\Delta\pi$——溶液的渗透压，对电解质溶液而言，其值与溶质的电离度及溶液的浓度有关。

表 7-2 列出了部分常见的溶液渗透压值。对于纳滤过程渗透系数 A 的值通常在 $3 \times 10^{-2} \sim 2 \times 10^{-1}$ m³/(m²·h·MPa)。

表 7-2 常见溶液的渗透压(25℃)

溶液	NaCl	NaHCO₃	Na₂SO₄	MgSO₄	MgCl₂	CaCl₂	蔗糖	葡萄糖
浓度/(μg/g)	1000	1000	1000	1000	1000	1000	1000	1000
渗透压/atm	0.8	0.9	0.4	0.25	0.7	0.6	0.07	0.14

而溶质的渗透通量可表示为：$J_s = -(\omega \cdot \Delta x) \cdot \dfrac{\mathrm{d}c}{\mathrm{d}x} + (1 - \sigma) \cdot J_v \cdot c$ （7-14）

式中　ω——溶质的透过系数；

Δx——膜厚度；

c——溶质的浓度。若将上式沿膜增厚方向积分，即可得到截留率 R 与溶剂透过量的关系：

$$R = 1 - \frac{c_p}{c_m} = \frac{\sigma(1 - F)}{(1 - \sigma \cdot F)}$$ （7-15）

式中　F——一参数，其计算式为 $F = \exp[-J_v \cdot (1 - \sigma)/\omega]$；

c_p——透过液浓度；

c_m—— 膜表面处原料液浓度。

3. 纳滤的应用

纳滤由于能拦截分子量在 $200 \sim 1000$ 的小分子物质，因此，主要用于对各种水溶液的处理。最为实际的应用就是水的软化与淡化。二价或多价离子如 Ca^{2+}、Mg^{2+}、CO_3^{2-}、SO_4^{2-} 等是造成水质硬化的主要因素。而纳滤膜则对多价离子有良好的拦截作用，去除率可达 85% 或以上，且有着较大的流通量，操作压力也较低，相比其它水处理技术它有着不可替代的优势。目前世界上最大的纳滤脱盐软化装置位于美国佛罗里达州，日产水量为 38kt。

海水淡化是纳滤的又一重要应用。以纳滤(NF)透过液作为反渗透(RO)的进料进行海水淡化可有效降低反渗透过程的膜污染，预防海水淡化过程中结垢现象的发生。在纳滤与反渗透组合技术中，经预处理的海水首先进入到 NF 元件进行软化，渗透液收集到中间储槽，此时透过液中的 Ca^{2+}、Mg^{2+}、SO_4^{2-} 浓度大大降低，Na^+、Cl^- 浓度也有大幅度的降低，随后再进行反渗透淡化，使它达到饮用水标准。

7.1.2.3　反渗透

自 1748 年 Nollet 发现渗透现象以来，人们对渗透过程的科学研究就一直持续不断。20 世纪 20 年代，van't Hoff 等首先建立了稀溶液理论和渗透压的热力学关系，开始了渗透理论的研究。而渗透膜的应用则始于 20 世纪 60 年代以后，美国科学家首先研制出世界上第一张高通量、高脱盐率的醋酸纤维素不对称反渗透膜，建立了实验室规模的海水反渗透膜处理制取淡水的装置，并获得成功，从此反渗透膜进行淡化水技术研究进入高潮。到 70 年代以后，随着各种高分子膜材料的出现及新制膜方法的开发，各种复合膜不断出现于市场，膜性能也大幅度提高，为反渗透技术的发展开辟了广阔的应用前景。目前，反渗透膜已广泛应用于电镀污水、城市污水、造纸废水、放射性废水、超纯水制造、锅炉水软化、苦咸水淡化、医药工业等水处理过程中。

1. 分离机理与传质模型

反渗透(reverse osmosis，简写 RO)是渗透的逆过程，其推动力也是压力差。图 7-10 为渗透与反渗透过程的示意图。起初含盐 3.5%(质量分数)的海水置于膜的左侧，同样压力下的纯水则位于膜的右侧，中间的致密膜只能渗透水，而不透盐。由于两边溶液的化学势差异，形成渗透压 $\Delta\pi$，结果左侧的水分子会透过膜渗透至右侧，直至两边的化学势相等为止。

根据热力学理论，当两侧溶液达到平衡时[图 7-10(b)所示]，其化学势相等，即有

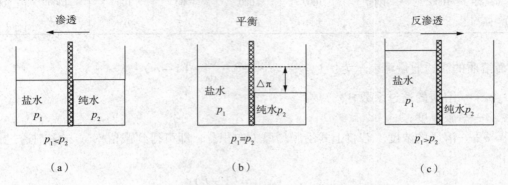

图 7-10　渗透与反渗透

$$\mu^o_{i,1} + RT\ln\alpha_{i,1} + V_i p_1 = \mu^o_{i,2} + RT\ln\alpha_{i,2} + V_i p_2 \tag{7-16}$$

式中　下标 1,2——分别代表纯水与海水，

V_i——偏摩尔体积，且假定 V_i 不变。

另外，因纯溶剂的 $\alpha_{i,1}=1$，而 $\alpha_{i,2}=\gamma_{i,2}\times c_{i,2}$，代入式(7-16)后，则得

$$\Delta\pi = p_1 - p_2 = \frac{RT\ln(\gamma_{i,2}\cdot c_{i,2})}{V_i} \tag{7-17}$$

显然，$\gamma_{i,2}\times c_{i,2}$ 不等于 1，故渗透压 $\Delta\pi$ 存在。同时，由上式也可知，渗透压 $\Delta\pi$ 是一个热力学参数，是物质的属性，与膜存在与否无关。

对于稀溶液来说，式(7-17)可以简化为

$$\Delta\pi = n_i c_i RT \tag{7-18}$$

式中　n_i——溶质解离时产生的离子数；

c_i——物质的摩尔浓度。

如果在盐水侧施加 $\Delta p(>\Delta\pi)$ 压力，则海水侧的水分子将通过致密膜向纯水溶液相迁移，其方向与渗透过程相反，故称为"反渗透"[见图 7-10(c)]。此时传质的推动力为 $(\Delta p - \Delta\pi)$。

目前，对反渗透现象的解释主要基于 Lonsdale、Merten 和 Riley 提出的溶解-扩散理论模型(见图 7-11)。从过程看，它是气体(或液体)分子吸附到膜表面，扩散透过固体膜至另一侧表面，再在表面解吸的一个过程。致密膜对任何分子均有透过性，只是小分子在固体膜中的扩散速率要远远大于大分子，因此，宏观上表现出良好的渗透选择性。

该模型以费克定律为基础，解释了通过固体的扩散行为。传递的推动力为 $(c_{io}-c_{iL})$，其中 c_{iL} 是溶解于膜中的溶质浓度，与膜表面邻接的流体中的溶质浓度或分压有关。并假定在流体-膜表面处流体和膜材料中的溶质间达到热力学平衡[见图 7-12(b)]。从图 7-12 可知，多孔膜浓度分布曲线从原料液主体到渗透液主体是连续的，因为液体从膜的一侧到另

一侧是连续存在的，在膜表面处料液中的溶质浓度与在孔道进口处的溶质浓度是同样的 c_{io}。而对于无孔致密膜则不一样，在邻接膜表面处，料液中溶质浓度是 c_{oi}'，而在邻接表面处膜内的溶质浓度是 c_{io}（一般小于 c_{oi}'），且由热力学平衡的分配系数 K_i 关联，即 $K_{io} = c_{io}/c_{io}'$，$K_{iL} = c_{iL}/c_{iL}'$。

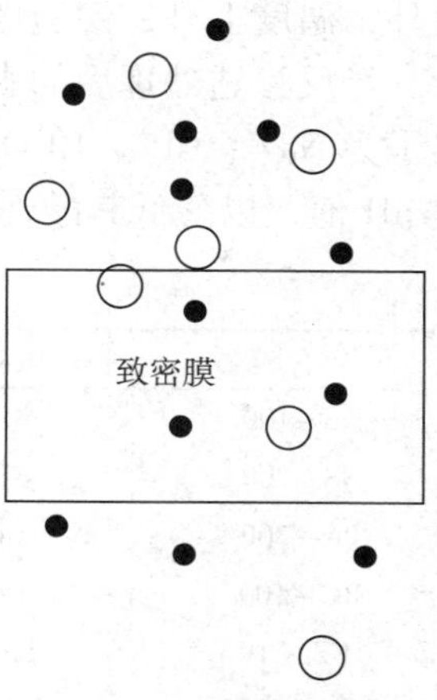

根据费克定律得（致密膜内）$N_i = \dfrac{D_i}{L_M}(c_{i,o} - c_{i,L})$，

若假定 $K_{io} = K_{iL} = K_i$，则有

$$N_i = \frac{K_i D_i}{L_M}(c_{io}' - c_{iL}') \qquad (7-19)$$

若忽略膜两侧边界层的传质阻力，则有

$$N_i = \frac{K_i D_i}{L_M}(c_{iF} - c_{iP}) \qquad (7-20)$$

图 7-11 溶解-扩散模型

式中 D_i——溶质在膜材料中的扩散系数；

K_i——分配系数；

$K_i D_i$——溶解-扩散膜型的渗透率 P_M。K_i 主要反映溶质在膜中的溶解度；D_i 则表示通过膜的扩散能力。$c_{i,F}$、$c_{i,P}$ 分别代表原料液、渗透液中的溶质浓度。由式（7-20）可知，由于 D_i 通常很小，所以要有较大的传质速率，必须使膜材料能提供大的 K_i 值或很小的膜厚度 L_M。

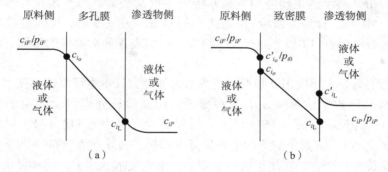

图 7-12 通过多孔膜、致密膜时的溶质浓度分布图

2. 分离指标与性能特点

与纳滤膜相类似，表征一个反渗透膜的性能好坏，其主要分离指标是：①盐的脱除率（R）；②溶剂的流通量（J）和溶液的渗透压（π）。

根据上述反渗透分离机理可知，压力差也就是它的推动力，且由于反渗透膜的孔径非常小，流体的透过量十分有限，因此在保证一定的溶剂流通量情况下，其传递的推动力（膜两侧的压差）往往较大。事实上，目前应用的反渗透膜，按操作压力的不同，一般分为高压（2.8~4.2MPa）和中低压（1.4~2.0MPa）反渗透膜。通常压力提高后，膜被压密、压实，溶质（盐）的透过率减小，水的透过率则增大，从而提高水的回收率。但另一方面，当压力超过一定限度时，会造成膜变形，反而使透水量下降。

温度的变化同样会影响反渗透的运行压力、脱盐。一般地，温度上升水的黏度降低，水的扩散性增加，致使水通量增加；相反，温度低时反渗透的水渗滤速率慢，5℃为下限值。另一方面，随温度的升高，溶质盐的透过速率增大，通过量增加，其直接的宏观表现就是水的电导率升高，脱盐率下降。温度升高（超过30℃）的另一结果，将导致多数膜变得不稳定。

另外，温度上升，渗透性能增加，在一定水通量下净推动力减小，实际运行的压力降低。

经反渗透处理后的水质有 3 个特点：①阴离子 (X^{m-}) 多于阳离子 (M^{n+})；②水中的主要离子为 Na^+、Cl^-、HCO_3^-；③具有一定的腐蚀性(呈酸性)。鉴于此，通常用加碱的方法调整 pH 值，以降低其酸性。表 7 – 3 列出了目前商品化的一些反渗透膜的性能指标。

表 7 – 3　主要商品化反渗透膜的性能指标

复合膜	供应商	脱盐率/%	水通量/[L/(m² · d)]	pH	最高温度/℃
NS – 100	NSRI	99.4	7.1	1 ~ 13	55
NS – 200	NSRI	> 99	10.8 ~ 12.0	1.5 ~ 13	/
PA – 300	UOP	98.5 ~ 99.4	11.1	2 ~ 12	60
RC – 100	UOP	99.4	9.7 ~ 11.2	2 ~ 12	60
FT – 30	Film Tech	98.7	17.7	3 ~ 11	60
NRT – 7199	日东电器	99.5	24.6	5 ~ 11	/
PEC – 1000	东丽化工	99.8	5.36	1 ~ 13	55
Solcon – P	住友化工	98	9.6	1 ~ 10	45

表 7 – 3 中数据显示，反渗透膜都有较高的盐去除率(98% 以上)，但水的流通量则有较大的差别，从 $5.36 \sim 25 L/(m^2 \cdot d)$ 均有。

3. 反渗透的应用

反渗透(膜)分离技术的主要应用就是水溶液中的盐脱除。海水淡化、苦咸水脱盐、各种工业(如电子、医药、食品等领域)用超纯水的制备，另一方面，反渗透技术进一步与超滤、微滤、纳滤、电渗析(EDI)等进行技术组合，可实现各种水溶液的浓缩、溶质分离、纯化等目的。

反渗透过滤的另一主要应用就是对工业废水的处理。日本将反渗透膜技术用于电镀工业废水的处理，水的回收率达 80%。有资料报道，用反渗透处理含金属离子的废水时，对 Cu^{2+}、Ni^{2+}、Cr^{6+} 的脱除率可达 99% 以上。另外，对废水中的 Pb^{2+}、Hg^{2+}、Sb^{6+}、Be^{2+}、As^{3+}、Ag^+、Se^{6+}、Zn^{2+} 等离子的脱除也有良好的效果，去除率为 90% ~99%。另外，将反渗透过滤与其他技术相结合，在用于纺织、印染、染色废水处理中，同样显出优良的效果。

7.1.3　液膜分离

7.1.3.1　液膜的概念

液膜(liquid membrane)作为一项工业分离技术的研究始于 20 世纪 60 年代。目前，鉴于液膜分离具有传质速率高与选择好的特点，已被广泛应用于湿法冶金、废水处理、气体分离、有机物分离、生物技术与生物医药等领域。

液膜，顾名思义即阻挡物是由液体成分构成，且与分离的混合液应是不相容的。当混合液为水溶性时，液膜呈疏水性，反之，则为水溶性。由于液体构成的孔道十分微小且具有选择性，不同组分在膜液体中的溶解度、扩散系数各不相同，造成物质"穿越"液膜的速度差异，从而实现物质的分离。

液膜分离可作为一种分离技术的补充，它既不同于固膜分离也区别于液液萃取分离。由于物质在液体中的扩散系数要远远大于固体中，因此，液膜分离更适合于处理量大的液体混合物。另一方面，从萃取化学角度看，液膜分离与液液萃取具有相同的分离原理，但液液萃取依赖于组分在两相中的平衡浓度，属热力学控制；而液膜分离是萃取与反萃取在膜两侧同时进行，过程的动力学(即渗透速率)控制决定了液膜分离效果。

7.1.3.2 液膜类型及传质机理

1. 液膜类型

液膜根据其分离方式，大致有三种类型(见图7-13)。图7-13(a)为最简单的本体液膜(bulk liquid membrane，简称BLM)，其原料相一般为水溶液，反萃相(stripping phase)则为水不溶性的油溶液。原料相与反萃相则用固体材料分隔开来，膜液体则置于原料相与反萃相的上方，且均与它们接触。图7-13(c)被称之为乳化液膜(emulsion liquid membrane，简称ELM)。它是由溶剂、乳化剂(表面活性剂)、反萃溶液与原料液构成。由于表面活性剂的存在，溶剂相(通常为非水溶性的油)被分散成无数个胶束液滴悬浮于原料液(连续相)中，而反萃液在胶束的内部也同样被分散成许多小液滴，构成了一个复合胶束液滴，即(内)W/O/W(外)型。中间的有机相(含乳化剂)，即为"乳化液膜"，并将原料相与反萃相分隔开。由于胶束的尺寸很小，且分散于原料液中，故它具有极大的比表面积和较快的传质速率。但它的膜强度不够大，限制了其实际应用中的价值。图7-13(b)为支撑液膜型(supported liquid membrane，简称SLM)，它是用惰性、多孔的固体材料夹在膜液体(含载体组分)中间起支撑作用，同时将原料相与反萃相分隔于两侧。原料相中的组分在某种推动力的作用下(如组分与载体之间的化学反应)发生迁移(由原料相向反萃相)，从而达到分离效果。

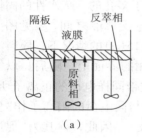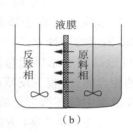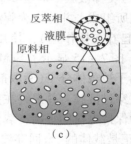

图7-13　液膜类型
(a)本体液膜；(b)支撑液膜；(c)乳化液膜

支撑液膜(SLM)根据固体材料的不同，又可分为：

(1)Flat Sheet SLM，简称FS-SLM，即支撑体为惰性的多孔性的固体薄片，通过毛细管作用吸附一定量的膜液体而组成液膜。由于膜两侧的化学环境差异较大，溶质分子很容易由一侧穿过液膜后向另一侧"输送"。

(2)Hallow Fibre SLM，简称HF-SLM，即中空纤维液膜。它的支撑材料为多孔性的纤维，含有载体分子的膜液体吸附于空腔壁上(孔道大小在0.5~1.0mm)。工作时原料液在通道内反复循环流动，而在壳壁上(通道外侧)的反萃液相则发生反萃取过程。在此类液膜分离过程中，萃取与反萃取是同时进行的。另外，为克服此液膜的不稳定性，在此基础上又开发了"复合液膜"(即Composite-LM)。此时，含载体的膜液体负载在渗透膜中二组微孔管壁间的缝隙处，一组走原料液，另一组走反萃液，水-油界面薄膜则利用合适的流体压差而得以固定在各自的纤维体上[参见图7-14(b)]。

(3)Spiro type SLM，螺旋型支撑液膜。这是基于一般SLM基础上研制开发的新品种。此模型中，微孔网膜呈螺旋型分布于树脂管子上，原料液、反萃液和有机膜溶液均在此螺旋状通道中流动[参见图7-14(c)]。

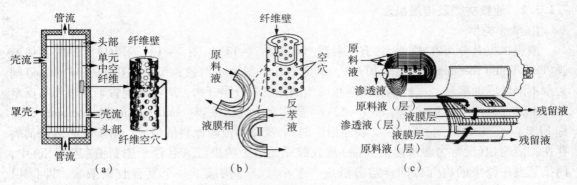

图 7-14 各种中空纤维 SLM 的结构示意图

(a)单液膜；(b)双液膜；(c)螺旋型

2. 传质机理

与固体膜分离不同，液膜的传质机理与萃取较为相似，但过程的动力学对传递具有很大的影响。以下我们对不同类型液膜分离过程中物质的传递机理作一简要描述。

（1）支撑液膜　对于 SLM 而言，通常的液膜由非极性的有机溶剂与溶解于此的萃取剂或络合剂所组成，并称之为膜液体。它们通过毛细管作用力吸附于多孔的、疏水性的固体膜上（它仅起着支撑作用），使用时将此疏水性隔膜置于原料液与反萃液之间［参见图 7-13 (b)］。图 7-15 显示了 SLM 液膜传质机理的两种方式。图 7-15(a)的情况下，原料液中的金属离子被载体分子(萃取剂)选择性地结合于原料相与液膜相的界面上。随后，以络合分子形式穿过液膜，并最终在另一侧的相界面(液膜～反萃相)被带同样电荷的正离子所取代。期间为保持电荷的平衡，载体分子在液膜中循环携带金属离子与同电荷的阳离子作"反向传输"。正是载体的"来回穿梭"促进了金属离子的传递（方向相反），因此，称其为"促进型对流传质机理"，典型的例子就是以 H^+ 取代 M^+，载体分子为酸性离子。当载体为碱性物质（如有机胺）时，它也可以结合 H^+ 并进行传输，但过程中通常还伴随着对离子（如 Cl^-）的随同迁移，这种传递方式，我们称之为"促进型同流传质机理"，如图 7-15(b)所示。

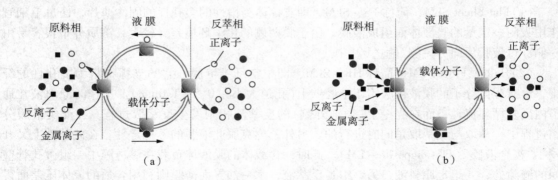

图 7-15 溶质通过液膜的传质机理示意图

(a)对流型；(b)同流型

显然，使液膜两侧的原料相与反萃相具有不同 pH 值是非常容易的事情，而在液膜两侧界面上的离子交换反应也十分容易，这样在液膜中就形成了载体离子(或分子)的浓度梯度，最终宏观上就表现出原料液中的某种金属离子穿过液膜向反萃液的扩散传递。因为原料液中的金属离子浓度越来越低，反萃液中的浓度则逐渐增大，这种金属离子扩散与浓度梯度方向一致的传递，被形象地称之为"爬山上坡"效应。

为更清楚地理解液膜传质机理，以下用反应方程式来描述膜界面的离子交换反应。

当萃取剂为酸性物质时，其（对流型）传质机理反应方程式可如下所示：

①原料相－液膜界面：$M^{n+}(F) + nH \cdot E(liq \cdot M) \longrightarrow M \cdot E_n(liq \cdot M) + nH^+(F)$

②液膜－反萃相界面：$M \cdot E_n(liq \cdot M) + nH^+(S) \longrightarrow nH \cdot E(liq \cdot M) + M^{n+}(S)$

其总的反应方程式：$M^{n+}(F) + nH^+(S) \rightleftharpoons nH^+(F) + M^{n+}(S)$ (7-21)

式中 （F）——原料相（feed phase）；

（S）——反萃相（stripping phase）；

（liq. M）——液膜相（liquid membrane）。

传递的结果是反萃相中 M^{n+} 离子的浓度不断增加；而原料液中 H^+ 的浓度逐渐增大。当传质结束，即方程式（7-21）达到平衡时，根据化学势相等原理则有：

$$\mu_0(M^{n+}) + RT\ln\alpha(M^{n+}, F) + \mu_0(H^+) + nRT\ln\alpha(H^+, S) = \mu_0(M^{n+})$$
$$+ RT\ln\alpha(M^{n+}, S) + \mu_0(H^+) + nRT\ln\alpha(H^+, F)$$

整理后得：$\dfrac{[M^{n+}]_S}{[M^{n+}]_F} = \left(\dfrac{[H^+]_S}{[H^+]_F}\right)^n$ (7-22)

上式表明，在达到平衡时，两相中金属离子的浓度 $[M^{n+}]$ 比是对应 $[H^+]$ 浓度之比的 n 次方倍。例如 Zn^{2+} 废水溶液经液膜萃取后，反萃液 pH=2；原料液 pH=7，即 $[H^+]_S/[H^+]_F = 10^5$，而 $n=2$，因此，最终原料液中 Zn^{2+} 的浓度仅是反萃液中的 $1/10^{10}$，相当于 Zn^{2+} 被完全分离。

当萃取剂（载体分子）为中性或碱性物质时，（同流型）传质机理的反应方程式为：

①原料相－液膜界面：$M^{n+} \cdot X_n^-(F) + EH(liq \cdot M) \longrightarrow [M(EH)]^{n+} \cdot X_n^-(liq \cdot M)$ (A)

②液膜－反萃相界面：$[M(EH)]^{n+} \cdot X_n^-(liq \cdot M) \longrightarrow M^{n+} \cdot X_n^-(S) + EH(liq \cdot M)$ (B)

上述虽为一可逆反应，但是络合反应（A）与分解反应（B），分别是在液膜两侧的相界面处发生，即反应是分开进行的，故不受热力学平衡的限制，金属离子的传递表现为反应动力学控制。

（2）乳化液膜　由以上介绍可知，乳化液膜体系包括膜相（液膜）、回收相（内相）和连续相（外相）3 个部分，简单表示为 W/O/W（或 O/W/O）（参见图 7-16）。根据膜相中是否含有载体，乳化液膜可分为非流动载体液膜和流动载体液膜两种。

当液膜中不含流动载体时，其分离的选择性主要取决于溶质在液膜中的溶解度大小，而膜两侧的溶质浓度差即为传递的推动力。显然当两侧浓度相等时，传递便自行停止，故不能产生浓缩效应。为了实现高效分离，通常采用在内相中产生不可逆化学反应的办法来促进迁移，即使迁移的溶质或离子在内相中与某一物质发生化学作用，且形成一种不能逆向扩散穿过膜的新产物，从而使内相中渗透物的浓度实质上为零，保持渗透物在液膜两侧有最大的浓度梯度而促进输送，这种传递被称之为Ⅰ型促进迁移机理，其实质是分子扩散。溶质在两相间的分配系数、扩散系数及浓度梯度是影响传递的主要因素。随着外相中迁移物质浓度的减小，传递速率也相应降低。

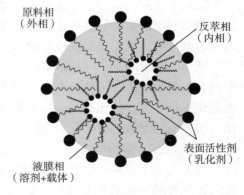

图 7-16　乳化液膜构造示意图

当使用含流动载体的液膜，其分离选择性主要取决于流动载体。流动载体可以是萃取剂、络合剂、液体离子交换剂等。它除了能提高选择性之外，还能增大溶质的流通量。由于流动载体在膜内、外的两个界面之间来回穿梭，并通过流动载体和迁移物质之间选择性可逆反应，极大地提高了渗透溶质在液膜中的有效溶解度，增大了膜内浓度梯度，提高了输送效果，这种机理叫做Ⅱ型促进迁移机理。

7.1.3.3　液膜传质模型及动力学

液膜传质理论模型的建立，能帮助我们更深入地理解与掌握液膜中的传质机理。

1. 支撑液膜(SLM)

溶质分子的传递机理可以将其分解成如下几个步骤加以描述：

①溶质分子(或金属离子)由本体溶液穿过水溶液层向液膜界面的扩散；

②在原料液-液膜界面上，溶质与载体分子发生反应；

③载体络合物(反应结合物)由液膜一侧向另一侧液膜扩散；

④在反萃液-液膜界面上，释放出溶质分子；

⑤溶质分子由液膜界面向反萃液本体溶液扩散；

⑥载体分子由膜一侧向另一侧的返回扩散(与步骤③对应，但方向相反)；

另外，考虑到促进对流或同流传质机理中，对流(或同流)"碎片"作为传质的驱动因子，还需增加考虑：

⑦对流(或同流)碎片在水溶性扩散层的迁移；

⑧对流(或同流)碎片与载体之间的化学反应。

显然，对于不同的载体分子、扩散系数以及膜的结构，其理论模型也会有相应的变化。目前关于此方面的理论描述仍有多种观点，有的是综合考虑上述的所有步骤进行阐述，但十分复杂；有的则是采取部分简化，理论模型仅包含几个主要的步骤。

Baker等人在1977年提出了一个较为简单的模型机理，它仅包含②、③和④步骤。他假定膜两侧的界面达到局部的平衡，对液膜相中金属离子与载体络合物的传递运用Fick第一定律，从而计算出稳态下的溶液流率。该理论模型虽简单，但能正确地描述溶液的pH值、溶质浓度和偶合作用对传递速率的影响。类似地，Danesi等也采用Fick第一定律并结合金属离子萃取的动力学机理，对离子在原料溶液中、载体络合物在液膜中扩散作了理论计算，该模型仅包含①~③步骤。

Kiani、Prasad与Zha等提出了一种新模型。它将水膜层与液膜多孔扩散层合并看作为一维上的串联扩散阻力。根据此模型，溶质分子的传递就可简化为薄膜的传质系数来加以描述与定量的计算，其实质与液液萃取的处理模型相一致。

到90年代，Youn与Daiminger等提出应用Fick第一定律与化学反应的控制速率原则，并结合物料恒算式，定量地求得了模型的动力学方程。通过该模型，结合实验条件即可对溶质的流率作估算。Hernandez-Cruz等对液膜中载体"碎片"的扩散运用了Fick第二定律，并结合膜界面的萃取平衡的常数建立了动力学模型。该模型能运用于非稳态状况，并对液膜中的"碎片"浓度、两相中溶质分子浓度随时间的变化确定了相应的定量关系。

总之，关于液膜传输理论的研究仍在不断的发展与完善，有关更详细的液膜传质理论模型与计算可进一步地参阅相关专著。

通过先前的理论模型，可简要概述如下：①Fick第一定律被普遍应用，尤其适合于对稳态下物质传输的描述。②对于非稳状态，则使用Fick第二定律更好些。因为扩散层的稳定状态在传质接近平衡时会发生变化，此时的传递环境也发生了变化。③只要说明传质系数随时间变化的规律，双膜理论模型即可扩大应用于非稳态过程。

2. 中空纤维液膜（HF-SLM）

关于它的传质理论人们也作了大量的探索研究。一般认为由于 HF-SLM 的结构特点，液膜上的化学反应很容易发生，因此认为传质阻力主要来自于液膜与两侧溶液的扩散层中，而串联模型三个中的一个往往是总传质过程的控制步骤。

通常中空纤维壁的内侧液体呈层流状态，且其传质系数（k_i）可基于 Sherwood-Graetz 关联式进行估算：即

$$Sh = m \cdot Gz^n \tag{7-23}$$

式中：Sh、Gz 分别为 Sherwood 准数与 Graetz 准数，其计算式为：

$$sh = \frac{k_i \cdot d_i}{D} \tag{7-24}$$

$$Gz = \frac{d_i^2 \cdot v}{H \cdot D} \tag{7-25}$$

其中　d_i，H，D 和 v——分别代表中空纤维管壁的内径、长度、迁移离子的扩散率和原料液流动的线速度。

当界面上的化学反应较快时，式（7-23）中的 $n = 0.33$，而 m 值在 $1.62 \sim 1.86$ 之间；而当化学反应速度较慢时，虽膜孔大小、几何形状均会对传质系数 k_i 产生影响，但通过修正的关联式可克服此缺陷，由此计算所得到的 k_i 值一般均在 $10^{-4} \sim 10^{-3}$ cm/s。

中间液膜层可近似地看作圆筒壁，其传质系数（k_m）的表达式可写成：

$$k_m = \frac{\varepsilon \cdot D_m}{\tau^2 \cdot R_i \cdot \ln(R_o/R_i)} \tag{7-26}$$

式中　ε——中空纤维膜的孔隙率；

　　　τ——纤维膜的弯曲度；

　R_o，R_i——分别为圆筒壁的外径与内径；

　　　D_m——液膜中载体络合物的扩散系数。

一般纤维液膜的传质系数 k_m 在 $10^{-5} \sim 10^{-4}$ cm/s。

中空纤维壳壁侧（外侧）流体的传质系数（k_o）有多种经验关联式加以描述。它们大多较为复杂，往往与筒壁的几何形状、空间规整度、孔的直径以及操作中中空纤维的移动、变形等因素有关。然而计算结果表明，壳壁一侧的流体传质系数 k_o 值约为 10^{-3} cm/s，且可根据纤维的有效排列度加以修饰改进。

利用上述经验关联式获得的传质系数与通过实验测得的一些相关参数，就可以对相关的中空纤维液膜模型系统作定量计算，甚至对规模化的液膜工艺设计提供有效的依据。

7.1.3.4　液膜分离的特点与应用

与传统的液液萃取、固膜分离相比，液膜分离技术主要有如下几个方面的优势：

（1）传质速率高。因为溶质在液体中的分子扩散系数（$10^{-6} \sim 10^{-5}$）比在固体中（小于 10^{-8}）高出几个数量级，且在某些情况下，液膜中还存在对流扩散。因此，即使厚度仅为微米级的固体膜，其传质速率亦无法与液膜相比。

（2）选择性好。固体膜往往只对某一类离子或分子具有选择性，而对某种特定离子或分子的分离则性能较差。例如，对于 N_2 与 O_2 的分离，欲从空气中制备纯度为 95% 的 O_2，则 O_2/N_2 的分离系数应超过 70，而目前最好的商用聚合物膜的分离系数仅为 7.5。而采用液膜

所获得的分离系数可高达79。

（3）传质推动力大。所需分离级数少，从理论上讲它只需一级即可实现完全萃取。因为在液膜分离过程中萃取与反萃取同时进行，故它是一种非平衡萃取传质过程。如用有机胺作载体的液膜提取 Cr(Ⅵ) 离子，4min 后测得原料液中的 Cr(Ⅵ) 浓度由 100mg/L 几乎降至为零，而同时反萃相中的浓度则从 0 上升至 90mg/L，说明 Cr(Ⅵ) 离子在两相中的传递几乎为同步。

（4）试剂消耗量少。由于流动载体（萃取剂）在膜中犹如河中的"渡船"，将溶质从膜的一侧传输到另一侧。宏观上表现为溶质在膜中渗透速率与膜载体浓度不成比例，即少量的载体即可完成传输任务。载体用量的减少使得液膜相与原料相的比例大大降低。这与传统萃取法需较多溶剂成鲜明对比。

在过去的 30 年中，有关液膜分离技术的应用大多集中于水溶液中金属离子的提取，通过此方法一来可回收价值很高的金属离子，二来可通过金属离子的去除以达到净化水质的目的。例如利用乳状液膜处理黏胶纤维厂含锌废水，可将含锌废水的浓度由 350mg/L 降至 5mg/L，并已在中间试验的基础上进行了工业化。另外，有文献报道以环己酮为溶剂，三乙醇胺为载体，利用液膜技术可使水溶液中 Ni 离子的去除率达到 93%，Co 和 Ag 离子的去除率高达 99%。最近，有报道采用 18-冠醚-6 衍生物作为载体分子，以乙醇/氯仿为溶剂，通过液膜技术可使 Ag^+ 和 Cu^{2+} 由含 CN^- 的水溶液快速通过液膜相，而迁移至反萃相中。

P. S. Kulkarni 等人用乳状液膜法分离回收废水中的铀、钼和镍，既回收了稀有贵重金属又保护了环境；G. Sznejer 等用液膜法处理含重金属锡的废水，并取得了较好的结果。

同样地，液膜技术也可应用于水中有机物的分离与萃取。用于处理含酚废水的乳状液膜，其内相是质量分数 0.5% ~2.0% 的 NaOH 溶液，选用的表面活性剂为 LMS-2 系列。在处理 40000 mg/L 的含酚废水时，经二级（或三级）处理后除酚率可达 99.9%，并可同时获得含酚钠盐的浓缩液。与通常的生物法、萃取法相比，其投资的费用最低，不足 8 美分/m³，明显优于生物法（8~14 美分/m³）和溶剂萃取法（26 美分/m³）。

近十年来，液膜技术也成功地应用于食品、生物医药等行业。如以三辛胺为载体，碳酸钠水溶液为反萃液，通过 SLM 技术成功地实现了水溶液中柠檬酸与乳酸的分离。采用氨基、醚键、酯基官能化的聚有机硅烷作为溶剂，可对水溶液中的乳酸与乳酸乙酯进行分离。利用乳化液膜从发酵液中提取先锋霉素、青霉素等。采用将酶固定在内相中的乳化液膜制作的酶反应器，可以进行氨基酸的生成和分离工作。在仿生学方面，利用氟碳化物制成的液膜可用作人工肺，因为这种膜可以模拟生物膜的输送功能，包结的氧不断地渗透出来，而二氧化碳气体不断渗透进去，从而起到人工肺的功能。

7.2 泡沫分离技术

7.2.1 概述

在日常生活中我们经常可看到泡沫聚集的现象，如肥皂水泡沫、啤酒泡沫、鸡蛋泡沫等，虽然各种泡沫聚集体的稳定时间各不相同，但它均为气-液两相体系，即空气分散于液体之中，且气体的体积约占 90% 或以上。从物理化学角度看，泡沫是许多单个气泡的集合体，形成这一稳态过程，与气-液间的界面性质即表面能特性有关。

泡沫分离一般可分为泡沫分馏（foam fractionation）及泡沫浮选（forth flotation）。前者用于分离可溶性的物质，由于它的操作和设计在许多方面可以与精馏过程相类比，所以泡沫分馏也称泡沫精馏。后者则主要用于分离不溶于液体中的物质，按照被分离对象的性质，又可分为矿物浮选、粗粒浮选和细粒浮选、离子浮选和分子浮选以及吸附胶体浮选等。

泡沫分离法最早应用于矿物中组分的分离和提取。鉴于泡沫分离法与物质的表面性质和吸附特性有关，因此，利用泡沫法分离水溶液中的表面活性剂、金属离子等也得到了推广。到20世纪70年代，人们又开始将泡沫分离技术引入了生物领域，开始研究了泡沫分离技术在蛋白质以及酶的分离纯化中的应用，并取得了良好的结果。

7.2.2　泡沫分离原理与过程

在温度、压力、组成一定时，向液体中加入少量表面活性物质(其分子结构中通常含有亲油基团和亲水基团两部分，如表面活性剂、蛋白质、树胶等)，当它们溶入水中后，很容易在水溶液表面聚集。亲水基留在水中，而亲油基则伸向气相，形成单分子层使空气和水的接触面减少，从而使表面张力急剧下降。此时，当溶液有外力作用时即会产生气泡，由于表面活性物质的存在，每个气泡的表面都吸附有多个表面活性分子，且亲水基团部分朝向水，疏水部分朝向空气，构成一相对稳定的液膜层(见图7-17)。

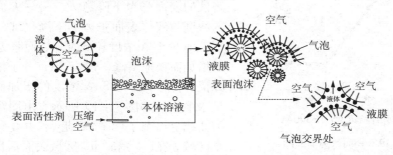

图7-17　表面活性剂在气泡和泡沫界面处的吸附示意图

正是由于表面活性剂在界面处的定向排列，这就大大降低了气液间的界面张力，使得气泡得以稳定，并不断地上浮聚集在气液界面上，形成泡沫相。由于泡沫表面吸附了较多的表面活性物质，这样泡沫就起到了表面活性物质的富集作用。将泡沫相分离并使之破裂，即可得到表面活性物质的浓缩液，实现物质的分离(见图7-18)。蛋白质是一类具有表面活性的物质，故利用泡沫法可实现水溶液中蛋白质的分离。另一方面，这些表面活性物质可通过形成螯合、静电吸引或其它原理吸附溶液中某些组分(如金属离子)，这样它就随着气泡的上升和聚集，由本体溶液中被带出而达到分离的效果。

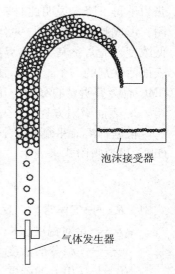

图7-18　泡沫分离示意图

由泡沫分离过程可知，要有效地实现物质的分离，必须满足二个基本条件：第一，须含有表面活性物质，以保证泡沫的形成与相对的稳定；其次，组分在气泡表面的吸附能力须有较大的差异。若只是分离水溶液中的表面活性剂，则只需满足第一个条件，但溶液中表面活性剂的浓度需有一定的限制。

1. 表面张力与表面活性剂

分析上述过程表明，气泡的形成与稳定主要是由于气液张力的下降所致。根据物理化学原理，相际间的表面张力 γ 可定义为将表面扩大（或缩小）$1m^2$ 所需之功：

$$\gamma = \frac{\partial W}{\partial A} \qquad (7-27)$$

式中　W——对表面所作的功，J 或 N·m；

　　　A——表面积，m^2。

另一方面，表面张力也可定义为：在指定条件下，单位面积的内能、焓或自由能。

$$\gamma = \frac{\partial W}{\partial A} = \left(\frac{\partial U}{\partial A}\right)_{S.V} = \left(\frac{\partial H}{\partial A}\right)_{S.P} = \left(\frac{\partial G}{\partial A}\right)_{T.P} \qquad (7-28)$$

即表面张力为物质的特有属性，它与表面的温度，压力和组成皆有关系。如果 T、P 和组成一定，则体系的表面张力也一定。

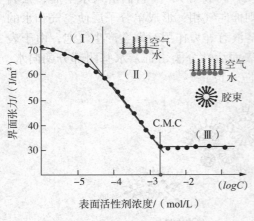

图 7 - 19　表面张力曲线图

表面活性剂（surface active agent，简称 SAA）是一种能显著降低液体表面张力的物质，其分子一般由极性与非极性两部分构成。对于长链脂肪酸盐来说，实验表明直链愈长的脂肪酸盐，其水溶液的表面张力下降愈大。另一方面，SAA 分子的浓度与液体表面张力的下降呈现一定的规律特征，即在 SAA 浓度较低时，表面张力随 SAA 浓度的增加而快速下降，但当 SAA 分子浓度到达一临界值后，γ 不再随 SAA 浓度的增加而变化，基本呈水平线，如图 7 - 19 所示。由图可知，表面张力曲线上出现了两个"转折点"并将该曲线分成三个区域。在（Ⅰ）和（Ⅱ）区域表面活性剂分子仅以单一形式存在于溶液中，且主要致力于表面张力的下降；而在第二个转折点后，液体的表面张力不再下降，说明此时表面上已排满了 SAA 分子，多余的 SAA 分子只能在溶液中缔合成团，形成胶束（或胶团）并分布在液相主体内。显然，第二个"转折点"是 SAA 形成胶束的最低浓度，通常称其为"临界胶束浓度"（critical micelle concentration，简写为 CMC）。CMC 是表面活性剂的一个重要参数，大量实验表明，表面活性剂溶液的许多物理性质在浓度大于 CMC 后会有明显的突变。在泡沫分离操作中，表面活性剂的 CMC 就是一个操作极限值。

2. 表面吸附方程

根据稀溶液平衡理论，表面活性组分从主体溶液到气液界面上的吸附平衡，可以用 Gibbs 等温吸附式来表示：

$$\Gamma_i = -\frac{\partial \gamma}{RT \cdot \partial(\ln \alpha_i)} \approx \frac{-\partial \gamma}{RT \cdot \partial(\ln C_i)} \qquad (7-29)$$

式中　R——气体常数，J/(mol·K)；

　　　T——绝对温度，K；

　　　α_i—— i 组分的活度，mol/L；

　　　C_i—— i 组分的浓度，mol/L；

　　　γ——表面张力，J/m^2；

　　　Γ_i—— i 组分的表面过剩浓度；mol/m^2

式(7-29)表明，若一个溶质的加入引起表面张力的下降，则其 Γ_i 将为正值，即它将在表面上被聚集，这正是前面所说的 SAA 在界面的吸附情况。通常典型表面活性剂的 $\Gamma - C$

184

关系为：

$$\Gamma = K \cdot C \quad (C \leqslant C_{CMC}) \tag{7-30}$$

如果要去除非表面活性的组分，可加入适当的表面活性剂，以把这类组分通过化学或物理作用吸附到气泡表面上，例如，要脱除一价的阴离子非表面活性物质，则可以加入离子型表面活性剂(S^+X^-)，这样需脱除的阴离子就与表面活性剂中的阴离子发生交换，因此，表面活性剂的作用就像流动的离子交换床，其反应式可表示为：

$$[A^-]_b + [S^+ \cdot X^-]_s \Longleftrightarrow [S^+ \cdot A^-]_s + [X^-]_B$$

$[A^-]_b$——溶液中(需除去)的阴离子；$[S^+ \cdot X^-]_s$——加入的表面活性剂分子；

因此，它的交换常数为：$K_{ex} = \dfrac{[A^-]_s \cdot [X^-]_B}{[A^-]_B \cdot [X^-]_s}$ \hfill (7-31)

K_{ex}的值取决于A^-和X^-对表面活性剂中阳离子(S^+)的相对亲和力，以及它们在溶液中的相对溶解度。若S^+A^-和S^+X^-的表面张力相类似时，脱除程度将取决于交换常数K_{ex}。显然，离子对$[S^+ \cdot A^-]_s$形成越方便，则脱除效果越好。

若需脱除的金属离子能够与表面活性剂分子形成具有表面活性的络合物离子时，这种表面活性剂也称表面活性螯合剂。例如，当溶液中有 A、B 两种物质和表面螯合剂 S，当它们形成螯合物时，其螯合平衡及平衡常数可表示为：

$$A + S \Longleftrightarrow A \cdot S \qquad K_A = \frac{C_{AS}}{C_A \cdot C_S} \tag{7-32}$$

$$B + S \Longleftrightarrow B \cdot S \qquad K_B = \frac{C_{BS}}{C_B \cdot C_S} \tag{7-33}$$

式中 K_A、K_B——螯合物生成常数；
C_S、C_A、C_B、C_{AS} 和 C_{BS}——分别代表组分 S、A、B 及络合物 AS、BS 的浓度。

脱除 A、B 的相对分配系数的定义为单个组分的分配系数之比，即

$$\alpha_{AB} = \frac{K_A}{K_B} = \frac{\Gamma_{AS}/C_{AS}}{\Gamma_{BS}/C_{BS}} \tag{7-34}$$

对于 Gibbs 等温吸附，由式(7-29)可得：

$$\alpha_{AB} = \frac{\partial(\gamma_{AS})/\partial(C_{AS})}{\partial(\gamma_{BS})/\partial(C_{BS})} \tag{7-35}$$

考虑到泡沫分离中的螯合平衡时，上式应进行相应地修正，有：

$$\alpha_{AB} = \frac{\partial(\gamma_{AS})/\partial(C_{AS})}{\partial(\gamma_{BS})/\partial(C_{BS})} \times \frac{1 - C_A/C_{A0}}{1 - C_B/C_{B0}} \tag{7-36}$$

式中，C_{A0} 和 C_{B0} 分别是组分 A 和 B 的总浓度。当 K_A 和 K_B 相当大，且所加表面活性物质的浓度比组分 A、B 的总浓度大得多时，则式(7-36)中的第二项变为1，即方程(7-35)。

显然，相对分配系数 α 越大，A 、B 离子的分离效果越明显。

3. 泡沫分离基本流程

泡沫吸附分离单元主要由泡沫分离塔和破沫器组成。气体(空气、氧气或氮气)通过分配器进入泡沫塔的液层中，产生气泡，气泡上升至液层上方并形成泡沫层，在塔顶泡沫液被排出，进入破沫器(参见图 7-20)，而处理后的残留液则由塔底排出。在泡沫塔的设计上，最常用的形状是垂直的柱体，其结构与精馏塔相似。泡沫分离的基本流程可分为间歇式、连续式和多级逆流流程，详见图 7-20。

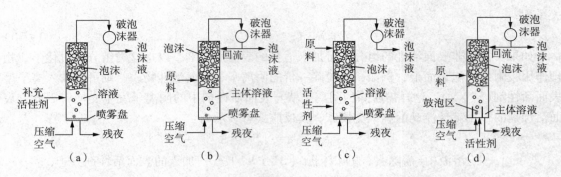

图 7 − 20 泡沫分离流程示意图

(a)间歇式；(b)、(c)、(d)连续式

图 7 − 20(a)为间歇式泡沫分离流程示意图，被处理的原料液和需加入的表面活性剂置于塔内，塔底连续鼓入空气，塔顶排出泡沫液。原料液由于不断地形成泡沫而减少。为了弥补分离过程中表面活性剂的减少，可在塔釜间歇补充适当的表面活性剂。间歇式操作既适用于溶液的净化，也适用于有价值组分的回收。

在连续式泡沫分离过程中，料液和表面活性剂连续加入塔内，泡沫液和残液则分别从塔顶和塔底连续抽出。由于料液引入塔的位置不同，可以得到不同的分离效果。在图 7 − 20(b)中，含有表面活性剂的原料不断地加入到塔中鼓泡区，一定量浓缩的泡沫液可以从塔顶返回，此过程可以由外回流进行调节，主要是为了提高塔顶的泡沫液浓度，与精馏塔很相似。图 7 − 20(c)中，料液从泡沫塔的顶部加入，这相当于一提馏塔，使用这种流程可以得到很高的残液脱除率。若料液和部分表面活性剂由泡沫段中部加入，塔顶又采用部分回流，如图 7 − 20(d)所示，这相当于全馏塔，这种操作可得到较高的去污效率。为防止大量的表面活性剂随残液流出，可如图 7 − 20(d)所示，用环行隔板将鼓泡室分隔成两部分，中心为鼓泡区，表面活性剂和气体从该区引入，并形成气泡，外部为主体溶液区，残液从该区引出。这样既可得到较高的脱除率，又不致使表面活性剂过多地随残液带出。

泡沫分离过程与其它分离过程一样，也可以把单级的设备逆向串联起来操作，形成多级逆流流程，图 7 − 21 显示了三级逆流连续操作示意图。

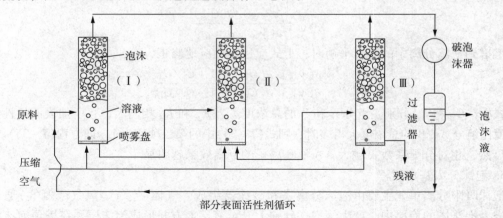

图 7 − 21 三级逆流连续泡沫分离流程示意图

7.2.3 影响泡沫分离的主要因素

在研究泡沫分离时，常用到富集率和分离率这二个参数来描述泡沫分离的效果。其定

186

义为：

$$\text{富集率}(E) = \frac{\text{泡沫中某分离组分}(i)\text{的浓度}}{\text{原料液中某分离组分}(i)\text{的浓度}} \times 100\% \tag{7-37}$$

$$\text{分离率}(S) = \frac{\text{泡沫中某分离组分}(i)\text{的浓度}}{\text{残余液中某分离组分}(i)\text{的浓度}} \times 100\% \tag{7-38}$$

1. 溶液的 pH 值

蛋白质这一类天然表面活性物质，在泡沫分离过程中的富集程度与溶液浓度、pH 值有着密切关系。蛋白质是一种两性电解质，当处于等电点时，此时蛋白质分子表现出一些特殊的理化性质：如分子间斥力减小、溶解度降低等，这有助于蛋白质在气液界面处吸附。一般当蛋白质处于等电点时，蛋白质的表面活性增强，在溶液中表现出较好的发泡能力，这也有助于蛋白质在泡沫中的富集。采用泡沫分离法可以分离那些具有不同等电点和不同表面活性的蛋白质。对非表面活性物质来说，溶液的 pH 值对金属离子与表面活性剂的存在形式有很大影响，因此 pH 值对金属离子的去除率有很大影响。通过控制 pH 值可以从离子混合物中分离个别离子。图 7-22 显示了不同 pH 值时，Cu 离子的存在形式与浓度的关系。图中表示当 pH 值在 $4 \sim 11$ 时，金属铜离子均以正离子形式存在；当 pH > 12 时，Cu 离子则以带负电荷的粒子 $[Cu(OH)_3]^-$ 形式存在于溶液中。根据曲线图所显示的结果，可以帮助我们搞清 Cu 离子在溶液中的存在情况，以方便选择适宜的表面活性剂，从而达到泡沫分离的效果。

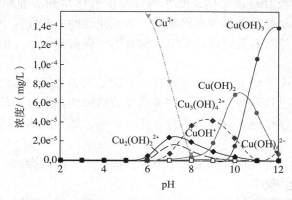

图 7-22　溶液 pH 对 Cu^{2+} 存在形式及浓度的影响

2. 表面活性剂

表面活性剂（SAA）是泡沫分离中的一个重要因素。浓度太低，泡沫层很不稳定，但表面活性剂的浓度也不是愈高愈好。一般表面活性剂浓度不宜超过临界胶束浓度（CMC），否则，表面活性剂会在溶液中形成胶束，把一定量的需分离组分吸附在溶液的主体相中，从而造成分离效率的降低。此外，表面活性剂对组分（如金属离子等）的吸附、螯合特性可促进泡沫吸附分离，见图 7-23。

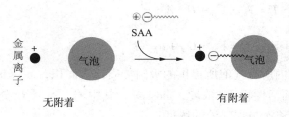

图 7-23　SAA 促进气泡对金属离子的附着

3. 离子强度

溶液的离子强度对泡沫分离也有较大的影响。当进行沉淀浮选时，如溶液中存在大量的与表面活性剂电荷相同的离子，则浮选将受到抑制。另一方面，在分离金属离子时，若水的离子强度较大，即含有相当的 Na^+、Ca^{2+}、Mg^{2+} 等离子时，这些水溶性离子会与被分离的金属竞争"夺取"SAA 离子，这样金属离子在表面活性剂上的吸附程度就小了，从而影响泡沫分离的效果。

4. 温度

温度会影响泡沫的稳定性。各种表面活性物质都有一定的起泡温度，高于此温度时，表面活性物质的起泡性能会下降。另外，温度还影响着吸附平衡。

5. 气流速率

提高气流速率，泡沫形成的速率增大，单位时间的去除率也增大；但另一方面，由于气速大，产生泡沫的量增加，泡沫在分离柱中的停留时间就减少，这样泡沫液膜层中的水分来不及流出泡沫就冲出了分离柱，结果导致泡沫中液体的夹带量增大，因而降低了塔顶泡沫液的浓度。某些情况如气速过大，则泡沫中气、液可能形成乳化气体，这对分离操作很不利。

6. 气泡大小与泡沫层高度

从理论上来讲，小泡沫比大泡沫具有更多的优势。因为：①小气泡的上升速度慢，这有利于促进蛋白质（或活性物质）的吸附；②小泡沫带的液体量和表面积都较大，其液体夹带能力比大泡沫强，这助于提高分离率和回收率；③泡沫层的上升过程中，小泡沫之间合并生成大泡沫，在此过程中伴随着蛋白质的富集，这有助于提高富集率。但需指出泡沫大小不是影响富集率的决定因素。

蛋白质在泡沫层中由下而上其浓度逐渐升高。这是因为上层泡沫的停留时间较长，使泡沫中的水分自然流出，以及泡沫之间的合并都会导致泡沫的含水量降低，从而有利于增加泡沫中蛋白质的浓度。在连续泡沫分离的实验研究中表明，随着泡沫层高度的增加，富集率和分离率都有增加。

此外，气泡的分布、搅拌情况等也会对泡沫分离产生一定的影响。

7.2.4　泡沫分离的数学描述

泡沫分离的设备与精馏操作十分相似，最为常见的就是圆柱形塔。在塔内，不断上升的气泡及携带液（常称之为"泡沫液"）与下降的排出液（由气泡合并或破裂引起的）接触而发生物质的交换。由于表面活性物质的界面吸附特性，泡沫相中界面活性组分的浓度越来越高（即富集），而本体中的浓度则不断下降。与精馏相似，塔顶排出的泡沫相中其表面活性物质的组分浓度最大，相应地塔底残留液中的浓度最小。在精馏操作中，气相的形成由热量提供，而泡沫分馏中的气泡则有空气鼓泡形成，因此，泡沫分离所需的能量很小。

对于连续稳态操作的泡沫分离，根据全塔物料恒算则有：（参见图 7-24）

$$塔顶：V_D \cdot C + \alpha_f \cdot \Gamma = V_D \cdot C_D + D \cdot A \cdot \frac{dC}{dy} \tag{7-39}$$

$$塔底：D \cdot A \cdot \frac{dC}{dy} + V_W \cdot C = V_W \cdot C_W + \alpha_f \cdot \Gamma \tag{7-40}$$

式中　α_f——单位时间内所有气泡所提供的吸附传质比表面积，$m^2/(m^3 \cdot s)$；

C——溶质（表面活性物质）浓度，mol/m^3，其中 C_D，C_W，C_f 分别代表塔顶泡沫液浓度、塔底釜液与加料液的浓度；

G——鼓泡气体的流量，m^3/s；

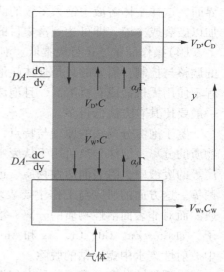

图7-24 全塔物料恒算图

V——液体的流率，m^3/s，其中 V_D，V_W 分别代表泡沫液与（排出）液体的流率；

K——吸附平衡常数；

D——溶质轴向扩散系数，m^2/s；

A——泡沫分离塔的截面积，m^2；

y——沿轴向高度，m；

y_f——加料口的位置。

对于球型气泡，比表面积 $a_f = 6G/d$（d 为球型气泡的直径），故上述二式可简化为：

$$V_D \cdot C + \frac{6G \cdot \Gamma}{d} = V_D \cdot C_D + D \cdot A \cdot \frac{dC}{dy} \quad (7-41)$$

$$D \cdot A \cdot \frac{dC}{dy} + V_W \cdot C = V_W \cdot C_W + \frac{6G \cdot \Gamma}{d} \quad (7-42)$$

由于泡沫分离溶液的浓度通常都较低，此时，根据 Langmuir 单层吸附特征，可得 $\Gamma = K \cdot C$[参见式(7-30)]，通过测定界面张力曲线图即可获得 K 值。

另外，根据边界条件 $y=0$，$C=C_W$；$y=y_f$（加料口的位置），$C=C_f$；$y=Y$，$C=C_D$，以及 $\Gamma = K \cdot C$ 代入式(7-41)和(7-42)，积分后得：

$$C/C_D = \frac{V_D}{V_D + 6KG/d} + \exp\left[\frac{6KG/d}{D \cdot A}(y - y_f)\right] \quad (7-43)$$

$$C/C_W = \frac{6KG/d}{6KG/d - V_W}\exp\left[\frac{6KG/d - V_W}{D \cdot A}y\right] - \frac{V_W}{6KG/d - V_W} \quad (7-44)$$

若已知塔的高度和加料口位置，根据操作时的空气流率和进入塔中的料液浓度，即可求得扩散系数 D，继而得到溶质随轴向的浓度分布函数，即 $C = f(y)$。

对于间歇式操作，我们模拟精馏塔的"理论板"的概念。在泡沫分离塔中我们定义"理论级"，即在每一理论级上两相充分接触后达到平衡。因此，平衡时泡沫相中表面活性物质的浓度 c_n 与流动液相中的浓度 C_n 关系可表示为：

$$c_n = K_n \cdot C_n \quad (7-45)$$

这里 n 表示第 n 级（$n=1$，2，3，…，N）；K_n 为分配系数，通常 K_n 随液相中浓度 C_n 与操作时间而变化。对于某些情况，如处理的溶液浓度很低，则 K_n 趋于常数。

随后，通过物料衡算建立各级之间的关系，即操作方程。类似精馏的计算过程，就可对泡沫分离过程作定量计算。详细的事例及内容可参阅此方面的专著或文献资料。

7.2.5　泡沫分离法的特点与应用

泡沫分离相对于常规的分离方法具有一系列优点：

（1）它特别适合于对低浓度的产品进行分离，如低浓度的酶溶液，采用常规的方法进行沉淀是行不通的，但如果使用泡沫法先对产品进行浓缩，就可以用沉淀法进行提取。对于表面活性物质的溶液，它的有效去除浓度可低至 $10^{-6} \sim 10^{-9}$ 数量级。

（2）选择性好。由于泡沫分离是根据被分离物的表面活性而对产品进行分离的，有可能在待处理液体中的多种成分中，某种待分离成分的表面活性与其它成分的表面活性有明显差异，这时该方法就可以高选择性地浓缩某种成分。

（3）富集率高。这与泡沫分离的原理有关，因为泡沫产生了比原有液体要大得多的气液界面，这样主体溶液中绝大多数的活性物质将聚集在气泡的表面，收集浮在表面的泡沫层并加以破裂或冷冻，即可达到富集目的。

（4）操作简单、运行成本低。泡沫分离的操作多在室温、常压下进行，无需温度、压力的调整与控制，需要的只是气体鼓泡量的改变与控制，仅仅是一些动力消耗。另外，由于过程不使用无机盐或有机溶剂，且泡沫分离设备较为简单，维修的费用也很低，所以运行成本一般要比其它方法低得多。

鉴于泡沫分离法的原理与特点，该方法的应用领域已越来越广。对本身具有表面活性的物质的分离，泡沫分离可用于从废水中去除氨基苯磺酸、脂肪酸类、醇类等，可用于从造纸厂等的废液中去除表面活性物质，也可用于分离医药生物工程中的蛋白质、酶、病毒以及细菌等。这方面的研究与工作主要表现在蛋白质的分离与回收、工业废水中去除表面活性物质。而对非表面活性物质的分离，泡沫分离技术可用于从工业污水中分离和回收各种金属离子，如 Cu、Zn、Cd、Cr、Ag 和 Au 等；用于海水中铀、钼、铜等元素的富集和原子能工业中放射性废水中锶、钴的脱除。

由于泡沫分离是基于物质在气液界面吸附性质差异而形成的一种分离手段，但多数的物质并不具有表面活性或表面活性很小，因此，泡沫分离使用的范围具有一定的限度，另外，受 CMC 的影响，它所能富集的活性组分量也十分有限，因此，泡沫分离方法目前仅在处理附加值高的生物制品领域、重金属离子的浓缩提取以及部分工业废水的处理方面有所应用。

7.3　其他新分离方法

7.3.1　亲合膜分离技术

亲和膜技术的研究始于 20 世纪中期。1991 年第一本关于亲和膜的专著出版后，大大地促进了学者对亲和膜技术的关注与研究。1995 年后国内也开始出现了有关亲和膜的研究报道。

亲和膜分离技术兼有膜分离和亲和色谱的优点，特别适用于对生物产品的分离与纯化。通常采用超滤技术分离生物大分子时，其分子量要相差十倍以上才能有效地分开，而当分子量仅差几倍或相当时，超滤膜分离技术也显得无能为力。若采用亲和膜分离技术，由于它主要是利用其生物特异性和选择性，而不受分子量大小的限制，原则来说，只要选择合适的膜和有效的活化手段，通过膜上配位基与目标物质产生亲和的相互作用，就能从复杂体系中（尤其是细胞培养液和发酵液中）分离和制备出任何一种目标物质。

7.3.1.1　分离原理

亲和膜的分离原理类似于色谱柱的分离，它主要是基于需分离物质与膜上的配位基团之间具有不同生物差异性的相互作用而实现的一种分离方法。考虑到分离对象一般都是分子量很大的生物大分子，故为了克服分离物与膜上配位基之间的空间位阻效应，一般要在膜基质材料和配位基之间共价键合上一定长度的"间隔臂"，具体可参见图 7-25。

首先，将膜活化并通过化学反应，引入具有生物特异性的亲和配位基，以生成亲和膜 A。当多组分的生物大分子混合物 B 通过亲和膜时，混合物中与亲和配位基具有特异性相互作用的活性物质，就会与膜上的配位基相互作用，生成亲和配合物 C-P，并被吸附在膜上；而其余无特异性的物质 D 则通过膜。随后选用一种试剂 S（它也能与膜上亲和配位基产生相互作用），并通过调节体系的理化指标，使原来在膜上形成的配合物产生离解，且被洗脱下

190

来，而分离得到纯化的活性分子 P，同时膜上亲和配位基则被试剂 S 所占有。再选用另一种洗涤试剂 S′，对配位的亲和膜进行清洗，使顶替试剂分子 S 从膜上洗脱下来，从而使膜获得再生，实现循环使用。

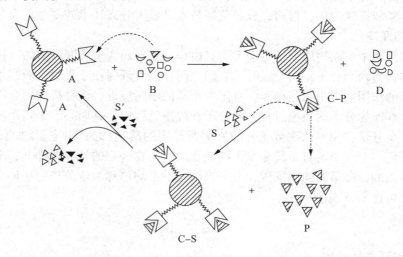

图 7 - 25　亲和膜分离生物大分子示意图

A—含配位基的亲和膜；B—待分离混合物；C - P—亲和膜 - 活性分子配位物；D—无活性分子；

P—纯化的活性大分子；C - S—亲和膜 - 试剂络合物；S—试剂 - 1；S′—试剂 - 2；

7.3.1.2　亲和膜及应用

要有效地实施亲和膜的分离作用，亲和膜应具备两个基本条件：①组成膜材料的分子结构中须有能进行化学反应的活性基团，如羟基、氨基、巯基、羧基等，并由此通过化学反应引入足够多的配位基与间隔基；②基膜的孔径要足够大且孔分布尽可能均匀，这样便于生物大分子的自由出入，而获得高的通量和分离效能。除此之外，膜还应有良好的化学稳定性，足够的机械强度(适合高压下操作)。

配(位)基，是指任何能特异性地、可逆地与欲纯化的蛋白质(或大分子物质)发生相互作用的分子，有天然和人工合成配基之分。从另一角度看，也可分为特异性配基和基团特异性配基。特异性配基，即一种配基只能与一种生物分子作用，如抗体与抗原之间的相互作用；而基团特异性配基则只强调基团特异性，即它与含有特定基团的生物大分子，均可发生亲和作用，例如核苷酸、蛋白质 A(或 G)、苯甲醚、肝素、硼等。天然配基的制取、纯化较为困难，价格十分昂贵，且使用条件较为苛刻，比较而言，人工合成的配基则容易得到，且经济上更为可行。目前应用最广的人工合成配基主要是生物活性染料及金属离子，尤其是前者，它能与多种脱氢酶、碱性磷酸酯酶、羧肽酶、白蛋白等结合。

目前，亲和膜分离的应用主要在生物医药领域，例如以孔径 0.4μm 的中空纤维膜为原料，采用酰肼法进行活化，再固载连接上相应的白细胞介素 - 2受体(特异性配位基)，制得亲和膜。利用该亲和膜在含有 25g 大肠杆菌的细胞培养液中，可回收到 273μg 白细胞介素 - 2，纯度达 95%。又如在微孔滤膜上通过化学反应键合上硼酸配基(基团特异性配位基)，它可与尿液(或去蛋白血清溶液)中的核糖核酸产生亲和相互作用，从而将多达 14 种核糖核酸截取。将此配位物用缓冲液(pH = 3.5)处理，即能使亲和配合物发生解离，进一步色谱分离，即可获得该 14 种核糖核酸的纯化产品。

7.3.2 分子蒸馏技术

自20世纪20年代起，随着对真空状态下气体运动理论研究的不断深入，以及真空蒸馏技术的不断提高，分子蒸馏技术——一种新型的液液分离方法便应运而生，且很快在石化、食品、农药等领域得到应用，目前，分子蒸馏技术已成为分离技术的一个重要分支。

7.3.2.1 分离原理

分子蒸馏是基于不同物质分子运动平均自由程的差异而实现液液分离的一种技术。由物理学知识可知：当两个分子距离较远时，它们之间作用表现为相互吸引；而当接近到一定距离时，两者间的作用则变为相互排斥，且随着距离的不断接近，这种排斥力会迅速增加且直至分离，此过程即为分子的碰撞过程。两分子在碰撞过程中，其质心的最短距离就是分子的有效直径。一个分子在相邻两次分子碰撞之间所经历的路程称为"分子运动自由程"。在运动过程中，任何一个分子的自由程是在不断变化的，而在一定的外界条件下，不同物质的分子自由程是不同的，在某时间间隔内，分子自由程的平均值称为该分子的平均自由程，由统计热力学原理可得如下表达式：

$$\lambda_m = \frac{kT}{\sqrt{2}\,\pi \cdot d^2 p} \tag{7-46}$$

式中　k——玻耳兹曼常数。

显然，分子的平均自由程 λ_m 与温度（T）、压力（p）及分子的有效直径（d）有关。根据分子运动理论，液体分子受热后运动会加剧，当获得足够能量时，就会从液面逸出，变成气态分子，随着液面上方气态分子的增加，一部分气态分子因冷凝又会返回液相，当外界条件一定时，气、液两相最终达到平衡。不同种类的分子，由于其有效直径不同，从统计学观点看，其平均自由程也不同。换句话说，不同种类物质分子逸出液面后，不与其他分子碰撞的飞行距离是不同的。分子蒸馏正是依据不同种类物质分子逸出液面后，在气相中的运动平均自由程之差异，而实现不同物质的分离。

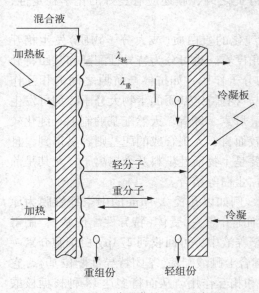

图7-26　分子蒸馏原理示意图

图7-26为液液分子蒸馏的分离原理示意图。操作时，液液混合物由加热板自上而下流动，分子获得一定热量后便发生汽化逸出。由于轻、重分子的平均自由程不同，其飞行距离不同，若在两者距离之间放置一冷凝板，则轻分子能够达冷凝板，经冷凝后"跑出"气液平衡体系；相反，重分子因平均自由程短而到不了冷凝板，只能再返回。这样随着蒸馏的继续，轻分子不断逸出体系，最终实现两组分的分离。由以上分析可知，要有效地实现分子蒸馏分离技术，轻、重分子平均自由程的差异与冷凝板的位置是2个基本核心。显然，分子平均自由程的差异越大，冷凝板的位置越容易确定，分离就越有效。为了使分子的气化更容易，体系通常处于减压状态（即抽真空），通常的压力在0.1~100Pa，所以分子蒸馏也称"真空蒸馏"。

与传统蒸馏比较，分子蒸馏具有以下特点：

（1）普通蒸馏在沸点温度下进行分离；分子蒸馏可以在任何温度下进行，只要冷、热两面间存在着温度差就能实现分离。普通蒸馏有鼓泡、沸腾现象；而分子蒸馏过程是液面上的自由蒸发，无鼓泡现象。因此，蒸馏温度低是分子蒸馏的特点之一。

（2）普通蒸馏是蒸发与冷凝的可逆过程，液、气两相可形成相平衡状态；而分子蒸馏中，由液面逸出的分子，中间不与其它分子发生碰撞，直接飞射到冷凝面上，而离开混合液体系，所以分子蒸馏是不可逆过程。

（3）普通蒸馏中的相对挥发度 α，仅取决于组分的蒸汽压之比；而对于分子蒸馏，相对挥发度 α_r 不仅与组分的蒸汽压有关，且还与分子量有关，其表达式如下：

$$\alpha_r = \frac{p_1^0}{p_2^0} \cdot \sqrt{\frac{M_2}{M_1}} = \alpha \cdot \sqrt{\frac{M_2}{M_1}} \qquad (7-47)$$

式中 p_1^0、p_2^0——分别代表轻、重组分的饱和蒸气压；

M_1、M_2——轻、重组分的相对分子质量。

由于 $M_1 < M_2$，故必有 $\alpha_r > \alpha$，且 M_1、M_2 相差越大，分离程度越大。所以分子蒸馏能分离常规蒸馏不易分离的物质。

鉴于分子蒸馏的上述特点，分子蒸馏技术在实际工业化的应用中比常规蒸馏技术具有以下明显的优势：

（1）因为分子蒸馏在远低于物料沸点的温度下操作，且物料停留时间短，所以分子蒸馏技术特别适合于高沸点、热敏及易氧化物料的分离。

（2）分子蒸馏可极有效地脱除液体中的物质，如有机溶剂、臭味等，这对于采用溶剂萃取后，再脱除溶剂是非常有效的方法。

（3）分子蒸馏可通过多级分离，同时分离 2 种以上的物质；可有选择地得到目标产物，去除其他杂质。

（4）产品耗能小。由于分子蒸馏整个分离过程热损失少，且由于分子蒸馏装置独特的结构形式，内部压强极低，阻力远比常规蒸馏小，故可大大节省能耗。

7.3.2.2 分子蒸馏设备

分子蒸馏装置主要包括蒸发、物料输入输出、加热、真空和控制等几部分，其构造中的核心部件是蒸发器，按蒸发器结构可以分为降膜式、离心式和刮膜式三大类（参见图 7-27）。图 7-27（a）为一种自由降膜式蒸发器的构造示意图。工作时，混合液由顶部进入，再经分布器后，均匀分布在蒸发面上并形成薄膜。液膜被加热后发生气化，轻分子能抵达冷凝表面而被冷凝，沿此面流至蒸出物出口；而重分子则返回液相或凝聚后从蒸余物出口流出。此类蒸发器的特点是结构简单、无转动密封件、易操作；但由于液膜厚，效率差，目前很少采用。图 7-27（b）为离心式分子蒸馏蒸发器的构造示意图。将物料送到高速旋转的转盘中央，并在旋转面扩展形成薄膜，同时加热蒸发，使之于对面的冷凝面凝缩，它是目前较为理想的分子蒸馏装置。离心式蒸发器的特点是液膜薄、蒸发速率和分离效率高；物料在蒸发面上的受热时间短，降低了热敏物质热分解的危险；物料的处理量大，更适合工业上的连续生产。但它机械构造复杂，既要求有高速旋转的面盘，又需要良好的真空密封技术，故造价昂贵。图 7-27（c）显示的是另一种分子蒸馏装置，即旋转刮膜式蒸发器。即在自由降膜式的基础上，增加了刮膜装置。运行时，混合液从上部进料输入，再经导向盘将液体均匀分布在塔壁上，由于设置了刮膜装置，不但可使下流液层得到充分搅拌，还可以加快蒸发面液层的更新，从而强化了物料的传热和传质过程，使蒸发速率提高，分离效率也相应提高。不过液体流动时常发生翻滚现象，所产生的雾沫会溅到冷凝面上，降低了分离效率；另外，由于增加了旋转式刮膜装置，高真空下的动态密封问题值得注意。总之，该装置结构相对简单，价格相对低廉，是现在的大部分实验室及工业生产所采用的分子蒸馏装置。

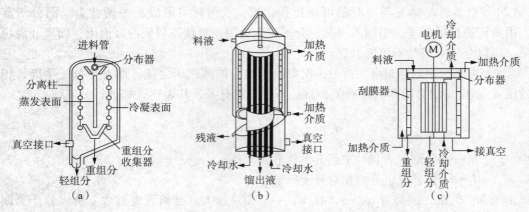

图 7-27　三种分子蒸馏蒸发器
(a) 降膜式；(b) 离心式；(c) 刮膜式

7.3.2.3　分子蒸馏的应用

鉴于分子蒸馏的原理与特点，它主要应用于分子量差别较大的液液分离，部分高沸点物质、热敏性物质和易氧化物质的分离。下面通过几个例子对分子蒸馏技术的应用作一简单的介绍。

1. 单甘酯的生产

这是分子蒸馏技术在食品工业中的一个典型应用。单甘酯，即脂肪酸单甘油酯，是一种重要的食品乳化剂，占目前食品乳化剂用量的三分之二，是饼干、面包、糕点、糖果等专用的食品添加剂。

无论是采取脂肪酸与甘油的酯化反应工艺，还是油脂与甘油的醇解反应工艺，产品单甘酯(约 40%～50%，质量分数)中通常含有一定数量的双甘酯、三甘酯和未反应的原料。利用分子蒸馏技术，可将未反应的甘油、单甘酯等依次分离出来，能得到 90% 的单甘酯产品。此法是目前工业上高纯度单甘酯生产方法中最常用和最有效的方法，且所得的单甘酯纯度高、色泽浅，完全达到食品级要求。

2. 芳香油的提纯

随着日用化工等行业和对外贸易的迅速发展，天然精油的需求量在不断地增加，自芳香植物中提取精油的方法有水蒸气蒸馏法、浸提法、压榨法和吸附法。精油中的主要成分大都是醛、醇与萜类化合物，有的沸点高，有的属热敏性物质，受热时很不稳定。

传统的水蒸气蒸馏，因长时间受热会使分子结构发生改变而使油的品质下降。而分子蒸馏技术则是提纯精油的一种有效的方法，它可将芳香油中的某一主要成分进行浓缩，并能提高其纯度。由于此过程是在高真空、低温下进行，物料受热时间极短，因此保证了精油的质量，显示了其优越性。如利用分子蒸馏技术分离毛叶木姜子果油中的柠檬醛，可得到柠檬醛含量为 95% 的高纯度产品。另外，通过调节不同的蒸馏温度和真空度，可得到相对含量较高的精油成分。

羊毛脂及其衍生物是化妆品中的主要原料之一，其成分十分复杂，含有酯、游离醇、游离酸和烃。这些组分的相对分子质量较大，沸点高，并具热敏性。采用分子蒸馏技术后，能很好地将各组分进行分离，对不同成分再进行物理或化学改性后，即可得到聚氧乙烯羊毛脂、乙酰羊毛脂、羊毛酸及相应聚氧乙烯脂等性能优良的羊毛脂系列产品。

3. 维生素 E 的提取

利用分子蒸馏技术，在医药工业中可提取天然维生素 A、维生素 E；制取氨基酸及葡萄糖的衍生物以及胡萝卜素和类胡萝卜素等。现以维生素 E 为例，天然维生素 E 在自然界中广泛存在于植物油种子中，特别是大豆、玉米胚芽、棉籽、菜籽、葵花籽、米胚芽中含有大量的维生素 E。由于维生素 E 是脂溶性维生素，在油料取油过程中它随油一起被提取出来。脱臭是油脂精练过程中的一道重要工序，馏出物的主要成分是游离脂肪酸、甘油、由氧化产物分解得到的挥发性醛、酮等碳氢类化合物以及维生素 E 等。从脱臭馏出物中提取维生素 E，就是将馏出物中的非维生素 E 成分分离出去，以提高馏出物中维生素 E 的含量。具体方法是将脱臭馏出物先进行甲脂化，经冷冻、过滤后分离出甾醇，经减压真空蒸馏后，在 220 ~240℃、压力 10^{-3} ~ 10^{-1} Pa 的高真空条件下进行分子蒸馏，即可得到天然维生素 E 含量在 50% ~70% 的产品。

7.3.3 超分子分离技术

1967 年，C. J. Pederson 发现冠醚具有与金属离子及烷基伯铵阳离子配位的特殊性质。之后 D. J. Cram 将冠醚称为主体(host)，将与之形成配合物的金属离子称为客体(guest)，因为主体多为分子量很大的聚集体，所以这种主体分子与客体分子形成的配合物，也称为"超分子配合物"。所谓的超分子(super molecules)是指两种或以上化学物种通过分子间(非共价键)相互作用，而缔结成具有特定空间结构的、功能性的聚集体，它涉及大环化合物(冠醚、环糊精、杯芳烃、C-60 等)、分子自组装(双分子膜、胶束、DNA 双螺旋等)。1987 年诺贝尔化学奖授予了 3 位超分子化学家(美国的 C. J. Pederson、D. J. Cram 和法国的 J. M. Lehn)，它标志着超分子化学已经进入其发展的鼎盛时期。

根据主体分子的结构特征，目前研究的超分子体系主要有冠醚、环糊精、杯芳烃等系列，下面就对其结构特点以及在物质分离中的应用作一般性的介绍。

1. 冠醚类

所谓冠醚(crownether)，实际就是含多个醚(—O—)键的大环化合物，且由于其分子构型宛如"皇冠"，故得名"冠醚"(参见图 7-28)。通常的冠醚化合物由 9~60 个原子组成，其中含氧原子 4~20 个；当然氧原子也可部分或全部被 S、NH 或 NR 取代，对应的大环混合物则称为"氮(硫)杂冠醚"或"氮冠(硫冠)"。图 7-29 为一些冠醚的化学结构式。

显然，由于构成冠醚的原子数不同，其环的大小(即空穴)也不同，因此，冠醚能选择性地与尺寸相匹配的离子或中性分子形成配合物，从而达到分离作用。

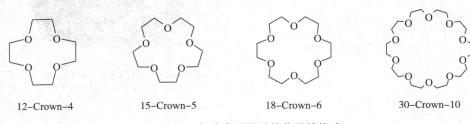

12-Crown-4　　15-Crown-5　　18-Crown-6　　30-Crown-10

图 7-28　部分常见冠醚的化学结构式

冠醚作为主体分子，它与客体分子的配位作用方式主要有两种：(1)主、客体分子(或离子)间通过偶极-偶极(离子)相互作用，形成具有一定稳定性的主客体配合物。例如 18-冠-6 与 K^+ 在水中形成的配合物(见图 7-29)。(2)冠醚与客体分子间通过氢键或电荷转移相互作用形成主客体配合物，如冠醚与铵离子、有机胺等形成的配合物。

根据配位化学知识，冠醚中的 O、S、N 等原子具有孤对电子，作为给电子体，而金属离子或铵离子则为受电子体。当冠醚分子中的给电子原子数目与金属离子所要求的配位数目相匹配时，则形成的冠醚配合物就相当稳定。如图 7-30 所示的两种冠醚化合物，其结构相似，孔穴大小相近，但(a)为六配位物，而(b)的八配位物则更加稳定。

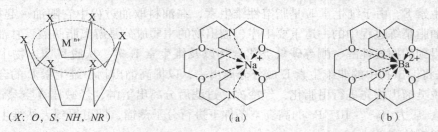

图 7-29　冠醚络合物分子结构　　　　　图 7-30　冠醚配合物
(X: O, S, NH, NR)　　　　　　　　　　　(a) 六配位；(b) 八配位

另一方面，冠醚孔穴大小若与离子体积大小匹配，阳离子直径与冠醚孔径比越接近于 1，则生成的配合物越稳定。冠醚在分离科学中的应用较多，如萃取化学、同位素分离化学、光学异构体拆分、分子识别、色谱等。

2. 环糊精及衍生物

环糊精(cyclodextrin，简称 CD)最早是 Villiers 于 1891 年由淀粉的降解产物中分离而得到，以后随着对环糊精研究的不断深入，将由淀粉通过淀粉酶催化作用下降解所生成的环状低聚糖，统称为"环糊精"。通过结构分析，环糊精是由 6~12 个 D-(+)-吡喃葡萄糖单元构成，每个糖单元呈现椅式构象，再通过 1,4-α-苷键首尾相连，而形成大环分子(见图 7-31)。通常人们习惯用希腊字母来表示大环分子中的吡喃糖单元数目，如 6-糖环糊精称"α-CD"；7-糖环称"β-CD"，8-糖环称"γ-CD"…… 依此类推。

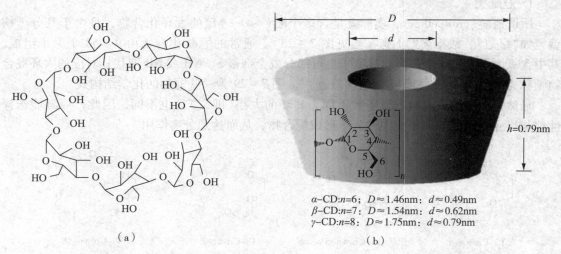

α-CD: n=6；D≈1.46nm；d≈0.49nm
β-CD: n=7；D≈1.54nm；d≈0.62nm
γ-CD: n=8；D≈1.75nm；d≈0.79nm

(a)　　　　　　　　　　　　　　(b)

图 7-31　(a)环糊精分子立体结构；(b) 环糊精分子的几何形状

根据对环糊精分子结构的测定发现，由于连接葡萄糖单元的糖苷键不能自由旋转，环糊精不是圆筒状型分子，而是略呈锥形的圆环。其内、外层的空间结构相同，但内、外环的尺寸随单元糖数目的不同而变化。每个单糖 2，3 位上的仲羟基(—OH)位于环外侧上端(较大

开口端），而下端(较小开口端)由 C_6 位上的伯羟基(—OH)构成(参见图7－31)，整个外层呈亲水性；而空腔内由于受到 C—H 键的屏蔽作用形成了疏水区。它的疏水性空洞内可嵌入各种有机化合物，形成"包接配合物"；如果客体分子只在主体分子（环糊精）孔穴入口处，而未进入到空穴内部，则称为"缔合配合物"。

利用环糊精的疏水空腔能生成包接配合物的能力，可使食品工业上许多活性成分与环糊精生成复合物，来达到稳定的物化性质，减少氧化、钝化光敏性及热敏性，因此环糊精可以用来保护芳香物质和保持色素稳定。如在茶叶饮料的加工中，使用 β－环糊精转溶法，既能有效抑制茶汤浑浊物(疏水性)的形成，又不会破坏茶多酚、氨基酸(亲水性)等赋型物质，对茶汤的色度、滋味影响最小。

环糊精能有效地增加一些水溶性不良的药物在水中的溶解度和溶解速度。例如，前列腺素－CD 包合物能增加主药的溶解度而制成注射剂。它还能提高药物（如肠康颗粒挥发油）的稳定性和生物利用度；减少药物（如穿心莲）的不良气味或苦味；降低药物（如双氯芬酸钠）的刺激和毒副作用。拟除虫菊酯是一类非常重要的杀虫剂，利用环糊精可以解决其不溶于水，需消耗大量的有机溶剂的问题，是解决拟除虫菊酯污染环境的有效途径。

由于 α－CD 分子空洞孔隙较小，只能包接较小分子的客体物质，应用范围小；而 γ－CD 的分子空洞大，且其生产成本高，工业上无大量生产，其应用受到限制；β－CD 分子的孔径适中，生产成本低，应用范围广，是目前工业上使用最多的环糊精产品。另一方面，由于 β－CD 的疏水区域及催化活性有限，在应用上受到一定限制。为了克服环糊精本身存在的缺点，人们尝试对环糊精母体进行改性，以扩大其应用范围。

所谓改性，就是指在保持环糊精大环基本骨架不变的情况下，引入修饰基团以获得具有不同性质或功能的产物，改性后的环糊精也叫环糊精衍生物。环糊精的改性方法有化学法和酶工程法两种，其中化学法是主要的，它利用环糊精分子外表面的醇羟基进行醚化、酯化、氧化、交联等化学反应，使环糊精的分子外表面有新的功能团，如羟丙基－β－环糊精（HP－β－CD），它在水中易溶，室温下溶解度一般大于50g/100mL，甚至可达到80g/100mL 以上，当浓度小于40%时，其流动性好，黏度不大，用于制药工业可提高药物的溶解度，难溶性药物用它包络后，能显著增加水溶性。

3. 杯芳烃

杯芳烃(calixarene)，即由 p－取代苯酚与甲醛在碱性条件下缩合而成的环状低聚物(参见图7－32)，因其分子形状呈现为中心空腔的杯状结构，又与古希腊一种名为"calyx"的宫廷奖杯相似而因此得名。据说早在18世纪后期就有人发现类似化合物，但真正研究并应用杯芳烃始于20世纪70年代，即 Gutsche 等合成杯芳烃以后。目前，杯芳烃被认为是继冠醚和环糊精之后第三大类充满魅力的、新型的主体分子化合物。

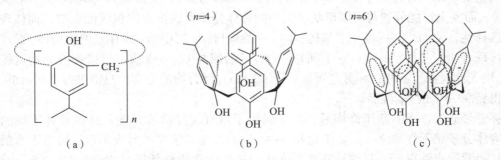

图7－32　杯芳烃分子结构图(a)结构单元；(b)杯－[4]－芳烃；(c)杯－[6]－芳烃

目前，杯芳烃的范围逐渐扩大，由间苯二酚与甲醛在酸性条件下缩合而成的类似结构低聚物也称为杯芳烃，甚至是其它同样类似结构的物质也都被命名为杯芳烃。根据分子中苯酚单元数，将其命名为杯－[n]－芳烃。常见的是杯－[4]－芳烃、杯－[6]－芳烃（见图 7－32）。

作为第三代超分子化合物，杯芳烃具有独特的空穴结构，与冠醚、环糊精相比它具有如下特点：

（1）由于它是人工合成的低聚物，其空穴结构大小的调节，具有较大的自由度；

（2）通过不同反应条件的控制，或引入适当的取代基，可固定所需要的构象；

（3）杯芳烃下缘的酚羟基、上缘的苯环对位以及连接苯环单元的亚甲基都能进行各种功能化，以此来改善杯芳烃的水溶性、分子络合能力；

（4）杯芳烃热稳定性、化学稳定性好。虽可溶性较差，但通过衍生化后，其溶解性可得到良好的改善；

（5）杯芳烃能与离子、中性分子形成主－客体包结物，这是集冠醚和环糊精两者之长；

（6）杯芳烃的合成原料易得，方法简单，可望获得较为廉价的杯芳烃商品。

杯芳烃分子具有结构灵活多变、易于修饰（改性）的特点，使得它及其衍生物均为高选择性的主体分子，且由于其空腔内为富电子云的苯环，具有疏水性，故它既能络合离子，也可通过超分子间的相互作用，对中性分子进行络合（配合）。因此，杯芳烃在物质的分离方面具有极大的应用前景。

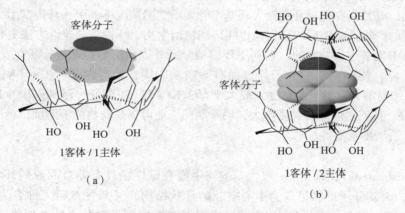

图 7－33　杯芳烃分子形成的"笼状"包和物

杯芳烃与客体分子通常是形成"笼状包和物"（见图 7－33）。分子中成环苯酚单元个数 n 的影响主要表现在杯腔大小上。如 $n = 4，5，6$ 的杯芳烃均呈"圆锥体"形状，但杯腔大小随 n 的增大而变大，能分别与不同形状、大小的客体分子形成稳定的包接配合物，而体现出很高的选择性。例如，$p-(t)-$丁基杯－[4]－酚只与 $p-$二甲苯（共有三种异构体）形成稳定的包接配合物；又如，$p-(t)-$丁基杯－[8]－酚能与 C_{60} 形成稳定包接配合物而沉淀，但与 C_{70} 则无此现象。因此，杯芳烃可以用于 C_{60} 与 C_{70} 混合物的分离，只需进行 1 次沉淀反应，就可得到 99.5% 的 C_{60} 纯品。

杯芳烃通过适当的基团修饰后，对金属离子具有优异的选择性，这也是杯芳烃的经典主、客体分子化学性质之一。如磺化杯－[4]－钠盐能与铁离子形成无色、可溶于水的络合物，从而萃取出铁离子，并将其分离出体系。又如改性的杯芳烃－六元酸杯－[6]－芳烃，是铀的最佳萃取剂之一，若以它为萃取剂，邻－二氯苯为接收相，在 pH = 8.1 和 10 时的萃取率可高达 99.8%。再如修饰的对位磺化杯－[6]－芳烃的氯甲基化聚苯乙烯树脂，可用于分离富集海水中的铀，使用它 1 周内可从海水中吸收铀 1.08mg/g 树脂，成为海水中提取铀的一个重大突破。

由于杯芳烃分子的空穴大小，可通过上沿的取代烷基、下沿的酚羟基和桥连亚甲基的官能化修饰而加以调整，故近些年许多研究者根据不同的目的要求，设计合成了多种具有特殊结构与专一选择性的杯芳烃分子，使其分子的识别作用由单一部位发展至多部位或多重识别。如 2000 年 Arduini 等设计了在杯－[4]－芳烃的 4－位上引入一个取代苯基的脲基，该主体分子在非极性溶剂中，可对酰胺基的客体分子进行选择性地识别。研究发现该识别通过 2 种作用：一是客体分子中的—NH 与刚性杯芳烃空腔中的 π 电子间发生的相互作用；二是主体分子中 4－位上取代苯基的脲基与客体分子中的酰胺羰基(—C ═O)通过氢键相互作用。前者的相互作用决定了主、客分子包结的选择性，而后者的氢键作用则决定了分子识别的有效程度。根据这种作用原理，人们可设计合成出新一代的对酰胺分子具有更好包结作用的杯芳烃主体分子，这对于生物领域中表层蛋白质及肽分子的识别将有着极大的应用前景。另外，利用功能化的杯芳烃具有高选择性的主、客体分子的识别功能建立仿生物酶的研究，已成为生物有机化学最前沿性的科学领域。目前，人们已发展了多种人工模拟酶，将其分子识别功能应用于生物领域，将是杯芳烃在物质分离领域中的重要研究方向。

习　题

1. 微滤、超滤膜的特点是什么？其分离机理如何？

2. 微滤膜初始通量为何下降？其影响因素有哪些？

3. 超滤膜过滤的传质模型有哪些？

4. 用超滤膜对蛋白质溶液进行浓缩，已知溶液中含蛋白质 0.4%、乳糖 5%、盐 0.68%，该超滤膜对蛋白质、乳糖和盐的截留率分别为 1、0.2、0，若用超滤将 100mL 的溶液浓缩到 5mL，求各组分在浓缩液中的浓度。若经过三次超滤，每次体积浓缩比和截留率相同，求浓缩产品的组成。

5. 已知某种管式纳滤膜水力渗透系数为 $2 \times 10^{-11} m^3/(m^2 \cdot s \cdot Pa)$，溶质渗透系数为 $1 \times 10^{-6} m/s$，反射系数为 0.85，内径为 1.5cm。现对一溶质相对分子质量为 2000 的溶液进行纳滤实验，已知溶液的温度为 25℃，黏度为 $9.0 \times 10^{-7} m^2/s(25℃)$，溶质的扩散系数为 $2.3 \times 10^{-10} m^2/s(25℃)$。若操作压力为 0.2MPa，料液流速为 2.5L/min，试求表观截留率。当料液流量增加到 5L/min 时，纳滤过程的表观截留率如何变化？（假定原液浓度较低，渗透压可以忽略不计）

6. 试说明反渗透的分离机理。反渗透膜的性能指标有哪些？

7. 试比较反渗透膜与纳滤膜处理水的特点。

8. 何谓液膜分离过程？液膜有哪些类型？其分离机理如何？

9. 试通过实例说明泡沫分离的原理与特点。

10. 分子蒸馏和传统蒸馏在原理上有何不同？在应用上各有什么特点？

11. 超分子体系用于物质分离最显著的特点是什么？杯芳烃和冠醚相比有何特点？

参考文献

[1] 邓修，吴俊生. 化工分离工程[M]. 北京：科学出版社，2000.

[2] 刘家祺. 分离过程[M]. 北京：化学工业出版社，2002.

[3] 叶庆国. 分离工程[M]. 北京：化学工业出版社，2009.

[4] 靳海波，徐新，何广湘，杨索和. 化工分离过程[M]. 北京：中国石化出版社，2008.

[5] 许其佑. 有机化工分离工程[M]. 上海：华东化工学院出版社，1990.

[6] 李洲，李以圭，费维扬. 液液萃取过程和设备[M]. 北京：原子能出版社，1993.

[7] J. D. Seader, Ernest J. Henley. 分离过程原理[M]. 北京：化学工业出版社，2002.

[8] 丁明玉. 现代分离方法与技术[M]. 北京：化学工业出版社，2011.

[9] 朱屯，李洲. 溶剂萃取[M]. 北京：化学工业出版社，2008.

[10] 金克新，赵传钧，马沛生. 化工热力学[M]. 天津：天津大学出版社，1990.

[11] 戴猷，王运东，王玉军，张瑾. 膜萃取技术基础[M]. 北京：化学工业出版社，2008.

[12] 杨座国. 膜科学技术过程与原理[M]. 上海：华东理工大学出版社，2009.

[13] 平田光穗，城冢正. 抽出工学[M]. 日刊工业新闻社，1964.

[14] 化学工业协会. 化学工业便览[M]. 第三版(1968)，第四版(1978)，第五版(1985)，丸善株式会社.

[15] R. E. Treybal. Liquid Extraction(2nd ed.). [M]New York：McGraw – Hill Book Company Inc, 1963.

[16] D. M. Ruthven. Principles of Adsorption and Adsorption Processes [M]. New York：John Wiley & Son, 1984.

[17] 蒋维均. 新型传质分离技术[M]. 北京：化学工业出版社，1992.

[18] 顾忠茂. 液膜分离技术与进展[J]. 膜科学与技术，2003，23(4)：214 – 223.

[19] 杨博，王永华，姚汝华. 蛋白质的泡沫分离[J]食品与发酵工业，2000，27(2)：76 – 79.

[20] 谭相伟，吴兆亮，贾永生，于广和. 泡沫分离技术在蛋白质多元体系分离中的应用[J]. 化工进展，2005，24(5)：510 – 513.

[21] 修志龙，张代佳，贾凌云，范瑾，张业旺. 泡沫分离法分离人参皂苷[J]. 过程工程学报，2001，1(3)：289 – 292.

[22] K. A. Varteressiav, M. R. Fenske. Ind. Eng. Chem. , 1936, 28：1353 – 1360.

[23] M. Kamihira, R. Kaul, B. Mattiasson Purification of recombinant proteill A by aqueous two – phase extraction integrated with affinity precipitation[J]. Biotechnol. Bioeng. , 1992, 40(11)：1381 – 1387.

[24] N. M. Kocherginsky, Y. Qian, S. Lalitha. Recent advances in supported liquid membrane technology [J]. Sep. Purif. Technol. , 2007, 53：171 – 177.

[25] B. W. Reed. M. J. Semmens, E. L. Cussler. Membrane Separation Technology：Principles and Applications [M]. Elsevier, Amsterdam, New York, 1995.